Robert Springer

Berlin · Die deutsche Kaiserstadt

BERLIN

Die deutsche Kaiserstadt

nebst
Potsdam und Charlottenburg
mit ihren
schönsten Bauwerken
und hervorragendsten Monumenten

von

ROBERT SPRINGER

ZENTRALANTIQUARIAT DER DDR
LEIPZIG 1988

Springer, Robert:
Berlin, die deutsche Kaiserstadt nebst Potsdam
und Charlottenburg / Robert Springer. – Reprint
d. Orig.-Ausg. Darmstadt 1876. – Leipzig: Zentral-
antiquariat der DDR, 1988. – 247 S. : 48 Ill.
ISBN 3-7463-0107-6

Reprint der Originalausgabe von 1876 nach dem
Exemplar der Berliner Stadtbibliothek
ZENTRALANTIQUARIAT DER DDR
ZA-Reprint, Leipzig 1988
ISBN 3-7463-0107-6
Schutzumschlag- und Einbandgestaltung: Hauke Sturm
Gesamtherstellung: Offizin Andersen Nexö, Leipzig
Printed in the German Democratic Republic
Ag 509/9/1988

Die deutsche Kaiserstadt.

BERLIN

DIE DEUTSCHE KAISERSTADT
nebst
POTSDAM UND CHARLOTTENBURG
in
PHOTOGRAPHISCH TREUEN STAHLSTICHEN.

Mit historisch topographischem Text
von

ROBERT SPRINGER.

DAS MAUSOLEUM IN CHARLOTTENBURG.
Die Ruhestätte der Eltern des Kaisers.

DARMSTADT 1876.
VERLAG VON FRIEDRICH LANGE.

Die deutsche Kaiserstadt

nebst

Potsdam und Charlottenburg

mit ihren

schönsten Bauwerken und hervorragendsten Monumenten.

Eine malerische Wanderung in Buch und Bild

für

Einheimische und Fremde

von

Robert Springer.

Mit 48 photographisch treu ausgeführten Original-Stahlstichen.

Darmstadt,

Verlag von Friedrich Lange.

1876.

Inhalts-Verzeichniß.

Reihenfolge der Stahlstiche.

Titelkupfer: Das Mausoleum in Charlottenburg

L. Rohbock Photogr: G. Heisinger & J. M. Kolb sculpt.

DIE DEUTSCHE KAISERSTADT.

Vom Fischerdorf bis zur Kaiserstadt.

Aus einem Fischerdorfe erwuchs Berlin, die Kaiserstadt — aus einem Fischerdorfe jene staunenerregende Merkwürdigkeit, jener steinerne Wald von Häusern, zwischen welchen sich der nimmer rastende Strom von Menschen, von Neigungen, Bedürfnissen und Leidenschaften drängt — ein Meer, unter welchem der Pulsschlag der Welt klopft, in welchem das Geheimniß der gesellschaftlichen Ordnung verborgen ist, über welchem ein ewiger Geist schwebt.

Aus einem Fischerdorfe!

Dort, wo ehemals am sumpfigen Ufer der Wenden ärmliche niedrige Hütten standen: jetzt prächtige Paläste und Kirchen, Stätten der Wissenschaften und Künste, — wo vor acht Jahrhunderten ein schmauchendes Kienfeuer dampfte, wirbelt jetzt der Rauch aus den Schornsteinen stattlicher Fabrikgebäude empor; — wo ein ärmliches wendisches Bauern- und Fischervolk den spärlichen Acker bebaute oder die Netze zum Fischfange bereitete oder die Beeren des Waldes als kümmerliche Nahrung auffammelte, da wandelt jetzt die feine Welt in geschmackvoller Toilette; da starrt es von Reichthum und Vornehmheit; da prunkt der Uebermuth des Reichthums; da eilt der begüterte Kaufmann geschäftig vorüber; da wirft der vornehme Reiter einen gleichgültigen Blick auf das Menschengewühl unter ihm; da schweben die Götter der Erde dahin, ohne Sorgen und Schranken, beschützt vom goldenen Talisman; — dort wo der wendische Fischer aus seinem schwankenden Kahne die Netze auswarf, fahren jetzt Hunderte von fröhlichen Segelbooten, brausen eilfertige Dampfschiffe aufwärts durch die grünlichen Fluten der Spree und stromab bis in die blau schimmernde breitere Fläche der Havel.

Und überall in diesem tosenden Knäuel von Menschen und Vieh, in diesem brausenden, schreienden und knarrenden Getümmel, in diesen kunstvollen Ausstellungen, unter diesen Kontrasten von mannigfaltigen Farben, in diesem regenbogenfarbigen Zauberglanze — giebt es nur Glück, Freude, Liebe und Reichthum?

O nein, es giebt auch Haß und Hunger, Prahlerei und Schulden, ächzende Mühe, bitteren Ernst, abgelegenes Elend, schweigende Lumpen, bettelnde Augen, abgehärmten Jammer, schleichendes Verbrechen, geschminkte Laster, — dies Alles giebt es in dieser Kaiserstadt, aber es fällt nicht so in die Augen wie der Glanz des Luxus — es verbirgt sich in die entlegenen Gassen, in die Dachstuben, Hof- nnd Kellerwohnungen, unter die kleinen Leute, unter die Abenteurer und Proletarier.

Aus einem Fischerdorfe erwuchs die Kaiserstadt. Sie entwickelte sich, wie das Reich, zu welchem sie gehört, sich aus einer kleinen Mark zu einem wichtigen deutschen Kurstaate, zuletzt zu einer Monarchie bildete, welche sich seit der zweiten Hälfte des vorigen Jahrhunderts zu einer europäischen Macht ersten Ranges und ein Jahrhundert später zu einem norddeutschen Kaiserstaate erhob.

So wurde aus einem Fischerdorfe die Kaiserstadt — aus unbedeutenden zerstreuten Fischerhütten die Hauptstadt eines innerlich kräftigen, ausgedehnten, volkreichen, politisch bedeutenden Staates, glänzend durch Meisterwerke der Baukunst und Bildnerei, ausgezeichnet durch Kunstfleiß und geistige Cultur, durch wissenschaftliche Bildung, durch die Blüte des Handels und des Gewerbefleißes, durch höheres Fortschreiten des gesellschaftlichen Lebens.

Wie an innerer Macht und geistiger Bedeutung, so wuchs die Stadt auch äußerlich. Sie sprengte in der jüngsten Zeit die fesselnden Mauern, mit denen man so lange ihre Hüften umgürtet hatte, und streckte, wie ein befreiter Gefangener, ihre Arme weit hinaus in die grünen Gefilde, die sie bis dahin nur über ihre Schranken und durch ihre Thorspalten erblickt hatte. Die Zahl der Bewohner hatte sich bei der letzten Zählung auf mehr als 800,000 herausgestellt. Der Wohnungsmangel machte sich als eine Calamität geltend. Zu ihrer Abhülfe traten die Bauwuth und der Häuserschwindel auf; eine schwankende Industrie ließ über Nacht Häuser aus der Erde emporwachsen, die in wenigen Wochen mehrmals ihre Eigenthümer wechselten. Alte Gebäude wurden um mehrere Stockwerke erhöhet und die meisten erhielten in den Erdgeschossen neue glänzende Verkaufsläden. In wenigen Tagen erwuchsen solche Kaufhallen aus dem Boden, den die Concurrenz mit ihrem Drachenblute gedüngt hatte. Der harmlose Miether, der bisher nur durch das Geschrei benachbarter Kinder, die stündlich ihre Züchtigung erhielten, oder durch die harmonischen Klänge von drei, an verschiedenen Orten aber gleichzeitig gespielten Pianino's gestört worden war, wurde schon am früheſten Morgen durch das Gehämmer unterirdischer Gnome aus dem Schlafe geweckt und erblickte, wenn er verzweifelt zum Fenster hinausschaute, das ganze Terrain, worauf er bisher festen Fuß gefaßt, unterminirt. Nach dem § 7 des verhängnißvollen Miethscontracts mußte er sich „in alle von dem Wirthe für gut und nothwendig erachtete bauliche Veränderungen fügen.“ Zum Glücke gingen diese Veränderungen fast immer sehr schnell von statten; mittelst einiger eiserner Stützen war schnell der Raum für ein glänzendes Manufaktur-Waaren-Magazin geschaffen, die Spiegelscheiben wurden über Nacht eingesetzt, die frisch gekalkten Wände durch glühende Kohlenbecken getrocknet. Zu den mancherlei Uebeln des großstädtischen Lebens gesellte sich der schon seit mehreren Jahrzehnten wachsende, in der letzten Zeit auf das äußerste steigende Mangel an kleinen Wohnungen und eine übermäßige Steigerung der Miethspreise; und diese Calamität wurde nicht selten verschlimmert durch Egoismus der Capitalisten und alle jene Uebelstände, welche als Consequenzen des gesteigerten gesellschaftlichen Lebens und einer unsicheren Industrie angesehen werden müssen.

Wenngleich die Baukunst, wie sie sich in Berlin geltend macht, vorzugsweise dem Eigennutz der Bauwuth, der Speculation und dem Privatinteresse dient, so hat sich doch auch in neuester Zeit eine Architektur Bahn gebrochen, worin ein wahrhaft künstlerischer Geschmack, ja zuweilen eine großartige Idee Berücksichtigung findet und unter den zahllosen Häuserreihen und geistlosen Steinmassen mit ihren zusammengedrängten Fenstern, Thüren und Hintergebäuden erblicken wir viele bewunderungswerthe, schöne Gebäude in edlem Style, die ihren Ursprung nicht dem Erwerbe, nicht der krämerhaften Geldfreibeuterei verdanken, sondern einer innerlichen Wahrheit, einem entwickelten Kunstgeschmack Ausdruck geben.

„Aber — so rufen die Gegner der riesigen großstädtischen Entwickelung — ihr häufet Berge von Ziegeln, Holz und Eisen; euer Himmel ist ein Gewölbe von Rauch und euer Fluß athmet giftige Dünste aus; ihr höret nichts mehr als das Getöse eurer rollenden Karossen und Arbeitswagen und das Dampfgezisch eurer Fabriken; ihr thürmet eure Mauern so hoch, daß des Himmels Bläue euren Augen entschwindet, und überall, wo sich früher noch ein grünes Plätzchen fand, habet ihr die Axt an die Wurzeln der Bäume gelegt. Eure Bauwuth verbannet die Feuchtigkeit des Himmels, den Sonnenschein und Sommerregen; eure Gier nach Gewinnst läßt euch Alles vergessen: Wald, Strom und Wiese, das Grün der Felder und die Pracht der purpurnen Haide, die süßen Töne der erwachenden Vögel und Bach und Busch und sogar die Luft. Und so wird es euch ergehen wie jenem morgenländischen Könige, dessen Schatzkammer überfloß und dem Alles, was er berührte, zu Gold wurde und der, als durch seinen

Reichthum Alles ringsum verödet war, sich selber erschlug. Es wird euch ergehen wie ihm, da ihr eure welken Lippen und eure steifen Hände nur in Gold tauchen und euren Frieden und eure Gesundheit um Gold verkaufen wollet."

Solche Mahnung würde kein Gehör finden. Man würde darauf hinweisen, daß Berlin zwar an Einwohner- und Häuserzahl übermäßig gewachsen ist, daß es aber auch sein Weichbild weit über die alten Grenzen hinausgerückt hat; daß man den Mängeln des großstädtischen Lebens: der Wohnungsvertheuerung, der Dichtigkeit des Zusammenlebens, der Verschlechterung von Luft und Wasser, der zunehmenden Sterblichkeit — daß man allen diesen Mängeln bereits durch eine gut organisirte Colonisation abzuhelfen beginne; man würde sich auf die neuen Villen-Complexe am Kreuzberge und an der Kurfürstenstraße berufen, auf die Straßen am Thiergarten und die Villen-Colonien zu Westend, Lichterfelde, Steglitz, Friedenau und am Wan-See.

Jene Gegner des socialen Materialismus würden sich jedoch dadurch nicht zufrieden stellen lassen; sie werden behaupten, daß die Krebsschäden der großstädtischen Zustände sich immer tiefer in den Organismus der neuen Kaiserstadt einfressen, daß der imponirende Reichthum immer mehr Opfer verschlinge, daß die Zahl derjenigen, die dem Elende, der Beschränkung und unsicheren Lebensexistenz preisgegeben sind, sich von Tag zu Tage mehre. „Ihr Volkswirthe, die ihr den Geldbeutel über das Herz stellet und den freien Verkehr zu euerem Ideal machet," — sprechen sie — „ihr sehet nicht, daß eure Haupt- und Kaiserstadt eine Pyramide ist, die nach oben prächtig glänzt und stark gefugt erscheint, aber nach unten immer mehr zerbröckelt und in ihren Grundfesten immer schwankender wird. Immer steigender wird das Mißverhältniß zwischen der Industrie und der Landwirthschaft und dieses Mißverhältniß zwischen den beiden wichtigsten Faktoren der Produktion haben eure Weltstädte verschuldet und eure Weltstädte mit ihren wachsenden Bevölkerungsmassen und ihren wachsenden Reichthümern werden auch den Untergang eurer Staaten herbeiführen, wie ehemals Babylon und Ninive, Rom und Karthago."

„Wir vertrauen dem Fortschritte," erwidern Jene; „wir berufen uns auf die Geschichte Berlins, die uns zeigt, daß das Emporblühen und Wachsen dieser Hauptstadt niemals ein Werk des Zufalls, nimmer das Ergebniß trügerischer Kunstgriffe gewesen ist, daß ihr Flor niemals im Widerspruch stand mit herrschenden Culturideen und dem Gedeihen des menschlichen Gemeinwohls sondern sich naturgemäß an die innere Kräftigung des Staates anschloß, daß ihre jetzige Bedeutung ganz wesentlich der imponirenden politischen Machtstellung des Staates, welchem sie angehört, zuzuschreiben ist."

Werfen wir einen Blick auf die Hauptmomente der geschichtlichen Entwickelung Berlins!

Aus der ältesten Zeit werden uns zwei Ortschaften, Köln und Berlin, genannt, welche durch den Spreefluß von einander getrennt waren. Die Gründung dieser Städte geschah wahrscheinlich in der Zeit, als das Land noch von Wenden bewohnt wurde und vor der Eroberung durch Albrecht den Bären; daß Letzterer Berlin gegründet haben sollte, ist unwahrscheinlich.

Der Name Berlin bedeutet vermuthlich so viel wie „Platz", — „Köln", wendischen Ursprungs, soll „Pfahl" bedeuten. Letzterer Name bezöge sich auf die Bauart, wonach die Häuser in der morastigen Gegend auf Pfählen erbaut waren. Aus dem wendischen Dorfe „Kollne" wurde ein Hauptstapelplatz für den Handesverkehr der Deutschen.

In Berlin wurde der Molkenmarkt schon in der frühesten Zeit als Marktplatz benutzt und hier hatte wohl der erste Anbau stattgefunden. Hier stand auch die erste Kirche, dem heiligen Nikolaus geweiht. Der heilige Nikolaus war der Schutzpatron der Schiffer und Reisenden und die Kaufleute, welche ihre Waaren auf dem Molkenmarkte feilboten, mochten ihn in der Nähe verehren. Ihre jüdischen Geschäftsfreunde, die nichts auf die Verehrung des Heiligen gaben, verbannten sie, wie dies aller Orten geschah, an das äußerste Ende und somit bezeichnet uns die Straße, welche noch der große Judenhof heißt, die Grenze der damaligen Stadt Berlin.

Die älteste Kirche von Köln war die Petrikirche, dem Schutzpatron der Fischer geweihet. Die „Fischerstraße“ und der „Fischmarkt“, welcher die ältesten Theile dieser Stadt ausmachen, deuten genugsam auf den vorzüglichsten Nahrungszweig jener ersten Ansiedler.

Beide Städte waren schon im 13. Jahrhundert zu Bedeutung gelangt und neben der Sanct Nikolaikirche wird nun auch die Marienkirche erwähnt; — die Bischöfe beider Kirchen ertheilten an den drei hohen Festen der Christenheit einen Ablaß.

Im 14. Jahrhundert trafen beide Städte das Uebereinkommen, einen gemeinsamen Rath zu erwählen; dies geschah unter dem askanischen Markgrafen Hermann, welcher die Bestätigung zu dem Vertrage gab. Unter Woldemar, am Anfange des 14. Jahrhunderts, entwickelte sich schon in beiden Städten eine bedeutende Wohlhabenheit; in Berlin, welches damals den 14. Theil des heutigen Flächeninhalts umfaßte, wurde schon ein lebhafter Handel getrieben und der Luxus wuchs in dem Maße, daß eine besondere Polizei-Ordnung gegen ihn erlassen werden mußte.

Nach Woldemars Tode machte Herzog Rudolph von Sachsen Ansprüche auf die Mark und, um Berlin für sich zu gewinnen, bestätigte er der Stadt ihre alten Freiheiten und gestand ihr noch Vorrechte zu. Trotzdem konnte er sich die Gunst des Volkes nicht erwerben und zwei seiner Anhänger mußten ihren Eifer mit dem Leben büßen.

Als der Probst Nikolaus von Berlin, ein treuer Diener jenes Herzogs, nach Berlin kam und in der Marienkirche den Bannstrahl auf das Volk schleuderte, weil die Gemeine eine Beisteuer für die herzogliche Partei verweigerte, so stürmte man erbittert auf ihn ein, tödtete ihn und verbrannte den Leichnam auf dem neuen Markte. Dieser übereilten That folgte aber eine schreckliche Vergeltung. Bald darauf hörte man keinen Glockenklang mehr in der Stadt, kein Licht schimmerte aus den Kirchen und Kapellen und die Frommen fanden die Thüren der Pfarrkirchen geschlossen; man sah keine Procession mehr durch die Straßen ziehen und selbst den Sterbenden wurde die Bitte um das Sakrament und die letzte Oelung nicht erfüllt; auch alle Städte, die bisher mit Berlin befreundet gewesen waren, brachen ihre Verbindung ab. Denn der Bischof von Brandenburg hatte die Stadt in den Bann gethan. Alle Versuche zu einer gütlichen Ausgleichung waren vergeblich, selbst die seitens des Kaisers. Erst im Jahre 1345, zwei und zwanzig Jahre nach der blutigen That, wurde die Stadt vom Banne befreit. Die Bürger mußten zur Buße einen neuen Altar in der Marienkirche errichten und darauf 12 Stück Geldes anweisen; für das Heil des Getödteten sollte in beiden Städten alljährlich eine Seelenmesse gehalten werden; auf der Stelle, wo der Probst getödtet worden war, mußten die Berliner Bürger ein steinernes Kreuz setzen und dabei ein brennendes Licht erhalten. Dieses Kreuz steht noch heute, dicht neben der Kirchthüre.

Aber durch diese Sühne war die üble Gesinnung der Berliner gegen den Herzog Rudolph noch immer nicht verändert und bald fanden sie eine unglückselige Gelegenheit, zu bekunden, wie streng sie auf ihre Rechte hielten.

Der Geheimschreiber des Erzbischofs von Magdeburg, Konrad Schütz, welcher den Herzog nach Berlin begleitet hatte, machte einer ehrsamen Bürgersfrau auf der Straße den Antrag, mit ihm in's Bad zu gehen. Dies hörten einige vorübereilende Bürger und schalten den unsittsamen Schreiber; es entstand ein Auflauf und der Magistrat sah sich gezwungen, den Rathsdiener mit einer Schaar Bewaffneter abzuschicken, um den Geheimschreiber zu verhaften. Vergeblich wollten der Erzbischof und der Herzog den Unglücklichen in Schutz nehmen: er wurde ohne Umstände nach dem neuen Markte geführt und unter dem Beifall des versammelten Volkes durch Henkershand enthauptet.

Nach dem Aussterben der Askanier war der mächtige Waldemar den Berlinern noch in so lieber Erinnerung geblieben, daß sie gern an das Mährchen von seiner Wiederkehr glaubten. Es war aber der Müllerknecht Rehbock, der durch die Lande zog, um, auf Anstiften des Kaisers, dem Wittelsbacher Ludwig die Mark zu entreißen. Berlin hatte sich für den falschen Waldemar erklärt und mußte dafür zu seinem Schrecken unerwartet das Dänenheer vor seinen Thoren erblicken, welches dem Markgrafen Ludwig zur Hülfe gekommen war. Die Stadt mußte sich durch Vergleich von der Belagerung befreien.

Wenngleich der Krieg keinen weiteren Einfluß auf die beiden Städte Berlin und Köln hatte, so wüthete doch bald darauf auch hier die fürchterliche Pest, welche verheerend durch ganz Europa zog; dazu gesellte sich eine entsetzliche Feuersbrunst. Es war im Jahre 1380, am Tage des heiligen Laurentius, als die Sturmglocken heulend das Unglück verkündeten. Zwei Tage wüthete das Feuer und verwandelte, trotz den ungeheuren Anstrengungen der Bürger, den größten Theil der schönen Stadt in Schutt und Asche.

In jener Zeit fehlte es auch nicht an geistlichen Brüderschaften, welche die Aufnahme von Laien gestatteten. Solche Vereinigung war der Kalandsorten oder die Elendsgilde, ursprünglich eine Verbindung von Geistlichen, um sich unter einander in der Noth beizustehen. Denn damals gab es noch arme Priester, die an allen Bedürfnissen Mangel litten, sogar des Obdachs entbehrten und sich auf den Kirchhöfen aufhielten. Um sich die Mittel zur Erreichung jenes Zweckes zu verschaffen, nahm die Kalands-Brüderschaft auch Laien auf, sowohl Männer wie Weiber und ohne Unterschied des Standes. Der Kalandsorden zu Berlin erwarb sich bald beträchtliche Einkünfte und wurde durch den Bischof von Brandenburg bedeutend gehoben. In der verhängnißvollen Epoche, als der Bann wegen der Ermordung des Probstes auf beiden Städten lastete, hatten doch die Kalandsherren noch das Recht behalten, über ihren Altären Messen zu lesen und die Gemeinde durch

Glockengeläute dazu einzuladen. Für die Zusammenkünfte wurde ein besonderes Haus, der Kalandshof, gebaut; das Haus in der Klosterstraße Nro. 92 ist noch Ueberrest des ehemaligen Kalandshofes zu Berlin.

Die Regierung der Luxemburger Fürsten gehörte zu den unglücklichsten Zeiten der Berliner. Der Adel benutzte jede Gelegenheit, der wachsenden Macht der Städte zu schaden; fremde Fürsten drangen mit ihren Heerhaufen in die Mark und übten die Räubereien noch in höherem Grade aus als die Räuberbanden, welche das ganze wehrlose Land durchstreiften und plünderten.

Unter den Edelleuten, welche die Städte der Mark am meisten in Schrecken setzten, stand Dietrich von Quitzow obenan. Mit diesem aber wußten sich gerade die Berliner freundlich zu stellen. Er erhielt von ihnen Geldsummen unter der Bedingung, die Stadt nicht feindselig zu behandeln, wurde auch zu feierlichen Banketten eingeladen, wobei man ihn mit köstlichen Weinen, Saitenspiel und schönen Frauenzimmern vergnügte und ihn dann Abends mit Fackeln und Gesang nach Hause begleitete. Der Raubritter vergalt aber den Städten Berlin und Köln diese Gefälligkeiten mit Undank. Denn als er ihnen einst eine Summe von dreizehnhundert Schock böhmischer Groschen abpressen wollte, sie dagegen ihre Verbindlichkeit leugneten, rächte er sich, indem er räuberisch ihre Heerden anfiel. Am Geburtstage der heiligen Maria, als die friedlichen Bürger in den Kirchen waren und von ihrem Nachbar zu Köpnick am wenigsten befürchteten, kamen plötzlich die städtischen Viehhirten athemlos durch das Spandauer Thor gestürzt und vermeldeten die Schreckensnachricht, daß der Ritter Dietrich von Quitzow alles Vieh geraubt hätte, welches auf den Gemeindewiesen am Spree-Ufer weidete.

Darauf ertönten die Sturmglocken und riefen die streitbare Mannschaft beider Städte zusammen. Die bewaffneten Bürger versammelten sich auf dem neuen Markte und der Bürgermeister nebst zwei Rathmännern stellten sich an ihre Spitze. Man eilte nun, dem Ritter und seinen Knechten seine Beute wieder abzujagen; er war aber schon weit voraus, an dem Weddinghofe vorüber, bis in die Tegeler Haide gelangt, denn seine Knechte hatten durch Uebung große Fertigkeit in solchem Raubgeschäft gewonnen. Erst bei der Tegeler Wassermühle, in der Nähe der Havel, erreichte man den Räuber. Aber nur die berittenen Bürger hatten ihm so schnell folgen können; das Fußvolk war noch weit zurück und Ritter Dietrich ersah diesen Vortheil. Er stellte sich an die Spitze seiner Mannen und griff die Berliner an. Obgleich diese lange Zeit tapfer Stand hielten, so wurden sie doch endlich zum Weichen gezwungen und mußten dem Raubritter sechszehn Bürger, darunter einen Rathsmann, als Gefangenen zurücklassen. Fortan blieb den Berlinern nichts übrig, als geworbene Söldner zu halten, welche die Thore und Rathsdörfer gegen den ehrlosen Räuber bewachen mußten, bis endlich auf Veranlassung der Stadt Frankfurt an der Oder ein friedlicher Vergleich zu Stande kam.

Trotz solchen Widerwärtigkeiten wuchsen und gediehen die Städte Berlin und Köln, dank dem kräftigen Geiste und dem Gewerbefleiß der Bürger; der Gunst des Hofes hatten sie dabei wenig zu verdanken, denn die Landesfürsten hielten nur selten bei ihnen ihr Hoflager.

Mit Friedrich von Hohenzollern, dem Burggrafen von Nürnberg, kam das Hohenzollerische Haus an die Regierung. Derselbe hatte für Summen, die er dem Kaiser vorgestreckt, die Brandenburgischen Marken zuerst als Unterpfand erhalten, dann aber als Erb- und Eigenthum für seine Dynastie erworben.

Am Weihnachten 1415 zog der neue Kurfürst von Saarmund her in Berlin ein und eine unzählige Menschenmenge strömte vor das Teltower Thor, um ihn zu begrüßen. Der Kirchhof von der Sankt Gertrauds-Kapelle war dicht mit Menschen besetzt und die Berliner Jugend schmückte die blätterlosen Aeste der Bäume, welche die Landstraße begrenzten. Dem herannahenden Zuge ritt der Kurfürst selber vorauf, auf mächtigem Streitrosse, in glänzender stählerner Rüstung, das Haupt mit goldverziertem Helm bedeckt. Ihm zur Seite ritten die Bischöfe von Lebus und von Brandenburg und hinter ihm die Herren Hans von Bieberstein und Hans von Torgau, welche ihm entgegen geritten waren; daran schloß sich ein Gefolge von vielen märkischen und fränkischen Edelleuten sammt ihren Knappen und Knechten. Vom Teltower Thore ging der Zug über den kölnischen Markt, den Mühlendamm und durch die Stralauer Straße bis nach dem Hohen Hause in der Klosterstraße, wo die sämmtlichen Stände der Mark zum Empfange des Fürsten versammelt waren. Das Haus war mit Eichenlaub geschmückt, aus allen Fenstern wehten die Banner der märkischen Städte, von den Balkonen herab ließen die Musikchöre ihre schmetternden Instrumente erschallen. Kurfürst Friedrich stieg vom Pferde und schritt durch das Portal des Palastes, über welchem das schwarzweiße Panier der Hohenzollern flatterte. Im Audienzsaale, wo ihn die Stände erwarteten, wurde er von Johannes von Waldow, dem Landschreiber der Mark, in einer lateinischen Rede begrüßt. Darauf trat er auf den Balkon und zeigte sich dem versammelten Volke. Am folgenden Sonntage leisteten ihm die Stände die gebührende Huldigung; Gleiches thaten nach zweien Tagen die Magistrate von Berlin und Köln, wogegen beiden Städten ihre Privilegien und Freiheiten bestätigt wurden.

Bis zum Tode des Kurfürsten herrschte äußerlich fortdauernde Ruhe in Berlin und Köln und der Wohlstand nahm mehr und mehr zu; indessen fehlte es nicht innerlich an Hader und Eifersucht, denn der Rath, der seine Beamten und ihre Nachfolger selber wählte, hatte allmälig eine ganz unabhängige Stellung zu der Bürgerschaft erlangt. Die Gewerke beider Städte reichten daher bei Friedrich II., dem Nachfolger des verstorbenen Kurfürsten, eine Bitte ein, daß fortan jede der beiden Städte ihren besonderen Rath erhalte und daß die Mitglieder desselben alljährlich aus den bürgerlichen Gilden erwählt werden möchten. Bald darauf brachen die unzufriedenen Bürger in offenen

Aufruhr aus und Friedrich, von dem Rathe zur Hülfe gerufen, benutzte den günstigen Umstand und drang unerwartet mit sechshundert Reitern durch das Spandauer Thor ein. Zwar befriedigte er die mißvergnügte Bürgerschaft in so fern, als er anordnete, daß nunmehr der Rath beider Städte getrennt sein sollte, dagegen aber fügte er die Bestimmung hinzu, daß die ausscheidenden Bürgermeister und Rathmänner ihre Nachfolger selbst wählen könnten, jedoch zu solcher Wahl die Bestätigung des Landesfürsten eingeholt werden müßte. Außerdem nahm sich der Kurfürst die Schlüssel aller Stadtthore, mithin das Oeffnungsrecht, und verbot beiden Städten, fernerhin Bündnisse mit anderen Städten des In- oder Auslandes ohne seine Einwilligung abzuschließen.

Somit mußten die stolzen Städter die traurige aber sehr alte Erfahrung machen, daß es streitenden Parteien selten frommt, die Hülfe eines dritten in Anspruch zu nehmen. Sie gehorchten auch nur unwillig diesen Anordnungen, schritten in der Hitze sogar zu offener Widersetzlichkeit, maßten sich das Oeffnungsrecht wieder an und vertrieben einen vertrauten Rath des Kurfürsten, obgleich er mit offenem Geleitsbriefe erschien, aus dem Weichbilde der Stadt. Einige Unruhestifter wurden zwar auf das Gebot des Hofrichters verhaftet, aber tobende Haufen rotteten sich zusammen, befreiten die Verhafteten, öffneten die Schleusen, so daß ein großer Theil der Stadt unter Wasser gesetzt wurde, kerkerten den Hofrichter ein und vertrieben die kurfürstlichen Trabanten von den Thorwachen.

Der Kurfürst duldete diese Widersetzlichkeiten, so lange noch seine Burg im Bau war. Er hatte sich dazu den günstigsten Platz ausgewählt: gerade in der Mitte beider Städte und so, daß der Fluß davon beherrscht wurde. Sobald der Bau des Schlosses vollendet war, ließ er von Spandau aus der Bürgerschaft der auffässigen Städte die Fehde erklären. Vergebens demüthigten sich jetzt die Berliner. Ein außerordentlicher Rath, den der Kurfürst zusammenberief, fällte das

Urtheil, daß die Rädelsführer theils mit dem Tode, theils mit Landesverweisung bestraft werden, daß alle früheren Anordnungen des Kurfürsten in Bezug auf beide Städte gültig bleiben, überdies alle Einkünfte an liegenden Gütern in die kurfürstliche Kasse fließen sollten. Bei diesem Entscheid verblieb es trotz einem Gnadengesuch; nur wurden die Rädelsführer mit der Todesstrafe verschont. Der Bürgermeister Ryke, mit Landesverweisung bestraft, begab sich nach Sachsen, wurde aber auch dort, „von unbekannten Reitern angerennet und so hart verwundet, daß er daran verstarb."

Damit war der Stolz des aufrechten Bären, mit welchem das Berliner Stadtwappen prunkt, tief gebeugt; die fügsamen Bürger erhielten aber nunmehr das Vorrecht, ihre Rathscollegien mit rothem Wachs zu siegeln.

Berlin war fortan kurfürstliche Residenz und Hauptstadt der Mark Brandenburg.

Unter dem Kurfürsten Albrecht Achilles, welcher 1471 an die Regierung kam, fanden häufige Turniere und ritterliche Spiele in Berlin statt, wie sie damals gewöhnlich an Höfen waren. Man ergötzte sich durch fröhliche Zechgelage, Jagden und Lanzenbrechen. Die Bürger ahmten wenigstens die Gastmähler bei Hofe nach; dazu bot sich vielfach Gelegenheit durch die Versammlungen der Zünfte, die Feste der Heiligen, die Hochzeiten und Taufen. Doch erhielt bei diesen bürgerlichen Gelagen das Bier den Vorzug vor dem Wein, denn in der Mark gab es eine beträchtliche Zahl Brauereien und viele, wie die zu Bernau, lieferten ein berühmtes Bier. Das eigentliche Schauspiel war in jener Zeit noch unbekannt, wahrscheinlich aber fanden auch hier die in ganz Europa gebräuchlichen Fastnachtsspiele, die ersten rohen Produkte der Lustspielkunst, und die geistlichen Vorstellungen, Mysterien genannt, ihre Stelle.

Schon mit dem Erscheinen der ersten Hohenzollern verschwanden die letzten Raubritter und unter Joachim I. wurde das Faustrecht fast gänzlich unterdrückt. Doch galt noch immer das Gebet der reisenden Kaufleute: „Vor Köckeritze, Lüderitze, vor Kröcher, Kracht und Itzenplitze behüt' uns, lieber Herre Gott!" und Kurfürst Joachim wäre beinahe der Rachsucht der verschworenen Straßenräuber als Opfer gefallen. Als der junge Fürst, von nur kleinem Gefolge begleitet, sich in der Köpnicker Haide mit der Jagd vergnügte, lauerte ihm ein gewisser Herr von Otterstedt nebst seinen Mitverschworenen auf. Ein Landmann aber, der die verkappten Reiter im Hinterhalte bemerkt hatte, warnte den Kurfürsten. Dieser kehrte eilig nach Berlin zurück, bot eine Schaar Reisiger auf und ergriff die Verräther. Berlin genoß des schrecklichen Schauspiels, den Anstifter des Verbrechens gerädert zu sehen und seinen abgehauenen Kopf als Warnungszeichen auf dem Köpnicker Thor zu erblicken.

Gegen diese gerechte Verfolgung der Raubritter bildete die Verfolgung der Juden in beiden Städten einen schreienden Gegensatz. Aberglaube und Haß zeigten sich hierbei in ihrer ganzen abschreckenden Schrankenlosigkeit. Im Jahre 1510 wurde ein Kesselflicker, Namens Paul Fromm, überführt, eine vergoldete Monstranz aus einer Dorfkirche gestohlen zu haben. Es hieß, er hätte die Hostien an die Juden verkauft und in Folge dessen wurden eine Menge Juden gefänglich eingezogen und vor Gericht gestellt. Man beschuldigte sie, geweihte Hostien an sich gebracht und zu muthwilliger Verhöhnung gebraucht, auch unschuldige Christenkinder gekauft und auf greuliche Weise zu Tode gemartert zu haben, um das Blut derselben als Arzneimittel zu verwenden. Die Untersuchung wurde mit schrecklicher Grausamkeit geführt, bis die unglücklichen Juden, der wiederholten Folterqualen müde, Alles eingestanden. Nach wenigen Tagen wurde der Kirchendieb, nebst 35 Juden, dem Urtheilsspruche gemäß, verbrannt. Am Freitage nach Sankt Margarethen des Jahres 1510 versammelten sich die sämmtlichen Professoren der Rechts- und Gottesgelahrtheit und sonstige hochgelehrte Herren der ganzen Mark unter dem Vorsitze des kurfürstlichen Hofrichters auf dem neuen Markte. Hier waren drei hölzerne Bühnen stufenartig über einander gebauet. Auf der obersten saßen die hochverständigen Gelehrten, auf der mittelsten der Hofrichter nebst Schöppen und Schreibern, die unterste war für die Verurtheilten bestimmt. Letztere wurden, von Soldtruppen umgeben, in langsamem Zuge die Spandauer Straße entlang geführt. Paarweise, ihre frommen Gesänge singend, schritten sie einher, in ihre langen Kaftane gekleidet und die Häupter mit spitzen weißen Hüten bedeckt. Nachdem die Verhandlung noch ein Mal öffentlich vorgelesen worden, schritt man zur Vollstreckung des Urtheils. Paul Fromm wurde, auf eine Schleife gebunden, in den Straßen umhergefahren und an jeder Ecke mit glühenden Zangen gezwickt. Auf den Richtplatz zurückgebracht, wurde er allein an eine Säule, die mit Holz und Pech umlegt war, mittels Halseisen und Banden befestigt. Die Juden wurden auf drei über einander gebauten Röften an den Hälsen mit eisernen Banden angeschmiedet. Nachdem die Unglücklichen noch einen feierlichen Gesang gesungen und der Rabbiner ihnen Worte des Trostes vorgelesen hatte, zündete der Henker den Scheiterhaufen an und bald wirbelten die knisternden Flammen auf allen Seiten empor.

Zwei Juden, welche zum Christenthum übergetreten waren, um ihr Leben zu retten, erhielten nur die Vergünstigung, mit dem Schwerte hingerichtet zu werden. Bald darauf verbannte der Kurfürst durch einen besonderen Befehl sämmtliche Juden aus der Mark.

Unter Joachim II., der nach des Vaters unerwartetem Tode 1535 zur Regierung kam, gelangte die junge Residenz durch mancherlei Erweiterungen uud Verschönerungen zu höherer Blüte. Er ließ die alte Burg des Kurfürsten Friedrich II. niederreißen und durch den Baumeister Kaspar Theiß ein neues prachtvolles Schloß aufbauen. Dasselbe hatte hohe Giebel und ein kupfernes Dach und bestand aus drei Geschossen. Das Innere war durch historische Gemälde von Lukas Cranach geziert und im Schloßhofe standen die steinernen Bildsäulen der deutschen Kurfürsten.

Trotz dem Schwure, welchen er seinem Vater geleistet hatte, machte Joachim doch den Protestantismus zur Staatsreligion. In Berlin wurden die St. Nikolai- und Marienkirche, die Heiligegeist- und Klosterkirche, außerhalb der Stadt die Georgenkirche, in Köln die Domkirche, die Petrikirche und die St. Gertraudenkirche in evangelische Gotteshäuser verwandelt. Georg Buchholzer, ein Schüler Luther's, predigte zuerst in der Domkirche als evangelischer Propst von Berlin. Am 1. November 1539 empfing Joachim II. in Spandau das Abendmahl unter beiderlei Gestalt und am nächsten Tage, nachdem der neue Gottesdienst in der St. Nikolaikirche eingeweiht worden, folgten der Rath und viele Bürger seinem Vorgange im lutherischen Glauben.

Der Kurfürst liebte Pracht und Luxus und ließ selten eine Gelegenheit zu Festlichkeiten vorübergehen. Zur Verherrlichung der Taufe seiner ersten Tochter ließ er zwischen der alten Domkirche und der Spree eine Stechbahn von 300 Fuß Länge und 65 Fuß Breite anlegen und veranstaltete dort ein großes Lanzenstechen. Ein noch glänzenderes Fest dieser Art fand zu Fastnacht 1545 statt, als die Doppelheirath des Kurprinzen Johann Georg mit der Tochter des Herzogs von Liegnitz und der Tochter des Kurfürsten mit dem Prinzen von Liegnitz gefeiert wurde. Dabei wäre es beinahe ernsthaft zugegangen und der Markgraf Johann von Küstrin hätte schier das Leben eingebüßt, denn der Herzog Wilhelm von Braunschweig rannte ihn so gewaltig an, daß die abgleitende Lanze an seiner Halsberge zersplitterte und die Pferde der beiden Ritter auf das Hintertheil geworfen wurden.

Durch ähnliche Kampfspiele wollte auch der Kurfürst den kriegerischen Sinn in den Bürgern erwecken. Daher ordnete er einen sogenannten Knüttelkrieg zwischen den Berlinern und Spandauern an. Die Bürger beider Städte fochten drei Tage lang auf der Havel und beide Flotten stritten wild gegen einander, während das grobe Geschütz der Festung gewaltig donnerte und Trompeten und Pauken dazu lärmten. Endlich siegten die Berliner und beschossen dann die Festung. Die

Weiber von Spandau hielten den Kampf für ernstlich, stürzten aus dem Thore und flehten den Kurfürsten an, ihre belagerten Männer zu retten. Dieser aber sah von seinem festlich geschmückten Schiffe dem Kampfspiele mit Behagen zu. Am vierten Tage begann der Krieg zu Lande. Die Berliner, die den rechten Flügel inne hatten, sollten, der Anordnung gemäß, Sieger bleiben; die Spandauer aber wollten die Scharte vom vorigen Tage auswetzen; sie brachten auf eine listige Weise die Berliner aus ihrer Stellung, fielen ihnen alsdann in den Rücken und bläueten sie mit Schlägen. Der Kurfürst, der sich in die Mitte der aufgeregten Parteien begab, gerieth selber in Gefahr, denn man überhörte seine Stimme und schlug in der Hitze des Gefechts auf sein Pferd los, so daß es ihn aus dem Sattel warf. Mit der einbrechenden Nacht erreichte der Kampf sein Ende. Der Kurfürst hatte die Sache aber übel genommen und der Spandauer Bürgermeister, welcher die Kriegslist ersonnen hatte, mußte dafür mit Festungshaft von mehreren Monaten büßen.

Seine Prachtliebe übertrug der Kurfürst auch auf die kirchlichen Feste. Ganz besonders glänzend war die Feier, welche im September 1569 stattfand, als Joachim die Belehnung über das Herzogthum Preußen erhalten hatte. Den Festzug bildeten alle Jungfrauen aus beiden Städten, weiß gekleidet und mit lang wallendem Haare; die Geistlichen, paarweise geordnet, silberne Kelche und Brotschalen tragend; der polnische Gesandte mit dem Wappen des Herzogthums Preußen; der Erbmarschall von Brandenburg mit dem goldenen Kurschwert und Joachim von Röbel mit der märkischen Fahne — diesen folgten der Kurfürst in einem goldverzierten Mantel aus Zobelpelz, auf einem goldfarbenen Rosse, das ihm der verstorbene Herzog Albrecht von Preußen vermacht hatte. In seiner Begleitung befanden sich sein Sohn Johann Georg und sein Enkel Joachim Friedrich. Dieser Zug, der von den kurfürstlichen Reitern in prächtiger Uniform eröffnet wurde, begab sich unter Glockengeläute und Geschützdonner vom kurfürstlichen Schlosse nach der Domkirche, wo ein Hochamt gefeiert wurde. Danach setzte sich der Kurfürst auf einen mit Goldtuch ausgeschlagenen Lehnstuhl, der auf einem Altare stand, und hörte, mit dem Kurschwerte in der Hand, die lange lateinische Rede des Kanzlers Distelmeyer an; dann schlug er den polnischen Gesandten, den Kanzler und mehrere andre Edle zu Rittern. Hierauf kehrte der Zug in derselben Ordnung nach dem Schlosse zurück, wo die Feierlichkeit mit einem herrlichen Gelage endigte. Bei dieser Gelegenheit wurden auch die Armen der Residenz auf kurfürstliche Kosten gekleidet und gespeist.

Der Hang zu Pracht und Gastlichkeit verbreitete sich vom Hofe aus durch das ganze gesellschaftliche Leben in Berlin. Die Üppigkeit zeigte sich auch in der kostbaren Kleidung, welche der altspanischen ähnlich war. Trotz seiner eigenen Prachtliebe eiferte der Kurfürst doch gegen die kostspieligen Moden namentlich gegen die Pluderhosen. Einen Berliner Bürger, der sich in solchen Beinkleidern in der Gegend das Schlosses zeigte, ließ er festnehmen und in das vergitterte Narrenhäuschen neben dem Kölnischen Rathhause sperren; einem Adligen wurde auf seinen Befehl auf öffentlicher Straße der Gürtel durchschnitten, so daß demselben die Pluderhosen von den Beinen fielen. Zu den weniger thörichten Neigungen des Wohllebens gehörten die Bäder, doch wurden diese nur warm gebraucht; Berlin besaß damals eine beträchtliche Anzahl von öffentlichen Badstuben.

Eine Folge der kostspieligen Prunksucht des Kurfürsten war eine zunehmende Geldverlegenheit und es blieb nichts übrig, als die vertriebenen Juden zurückzurufen. Obgleich aber das Volk die Nützlichkeit derselben für den öffentlichen Verkehr erkannte, so gab es dennoch den alten Haß nicht auf; ja derselbe steigerte sich sogar, als der Prager Jude Lippold die wichtige Stelle eines kurfürstlichen Kammermeisters und Berlinischen Münzmeisters erhielt.

Im Jahre 1488 hatte Berlin die erste Apotheke und 1539 die erste Buchdruckerei erhalten.

Die Vergrößerung der Städte Berlin und Köln war in jener Zeitperiode nicht gerade bedeutend. Die Straßen waren noch ungepflastert; Mist und Unrath lag vor den Thüren der Häuser. Selbst der Platz hinter dem Schlosse, der heutige Lustgarten, war nur ein stehender, mit Schilf bewachsener Sumpf. Der Schloßplatz und die angrenzenden Straßen waren wüst, kothig, nur zum Theil mit niedrigen Giebelhäusern bebaut. Auch in den übrigen Straßen standen die Häuser nur vereinzelt und wurden durch Gärten und wüste Stellen unterbrochen. Den Mühlendamm bildete nur eine Brücke, welche über das Mühlengerinne führte, und fast sämmtliche Straßen in Köln waren eng und unreinlich. Die Umgebung beider Städte bestand aus Wiesen und Ackerland, das sich bis dicht an die Thore erstreckte. Nur in der Gegend des heutigen Monbijou befand sich ein großer kurfürstlicher Garten. Auf der Westseite der Stadt erstreckte sich der Thiergarten bis an die Spree und nahm den ganzen Raum der jetzigen Dorotheenstadt und auch einen Theil der Friedrichstadt ein. Von nicht geringer Bedeutung waren die zahlreichen Weinberge in der Nähe dieser beiden Städte, wie überhaupt der märkische Wein in damaliger Zeit nicht übel berüchtigt war, sondern, als ein wichtiges Handelsprodukt, sogar in die Fremde ausgeführt wurde.

Johann Georg, Joachim's II. Nachfolger, suchte die Schulden, womit sein Vater die Mark belastet hatte, durch Ordnungsliebe und Sparsamkeit zu tilgen. Auch wurde für beide Städte eine gemeinschaftliche Polizei-Ordnung erlassen, um der überhand genommenen Prunksucht und Schwelgerei der Bürger Schranken zu setzen. Der Kurfürst ließ es sich angelegen sein, das Gesetzbuch, welches unter seinem Vater angefangen worden, vollenden zu lassen und beauftragte den Kanzler Distelmeyer mit dieser Arbeit. Ebenso eifrig sorgte er für das Schulwesen; er vereinigte die beiden Schulen von St. Nikolai und St. Marien zu einer großen Landesschule, welcher das ehemalige Franziskaner-Kloster eingeräumt wurde.

Bald nach dem Regierungsantritt des Kurfürsten wurden die lange verhaltenen Klagen gegen den verhaßten Kammerherrn Lippold lautbar. Man zog ihn gefänglich ein, fand indessen seine Angelegenheit in geordnetem Zustande und war bereits im Begriff, ihn wieder frei zu lassen, als seine Frau durch unbedachte Worte der ganzen Sache eine verderbliche Wendung gab. Diese, welche freien Zutritt zu dem Eingekerkerten hatte, gerieth nämlich eines Tages mit ihm in Streit und warf ihm im Zorn vor, er sei ein Zauberer und hätte sich durch Zaubertränke die Gunst des verstorbenen Kurfürsten erworben. Diese Worte wurden den Richtern hinterbracht und denselben wurde jetzt plötzlich klar, daß der Kurfürst eines so schnellen Todes gestorben sei, weil Lippold ihm am Abend vor seinem Sterbetage ein Glas Malvasier gereicht hatte. Man klagte den Juden jetzt der Zauberei an und fand auch bald in seinem Hause ein mit geheimnißvollen Charakteren beschriebenes Buch, welches sofort für ein Zauberbuch erkannt wurde. Lippold's Standhaftigkeit unterlag den wiederholten Martern; man folterte den Unglücklichen mit solcher Gewalt, daß ihm das Blut aus dem Halse strömte. Er erklärte endlich, die angeschuldigten Verbrechen wirklich begangen zu haben und alsbald vollstreckte man auf dem neuen Markte das Bluturtheil an dem Beklagenswerthen. Man zwickte ihn zehn Mal mit glühenden Zangen, räderte ihn an Armen und Beinen und zerhieb ihn, während er immer noch lebte, in vier Stücke. Unter dem Blutgerüste lief eine Maus hervor, die der abergläubige Pöbel für den Zauberteufel ansah. Die Juden wurden abermals, zum zweiten Male im Laufe eines Jahrhunderts, aus der Mark vertrieben.

Trotz den unheimlichen Elementen, welche diesem düsteren Zeitgeiste eigen waren, fehlte es doch nicht an einem Aufschwunge der Industrie und zur Beförderung derselben waren vorzugsweise der Graf von Lynar und Leonhard Thurneiser thätig. Dem Grafen Rochus Guerini von Lynar übertrug der Kurfürst die Arbeit, das Schloß zu vergrößern und derselbe baute das Quergebäude, welches noch gegenwärtig die beiden Schloßhöfe verbindet. In dem Seitenflügel, worin sich jetzt die

Schloßapotheke befindet, erhielt der Leibarzt des Kurfürsten, Leonhard Thurneiser seine Wohnung. Dieser, obgleich er in den Jahrbüchern der Stadt ein Schwarzkünstler und Schwindler genannt wird, erwarb sich vielfache Verdienste um Berlin und die Mark. Er hatte sich das Vertrauen des Regenten durch eine glückliche Heilung der erkrankten Kurfürstin gewonnen und wurde als Leibarzt angestellt. Einen Theil des grauen Klosters richtete er zu einem großen Laboratorium ein; hier wurden auch Naturalien- und Gemäldekabinette eröffnet, eine Bibliothek aufgestellt, eine Formschneiderei, Schriftgießerei und Buchdruckerei angelegt. Hier erschienen die Werke der berühmtesten Gelehrten, nicht nur in deutschen und lateinischen Lettern sondern auch in den Typen fast aller morgen- und abendländischen Sprachen und mit der Aufschrift: „gedruckt zu Berlin im grauen Kloster.“ Viele auswärtige Gelehrte ließen hier arbeiten und in den weitläufigen Gebäuden uud Werkstätten des Klosters waren fast immer gegen zweihundert Menschen beschäftigt, die auch zum größten Theile daselbst ihre Wohnung hatten.

In der kurzen Regierung des Kurfürsten Joachim Friedrich blieb die Gestalt Berlins fast unverändert, dagegen wüthete unter seinem Nachfolger Johann Sigismund eine Pest, die den Kurfürsten bewog, mit seinem Hofe nach Freienwalde zu übersiedeln. Die politischen Begebenheiten forderten bereits manche Opfer von den Bürgern und das Ungemach wurde noch verschlimmert, als der Kurfürst nebst seinem Hause zur reformirten Kirche übertrat. Dies veranlaßte heftige Auftritte in der Hauptstadt und als der märkische Statthalter in der Domkirche alle Ueberbleibsel des Katholicismus wegräumen ließ, da predigte der Kaplan zu St. Peter öffentlich dagegen, während zugleich seine Frau, welche einen Bierschank hielt, das Volk durch Bernauer Bier erhitzte. Die Aufgeregten zogen bewaffnet durch die Stadt, rissen das Straßenpflaster auf und warfen mit Steinen nach der Wohnung der beiden Hofprediger. Unter dem Geläute der Sturmglocke erbrach alsdann die tobende Menge die Domkirche und als der Statthalter erschien, um die Ruhestörer zu beschwichtigen, wurde er durch einen Steinwurf am Schenkel verwundet. Es kam zu Plünderungen und argen Thätlichkeiten, doch wurde am folgenden Tage der Aufruhr gestillt.

Vielleicht um die Aufmerksamkeit der Einwohner von so ernsten Gegenständen abzuwenden, ließ Johann Sigismund in dieser Zeit die ersten theatralischen Vorstellungen in Berlin einrichten. Junker Hans von Stokfisch erhielt 220 Thaler Gehalt nebst freier Station, wofür er eine Gesellschaft Komödianten aus England und den Niederlanden verschaffen mußte. Ebenso wurde eine Kapelle eingerichtet, die dem Kurfürsten jährlich über 5000 Gulden kostete und Johann Stengel wurde angestellt, „damit er sich als Rittmeister, Fiolist und Geiger zum Schimpf und Ernst gebrauchen und auf Begehren des Kurfürsten auf das lieblichste hören lasse."

Als Johann Sigismund am 23. December 1619 plötzlich vom Schlage gerührt wurde und Georg Wilhelm ihm in der Regierung folgte, trat eine traurige und trübe Zeit für Berlin ein. Der Religionskrieg, welcher dreißig Jahre währen sollte, war bereits ausgebrochen. Truppen durchzogen die Stadt und verlangten Herberge und Kost; die Feinde, bald Schweden, bald Kaiserliche brandschatzten; die Auflagen wurden zum Unterhalt der Truppen und zur Deckung der Kriegskosten erhöht; Verkehr und Gewerbe stockten, Mißwachs und ansteckende Krankheiten brachten die Residenz und das ganze Land in das äußerste Verderben. Das Schloß war gänzlich zerstört, der Lustgarten verwildert, die lange Brücke so baufällig, daß sie zu Wagen nicht passirt werden konnte und die Hundebrücke (jetzige Schloßbrücke), wo die Hamburger Schiffer anlegten, war durch das Anstoßen der Fahrzeuge fast ganz untauglich geworden. Noch heute geben einige vier und zwanzigpfündige Kugeln Zeugniß von den Kriegsdrangsalen, unter welchen die Stadt damals litt. Die Verhandlungen zwischen Gustav Adolph und dem Kurfürsten währten so lange, daß die Schweden, über die Zögerung ergrimmt, die Geschütze auf die Stadt richteten. Als der Kurfürst, endlich, durch Drohungen bewogen, das Bündniß annahm und die befürchtete Beschießung der Stadt in ein Freudenschießen verwandelt wurde, ließen dennoch die schwedischen Kanoniere absichtlich hin und wieder eine Kugel in die Dächer der Stadt einschlagen. Vier solcher Kugeln trafen das Schloß und werden noch heute daselbst in dem ehemaligen Wohnzimmer Friedrichs I. aufbewahrt.

Mit dem Regierungsantritt Friedrich Wilhelm's, des großen Kurfürsten — wie ihn die Geschichte nennt — beginnt, wie in der Geschichte des ganzen preußisch-brandenburgischen Staates, auch für die Hauptstadt eine neue Epoche.

Der sehnlichst erwünschte Friede war endlich zu Osnabrück und Münster geschlossen worden, aber schon acht Jahre später gab die Thronbesteigung Karl Gustav's von Schweden auf's Neue Anlaß zu kriegerischen Rüstungen. Der Kurfürst hatte die günstigste Zeit wahrgenommen, ein stehendes Heer, das erste im brandenburgischen Staate, zu schaffen und verdiente Generale an sich zu ziehen. Am Kölnischen Fischmarkte Nr. 4 in Berlin steht noch das Haus, wo der berühmte Feldmarschall Derflinger wohnte, der mit seinen sieben märkischen Compagnien Berlin nur verließ, wenn es zum Schlagen ging. Der Krieg wurde mit wechselndem Glück geführt und die Früchte vieler glänzender Waffenthaten waren nur geringe. Nach seiner festlich gefeierten Rückkehr wendete aber der Kurfürst seine lebhafteste Sorge auf die Hauptstadt. Das Schloß wurde ausgebessert, der Lustgarten erweitert, die Befestigung beendigt und, um den Verschanzungen eine zweckmäßigere Gestalt zu geben, wurden die Werke in den neuen Stadttheil Neu-Köln mit eingeschlossen. Das Haus in der Wallstraße Nr. 25, an welchem Simson, einen Thorflügel tragend, im Relief dargestellt ist, bezeichnet die Stelle, wo damals das Köpnicker Thor stand. Die bemittelten Bürger wurden zum Anbau ermuntert und aus jener Zeit rühren die schönsten der alten Privatgebäude, welche sich bis jetzt erhalten haben. Die zweite Gemalin des Kurfürsten, Dorothea, begann im Jahre 1674 den Anbau der Dorotheenstadt und pflanzte mit eigener Hand den ersten Baum zu der vierfachen Linden-Allee, welche eine Hauptzierde dieser neuen Stadt bildete. In jener Zeit entstanden auch die Spandauer-, Stralauer- und Georgen-Vorstadt.

Die Berliner erholten sich nur langsam von den Nachwehen des dreißigjährigen Krieges. Zur öffentlichen Unterhaltung wurde wieder das Scheiben- und Königschießen eingeführt und fand alljährlich zu Pfingsten und im August auf den Schützenplätzen in der Georgen-Vorstadt und in der Lindenstraße statt. Dabei trieb das lustige Volk allerlei Kurzweil, welcher nicht selten der Hof beiwohnte. Zur Weihnachtszeit erlustigte man sich auf dem Christmarkte, welcher anfänglich auf dem Kölnischen Fischmarkte, späterhin in der Breitenstraße seine Stätte hatte. In jener Zeit trugen die Berliner lange Westen, weitärmelige, mit vielen Knöpfen und Litzen verzierte Röcke und mächtige Perücken; die französische Mode, durch die Flüchtlinge aus Frankreich eingeführt, hatte die altdeutsche Kleidung verdrängt und auch bei Hofe galt die spanische und niederländische Tracht nicht mehr. Die Einwohnerzahl hatte sich unter dem Kurfürsten Friedrich Wilhelm um 14000 vermehrt.

Kurfürst Friedrich III, der nachmalige König Friedrich I., betrieb den Anbau der Stadt mit dem regsten Eifer, namentlich in der königlichen Periode, nachdem das Kriegsgetümmel in Sachsen und Polen beschwichtigt war, wurde ununterbrochen daran gearbeitet. Im Jahre 1701 wurde der Grundstein zu drei neuen Kirchen gelegt: zu der Garnisonkirche und zu den beiden Kirchen auf dem Markte der Friedrichstadt, der französischen und der sogenannten neuen. Der Anbau der Friedrichstadt, zwischen der Leipziger und Jägerstraße, schritt sehr rasch vorwärts. Die Verdienste des Ingenieurs Behr um diese Erweiterungen und Verschönerungen der Stadt wurden durch den Namen der Behrenstraße anerkannt. Der Friedrichstraße gab der König seinen eigenen Namen, die Markgrafenstraße wurde nach den Brüdern des Königs benannt und durch den Namen der Charlottenstraße wurde das Andenken der verstorbenen Königin geehrt. Unter der Aufsicht des Baumeisters Nehring wurde der massive Bau der Langen Brücke begonnen und an der Stelle des Reithauses auf dem Friedrichswerder eine Kirche gebaut. Das prächtige Zeughaus und die Parochialkirche in der Klosterstraße wurden ebenfalls nach Nehrings Zeichnungen aufgeführt, aber nicht nach seinem Plan beendet. Das Fürstenhaus in der Kurstraße Nr. 52; das Bankgebäude in der Jägerstraße; das erwähnte Derflingersche Haus auf dem Kölnischen Fischmarkte; der königliche Stall; das nachmalige Akademie-Gebäude und viele andere schöne Bauwerke der damaligen Zeit rühren von Nehring her, der sich um die Architektur Berlin's große Verdienste erwarb.

Als wichtigster Staatsbeamter am Hofe des Kurfürsten wirkte der Minister, Freiherr Eberhard von Dankelmann, ein Mann, der nicht allein wegen seiner ausgezeichneten Talente, sondern auch wegen seines traurigen unverdienten Schicksals die höchste Theilnahme in Anspruch nimmt. Er hatte die Ausbildung des Kurfürsten in der Staatskunst bei Lebzeiten des Vaters geleitet, auch soll er ihn damals von einer Vergiftung gerettet haben. Nach dem Regierungsantritt des Fürsten wendete dieser vortreffliche Mann seine Verbesserungen auf jede Staatseinrichtung; die Hochschule zu Halle, die Berliner Akademie der Wissenschaften und viele andre Stiftungen für Kunst und Gelehrsamkeit verdanken ihm ihr Dasein. Für so viele Verdienste ernannte ihn der Kurfürst zu seinem Premierminister und Oberpräsidenten, bedachte ihn mit Gütern und Lehen und übertrug ihm viele einträgliche Nebenämter. Seine Verdienste hätten zwar seine Fehler hinlänglich aufwiegen müssen, dennoch veranlaßten die Letzteren den Sturz des ausgezeichneten Mannes; auch er erfuhr, daß die Gunst der Fürsten meistens dem Wechsel unterworfen ist.

Casimir von Kolbe, ein pfälzischer Edelmann, den Dankelmann selber bei Hofe eingeführt hatte, wußte bald die Gunst des Kurfürsten zu gewinnen und ihn auf die steigende Macht und das übermäßige Ansehen, welches Dankelmann beim Volke gewonnen hatte, eifersüchtig zu machen.

Dankelmann sagte den adligen Herren wie dem Bürger offen seine Meinung und protestirte laut genug gegen den Luxus und die unerhörten Ausgaben des Hofes. Besonders hatte er sich das Mißfallen des Kurfürsten dadurch zugezogen, daß er ihm gegen seinen Lieblingsplan, sich die Königskrone auf das Haupt zu setzen, gerathen hatte. „Dankelmann will den Kurfürsten spielen, aber ich will ihm schon zeigen, daß ich sein Herr bin," sagte der Kurfürst.

Im November 1677 erhielt Dankelmann nach fünfunddreißigjährigen Diensten seinen Abschied, der Form nach mit allen Ehren. Aber die Kunde davon erfüllte die Stadt mit Betrübniß. Es geschah nicht selten, daß sich die Leute abends vor seinem Hause versammelten und nach den trüben Fenstern hinaufblickten, deren Lichtglanz so erloschen war wie das Glück des Hausbewohners. Mancherlei Vermuthungen wurden verlautbar, ob der Minister wohl wieder die Gunst des Fürsten erlangen werde und die Ungnade nur wie ein vorübergehendes Unwetter anzusehen sei. Am 10. December stand abermals ein solcher Volkshaufe vor dem Dankelmann'schen Palais auf dem Werder, welches jetzt das Fürstenhaus heißt. Man hatte erfahren, daß der ehemalige Minister nach langer Zeit einmal wieder zu Hofe geladen worden war. Daher strahlten auch die Fenster wieder von Lichtern und breiteten ihren Glanz bis weit über die Jägerstraße. Der Minister kehrte spät heim und grüßte, als er aus seiner Karosse stieg, die Menge mit zufriedener Miene, denn er war am Hofe freundlich empfangen worden und der Kurfürst hatte gnädig mit ihm gesprochen.

Aber die Freude währte nicht lange. Noch an demselben Abend erschien der Oberst von Tettau, den Dankelmann früher begünstigt und befördert hatte, mit bewaffneter Mannschaft, ließ alle Briefe und Schriftsachen versiegeln und den Minister verhaften. „Ich bin das

Opfer meiner Feinde und werde es bleiben; Gott gebe, daß ich nicht vergeblich falle!" sprach Dankelmann beim Abschiede von seiner Gattin.

Er wurde nach Spandau und von dort nach der Festung Peitz gebracht; seine Güter, auch das Fürstenhaus in Berlin, wurden ohne Prozeß confiscirt. Zehn Jahre lang blieb er gefangen und erhielt erst, bei der Geburt des ersten Enkels des Königs, Verzeihung wie ein begnadigter Verbrecher.

In der vergrößerten Macht des Staates und dem vermehrten Wohlstande der Hauptstadt erblickte Friedrich III. die Aufforderung, auch seine äußere Würde zu erhöhen und die preußisch-brandenburgischen Länder zu einem Königreiche zu erheben. Am 17. December 1700 reiste der Kurfürst von Berlin nach Königsberg, setzte sich selber dort am 18. Januar 1701 die Königskrone auf und hielt am 6. Mai seinen feierlichen Einzug in Berlin.

Zu seinem festlichen Empfange waren sieben prächtige Ehrenpforten errichtet. Die erste, von den Bewohnern der Vorstädte hergestellt, stand vor dem damaligen Georgenthor, in der Mitte des heutigen Alexanderplatzes. Die zweite, welche die königlichen Beamten errichtet hatten, war in dorischem Style, reich mit Bildhauer- und Malerarbeit geziert und stand innerhalb des Thores. Eine dritte, von der französischen Colonie gebaut, stand an der Klosterstraße. Die vierte, welche die Bewohner der Dorotheenstadt aufgeführt hatten, befand sich an der Jüdenstraße. Eine fünfte, am Berliner Rathhause, enthielt die wichtigsten Momente der preußischen Geschichte und war vom Berliner Magistrat errichtet. Die sechste, von den Bewohnern der Friedrichstadt an der Heiligen Geiststraße aufgeführt, war mit Sinnbildern auf die neue Königswürde ausgestattet. Die siebente, aus zwei reich geschmückten Pyramiden bestehend, stand vor dem königlichen Schlosse und war von der Stadt Köln errichtet worden.

Aus den verschiedenen Gewerken der fünf Stadttheile waren Compagnien errichtet und reich ausgestattet worden. Die berittenen

Compagnien der Kaufleute, mit Degen und in weißen, silbergestickten Röcken, erschienen besonders prachtvoll. Die Schlächter, in Collets von Elennshaut und Kürassen, waren ebenfalls beritten; die Söhne der französischen Colonien zeigten sich in blauen Uniformen und Federhüten. Alle Compagnien wurden am Morgen in Schönhausen gemustert, begaben sich dann nach der Stadt und stellten sich zu beiden Seiten der Straße bis zum Schlosse hin auf. Bei dem Einzuge des Königs läuteten alle Glocken und von den Wällen und den Fregatten auf der Spree donnerten zweihundert Kanonen. Der Dachdecker Bertram hatte sogar sechs Geschütze auf das oberste Dach des Marienthurmes gebracht, die er dort drei Mal abbrannte. Der König, neben der kostbaren Kutsche seiner Gemalin reitend, wurde an der ersten Ehrenforte von zwanzig weiß gekleideten Mädchen empfangen, die ihm Blumen und Kränze spendeten. Römisch gekleidete Jungfrauen begrüßten ihn am Berliner Rathhause in Versen. Nachdem der König im Schlosse angelangt war, hielten das Gefolge, die Truppen und die bewaffneten Bürger einen Vorbeimarsch. Das Fest währte bis in die Nacht und wurde noch bis in den folgenden Monat fortgesetzt.

Wenn dem ersten Könige das Prädicat eines Kirchenerbauers beigelegt werden könnte, so trug er auch zur Hebung des innerlichen kirchlichen Lebens bei und unter seiner Regierung entwickelte sich jener redliche Pietismus ohne Heuchelei, welchen Jakob Spener in Aufnahme gebracht hatte. Auch für jede Disciplin der Wissenschaften war der Monarch eingenommen und begründete die Akademie der Wissenschaften, gleichsam als ein Obertribunal und ein stilles Asyl der reinen Doctrin.

König Friedrich Wilhelm I., welcher im Jahre 1713 den Thron seiner Väter bestieg, war dem Charakter nach gänzlich verschieden von seinem Vorgänger. Wenn dieser Pracht und Luxus geliebt und zur Aufrechthaltung seiner Würde für nothwendig erachtet, überdies Künstler und Gelehrte an seinen Hof gezogen und reichlich unterstützt hatte, so übte dagegen Friedrich Wilhelm eine ärmliche Sparsamkeit, that gar nichts für die Aufmunterung der Wissenschaften und richtete sein Bestreben nur darauf, seine Unterthanen zu guten Hauswirthen und und Paradesoldaten zu bilden. Er hatte sich bei den Berlinern mittelst seines großen spanischen Rohres dermaßen in Respekt gesetzt, daß Alle bei seinem Anblick flohen und bei seiner Annährung die Fenster und Thüren ihrer Häuser verschlossen.

Der Charakter des Königs übte natürlicher Weise einen unmittelbaren Einfluß auf die Residenzstadt aus. Berlin vergrößerte sich unter seiner Regierung mit bemerkenswerther Schnelligkeit, aber mit den Erweiterungen waren keine Verschönerungen verbunden. Der Bau der Friedrichstadt wurde durch die Ansiedelung der Salzburger und böhmischen Protestanten sehr gefördert; durch sie wurden namentlich die Zimmer-, Schützen- und Krausenstraße bebaut und bevölkert. Dagegen konnten die Berliner nur durch Gewalt zum Hausbau gezwungen werden. Der König wollte nun einmal alle wüsten Plätze, alle bereits vorhandenen Baustellen so wie die neu angelegten Straßen so schnell wie möglich bebaut sehen und beauftragte den Obersten von Derschau, den Kommandanten von Berlin, dafür Sorge zu tragen. Dieser, ein strenger, unbeugsamer Mann, verfuhr dabei mit der größten Härte und Ungerechtigkeit. So mußte sogar der Staatsminister von Marschall in Folge eines Wortwechsels mit Derschau an mehreren wüsten Stellen Häuser bauen lassen; ebenso erhielt der geheime Rath von Nüßler, der sich ebenfalls den Zorn des Kommandanten zugezogen hatte, den Befehl, ein Haus an einer Stelle der Friedrichstraße zu bauen, wo sich ein großer Fischteich befunden hatte. Alle Gegenvorstellungen fruchteten nichts und der Geheimrath mußte sich endlich zum Bauen entschließen. Nachdem er zwölf tausend Thaler an Kosten aufgewendet hatte, war er Besitzer eines Hauses, das kaum zweitausend Thaler werth war.

Von öffentlichen Gebäuden wurde die Parochialkirche vollendet, die Domkirche erhielt zwei neue Glockenthürme und der Bau des königlichen Schlosses wurde unter der Führung des Baumeisters Böhme fortgesetzt.

Unter der Regierung dieses Königs wurde auch Berlin von mehreren Unglücksfällen heimgesucht. Am 12. August 1720 sprang der große Pulverthurm am Spandauer Thore, ein Ueberrest der alten Befestigungswerke. Zwölf Bombardiere, welche im Thurm beschäftigt waren, wurden in Stücke gerissen; 35 Soldatenkinder, die sich in der Garnisonschule befanden, wurden bei der Zerstörung des Schulgebäudes getödtet; außerdem wurden fünf Kinder, die sich in der Nähe des Ortes aufhielten, erschlagen. An erwachsenen Personen verloren neunzehn das Leben. Ein noch größers Unglück war der Brand der Petrikirche, in der Nacht des zweiten Pfingstfeiertags 1730. Gegen Abend entlud sich ein Gewitter über der Stadt und der Blitz schlug zu wiederholten Malen in die Kuppel des Thurmes und zündete. Bald brannte der Thurm von der Spitze bis auf den Grund des Gemäuers. Der anhaltende Gewitterregen löschte die weit umhergetriebenen brennenden Holzsplitter; indessen brannten doch einige Hintergebäude der Grünstraße und von dem dort befindlichen Pulvermagazin konnte die Gefahr nur dadurch abgewandt werden, daß das Dach fortwährend mit Wasser begossen wurde. Allmälig begann auch die Kirche und vier nahe stehende Privathäuser zu brennen. Als die eiserne Stange, nachdem sie glühend geworden war, mit fürchterlichem Geprassel durch den Thurm herabstürzte, folgten auch die Säulen und Quadersteine; die Kirche wurde sammt dem Gewölbe zerschmettert, der Brand verbreitete sich schnell und binnen weniger Stunden standen noch 40 Gebäude in Flammen. Erst am folgenden Tage gelang es den vereinten Anstrengungen der Bürgerschaft und des Militärs, dem Brande Einhalt zu thun.

Unter der Regierung Friedrichs II. erhielt die äußere Gestalt der Stadt vielfache Veränderungen, da in den Friedenszeiten kein Jahr verging, ohne daß bedeutende Bauten unternommen wurden. Der König fand neben seinen auswärtigen Angelegenheiten immer noch Zeit für die städtischen Verhältnisse und suchte auch den Folgen des Krieges durch neue Unternehmungen abzuhelfen. In den ersten Jahren seiner

Regierung ging die bedeutendste Veränderung mit der Dorotheenstadt, dem eleganteren Stadttheile, vor sich. Es entstand das Opernhaus unter der Leitung Knobelsdorf's, ein würdiges Denkmal einer neuen Architektur-Epoche. Bouman, der ältere, baute den königlichen Stall wieder auf, wo im oberen Geschosse die Akademien der Künste und der Wissenschaften ihren Sitz erhielten. Auf der Friedrichsstadt begann der Bau der katholischen Kirche, wozu der König selber den Grundriß entwarf und die römische Rotonda als Muster nahm. Im Thiergarten wurden unter Knobelsdorf's Leitung die Fasanerie, viele Alleen und Partien angelegt. In den späteren Jahren wurde die Stadt dadurch bedeutend erweitert und verschönert, daß man die Wälle am Opernplatze, am Spandauer- und Königsthore abtrug. Das Invalidenhaus, das Palais des Prinzen Heinrich (das jetzige Universitäts-Gebäude), 8 Kasernen, die Bibliothek, das Kadettenhaus, die beiden Thürme auf dem Gensdarmen-Markt und viele andere Prachtbauten sind Werke aus jener Zeit.

Das geistige Leben der Bürger erhielt einen mächtigen Aufschwung. Durch die Oper wurde der Geschmack an trivialen Vergnügungen verdrängt. Auf dem Hofe des Hauses Nr. 55 in der Behrenstraße spielte Döbbelin, durch dessen Bemühungen das deutsche Schauspiel wesentlich verfeinert wurde. Die französischen Vorstellungen, für welche der König ein Schauspielhaus auf dem Gensdarmen- Markte hatte bauen lassen, behielten aber noch lange den Vorrang. Zu den beliebten Schauspielen gesellten sich damals schon Gellertsche, Lessingsche und Shakespearische Stücke. Auch fand die Literatur der Deutschen, obgleich Friedrich II. sie nicht schätzte, in Berlin eine Menge ihrer persönlichen Vertreter, wie Ramler, Kleist, Göckingk, Gleim, Engel und Nicolai.

In der Zeit des siebenjährigen Kieges erlebte Berlin mancherlei Bedrängnisse; es konnte sogar nicht verhindert werden, daß die Stadt zwei Mal von feindlichen Truppen besetzt wurde. Am 16. October 1757 wurde die Königsstadt von 4000 Kroaten überfallen. In der Stadt fanden sich nur fünf Bataillone Landmiliz als Besatzung und von diesen mußten drei verwandt werden, um den Hof nach Spandau zu geleiten. Es blieben demnach nur zwei Bataillone. Diese, der Major von Tesmar an der Spitze, stellten sich am schlesischen Thore dem Feinde entgegen und erlitten den Tod. Trotz dem Verbot, sich zu bewaffnen, welches der Stadtpräsident an die Bürger ergehen ließ, traten doch mehrere Bürger der Köpnicker Vorstadt unter Waffen. Der General Haddik, welcher die Kroaten befehligte, hielt es für gerathen, schon am nächsten Tage den Rückzug anzutreten und die geforderte Brandschatzung von einer Million auf 200,000 Thaler zu ermäßigen. Er forderte außerdem 24 Paar feine Frauenhandschuhe als Geschenk für die Kaiserin Maria Theresia und erhielt zwar dieselben, doch hatte sich der Lieferant, der Handschuhmacher Cottel, den Spaß gemacht, nur Handschuhe für die linke Hand einzupacken.

Jener Ueberfall war nur ein Vorspiel von der drei Jahre später erfolgten Belagerung. Die Berliner mußten eine siebentägige Belagerung und eine vierundzwanzigstündige Beschießung aushalten, zeigten sich aber dabei im höchsten Grade standhaft und muthig.

Am 3. October 1760 erschien nämlich der russische General Tottleben vor Berlin, ließ die Stadt zur Uebergabe auffordern und verlangte ein Contribution von 9 Millionen. Er erhielt aber die Antwort, man würde sich bis auf den letzten Mann vertheidigen und statt der Millionen ständen ihm Pulver und Blei zu Diensten. Tottleben hatte sich vor das Cottbuser Thor gesetzt, mußte aber retiriren, da die Berliner seine Kosacken mit Kartätschen beunruhigten. Er errichtete darauf vor der Hasenhaide eine Batterie von 3 Haubitzen, dieselbe wurde aber binnen einer halben Stunde gänzlich demolirt. Er postirte sich dann hinter dem sogenannten Johannistisch vor dem Halleschen Thore und ließ leichte Truppen scharmützeln, während die Stadt zugleich beschossen wurde. Von den 500 Kugeln, welche binnen 3 Stunden in die Stadt geworfen wurden, zündete aber keine. Tottleben demolirte darauf selber seine Batterie und zog sich nach dem Kreuzberge vor dem Halleschen Thore. Von hier aus wurde die Friedrichsstadt aus 3 Mörsern und 2 Haubitzen beschossen. Die Kugeln waren mit Pech- und Schwefelkränzen versehen, indessen platzten die meisten, ehe sie die Stadt erreichten.

Noch heute geben drei Kugeln Zeugniß von jenem Bombardement. Dieselben trafen ein Haus an der Linden- und Markgrafenstraße und sind auf dem Kellerhalse des Neubaues befestigt; in dem alten einstöckigen Hause, welches vorher dort stand, hatte man sie an den Stellen sitzen lassen, wohin sie getroffen.

Als endlich zwei Scheunen am Halleschen Thore in Brand geriethen, glaubte der russische General einen Sturm wagen zu können. Der Angriff auf das Cottbuser Thor mißlang aber; die Garnison wehrte sich tapfer und die Russen mußten sich mit einem Verluste von 150 Mann zurückziehen. Das Hallesche und das Leipziger Thor wurden gleichzeitig angegriffen, aber auch hier schlug die Besatzung den drei Mal wiederholten Sturm zurück. Der Feind zog sich unter einem Kreuzfeuer vom Cottbuser und Halleschen Thore zurück und büßte 700 Mann ein. Tottleben ließ noch 1500 Kugeln in die Stadt werfen, ohne seinen Zweck zu erreichen. Als er endlich Alles verschossen hatte und sich in den traurigsten Umständen befand, hätten die Berliner leicht sein ganzes Corps aufheben können. Er war auch bereits am folgenden Tage zum Weichen entschlossen, als unvermuthet die Nachricht eintraf, daß General Czernicheff mit 20,000 Mann anmarschire; statt dessen erschien zwar ein preußisches Corps, wodurch die Russen zu einem Rückmarsch auf Cöpnick genöthigt wurden, aber am nächsten Tage langte das Corps des Generals Czernicheff wirklich an. Die Berliner aber hatten alle Anhöhen besetzt; von zwei Seiten angegriffen, wehrten sie sich heldenmüthig, bis ihnen der General Hülsen aus Sachsen zur Hülfe kam. Nun wurden die Russen, nach einem Verluste von 1000 Todten, 1200 Verwundeten und 500 Gefangenen, zum Rückzuge auf Teltow genöthigt. Auch Czernicheff wurde von einem einzigen Frei-

Bataillon bei Friedrichsfelde geschlagen; die kleine Truppe der Preußen gerieth aber bei der Verfolgung des Feindes zu weit vor und wurde völlig aufgerieben. Während die Russen abermals an den Abzug dachten und einen Kriegsrath versammelten, erbot sich der Berliner Magistrat zur Capitulation und bewilligte außer 1½ Million Kriegssteuer noch 110,000 Thaler Douceur-Gelder. Die Russen zogen in die Stadt, besetzten das Schloß und nahmen alle feindliche Kassen in Beschlag. Das Gießhaus wollte Tottleben in die Luft sprengen lassen, gab aber den Gegenvorstellungen der Bürger Gehör und ließ nur die inneren Werke ruiniren. Bei der ersten Pulvermühle, welche gesprengt wurde, flog die russische Mannschaft mit auf, daher getrauete man sich nicht, die übrigen Mühlen an der Spree zu vernichten. Als endlich die Nachricht eintraf, der König von Preußen hätte bereits Crossen erreicht, trat der Feind den eiligsten Rückzug an. Tottleben selber gab übrigens den Berlinern das Zeugniß: „Man muß ihnen zum Ruhme nachsagen, daß sie ungemein herzhaft sind.“

Die Gegner von Friedrich's II. Politik und Staats-Oekonomie machten geltend, der König sei zu sparsam gewesen und habe die unrichtige Ansicht gehabt, daß der Staat reich sei, sobald die königlichen Kassen gefüllt wären; trotzdem Berlin sich unter seiner Regierung mächtig gehoben habe, so seien doch die Quellen des allgemeinen Wohlstandes: Thätigkeit, Gewerbe und Handelsverkehr vermißt worden. Sein Nachfolger Friedrich Wilhelm II. wich im Allgemeinen von der Sparsamkeit ab, welche sein Oheim in der letzten Zeit seiner Regierung geübt hatte; dennoch war der Geist der Ordnung und Pünktlichkeit, der seinem Großvater und seinem Oheim eigen gewesen, auch auf ihn übergegangen und dieser König war durchaus nicht mit allen den Fehlern behaftet, welche ihm die einseitigsten und böswilligsten seiner Beurtheiler zugeschrieben haben. Wenngleich seine Regierung nicht ohne Einfluß auf die Geschichte der Hauptstadt blieb, so wurde seine Thätigkeit doch vielfach durch äußere Angelegenheiten in Anspruch genommen: durch den Krieg gegen die Niederlande, die Bündnisse mit der hohen Pforte, den Krieg gegen die französische Revolution. Diese Kriege unterbrachen jedoch die Ruhe der Hauptstadt nur in geringem Grade; die Fabriken und Manufakturen, welche unter Friedrich II. entstanden waren, gediehen; der Sinn der Berliner richtete sich jetzt mehr als früher auf öffentliche Vergnügungen; die Zahl der Belustigungsörter mehrte sich; die Promenaden wurden verschönert; im Thiergarten und an anderen Punkten der Umgegend entstanden schöne Villen und Lusthäuser; auch fanden sich schon Fuhrgelegenheiten nach den entlegeneren Lokalen.

Der König ließ die Pallissaden-Umschließung der Stadt durch eine 10 Fuß hohe und 3 Fuß dicke Mauer ersetzen, welche die Besteuerungslinie bilden sollte; mehrere der angelegten Thore, vor Allem das Brandenburger Thor, wurden als ornamentale Bauwerke hergestellt. Das Brandenburger Thor, das wichtigste Werk des berühmten Baumeisters Langhans, wurde innerhalb vier Jahren mit einem Kostenaufwande von einer halben Million Thaler erbaut. Damals entstand die Herkulesbrücke, der jetzige Marienkirchthurm und die Kolonnaden auf der Königs-, Mohren- und Spittelbrücke. Das Schloß Monbijou, welches der König seiner Gemalin geschenkt hatte, wurde ausgebessert und verschönert. Berlin erhielt ein Kriegs- und ein Schul-Collegium, ein Taubstummen-Institut, eine Artillerieschule, eine Thierarzneischule und eine medicinische Lehranstalt.

Unter den Künstlern ragte der Bildhauer Schadow hervor, von welchem das Denkmal des Grafen von der Mark in der Dorotheenstädtischen Kirche, die Bildsäule des Generals von Ziethen auf dem Wilhelmsplatze und die Victoria auf dem Brandenburger Thore gefertigt wurden. Die Akademie der Wissenschaften gelangte in diesem Zeitraum unter dem Grafen von Herzberg zu großer Bedeutung. Ein besonderes Institut zur Bildung der geistlichen Musik wurde von dem Kammermusiker Fasch, unter Mitwirkung des Professor Zelter gestiftet. Das Theater erhob sich unter Iffland's Leitung zu der Höhe eines Nationaltheaters.

Von allen Festlichkeiten, welche unter Friedrich Wilhelm II. stattfanden, nahm der Einzug der beiden Prinzessinnen und die Vermälung des Kronprinzen die Theilnahme der Berliner am meisten in Anspruch. Die beiden mecklenburgischen Prinzessinnen waren auf ihrer Rückreise von einem Besuche der älteren Schwester zufällig in Frankfurt am Main eingetroffen, als sich der König mit dem Kronprinzen und dem Prinzen Ludwig dort aufhielt. Die Schönheit der Prinzessin Louise fesselte den Kronprinzen und der Prinz Ludwig bewarb sich um die jüngere Prinzessin. Der Vater willigte freudig in die doppelte Verbindung und bald darauf wurde die Verlobung gefeiert. Bei der Einholung zogen die Bürger-Corps in militairischer Ordnung und mit kriegerischer Musik den Prinzessinnen bis Schöneberg entgegen: voran sechs königliche Hof-Postsecretaire und vierzig Postillone in ihren Staats-Uniformen. Am Thore wurden die Prinzessinnen von dem Magistrat empfangen. Von dort bis nach der Wilhelmstraße standen die vier Compagnien der Berliner Bürgerwehr in zwei Reihen einander gegenüber. Hinter den Brigaden und an den offenen Fenstern zeigten sich Tausende von Zuschauern. Die Wagen fuhren unter klingendem Spiel und freudigem Zuruf vorüber. Am Ausgange der Linden war eine Ehrenpforte errichtet, in deren Nähe vier und fünfzig weiß und rosenroth gekleidete junge Mädchen standen und die Prinzessinnen begrüßten; dreißig Knaben von der französischen Colonie, meergrün gekleidet, hielten Blumengewinde empor und einige Schritte weiter stand der Oberlandesälteste der Berliner Judenschaft nebst vierzehn blau gekleideten jungen Mädchen, um die Gefeierten zu bewillkommnen. Der Zug ging durch die doppelte Reihe der Innungen bis zum Schlosse, wo die Erwarteten von den königlichen Prinzen empfangen wurden und sich von ungewohnter Pracht umgeben sahen. Beide waren in gleichem Grade ausgezeichnet durch körperliche Reize wie durch geistige Anmuth und Güte des Herzens. „Beide junge Damen muß man für himmlische Erscheinungen halten,“ hatte Goethe, der sie in Frankfurt gesehen, über sie geschrieben.

Die Vermälung fand in dem hell erleuchteten weißen Saale des Schlosses statt. Dort hatten sich die Generale, die Staatsminister, die fremden Gesandten und der Adel versammelt. Die prinzliche Braut trug die Diamantenkrone des königlichen Hauses. Die Trauung geschah durch den Ober-Consistorialrath Sack nach dem Gebrauch der reformirten Kirche. Nach der Einsegnung verkündigten die Geschütze im Lustgarten durch zweiundsiebenzig Kanonenschüsse den Ehebund.

Nach dem Bankett im Rittersaal verfügte sich das königliche Haus wieder nach dem weißen Saale zum Fackeltanze. Letzterer ist eine Ceremonie der katholischen Kirche, die sich als ein Ueberbleibsel an allen fürstlichen Höfen eine Zeitlang erhalten hatte, allmälig aber außer Gebrauch gekommen und nur noch am preußischen Hofe üblich war.

Die Huldigung Friedrich Wilhelm's III. fand in Berlin am 6. Juli 1798 statt, nachdem sein Vater in der königlichen Gruft der Domkirche beigesetzt worden war. Der König tilgte binnen sieben Jahren die Schuldenlast, die er beim Antritt seiner Regierung hatte übernehmen müssen; der öffentliche Kredit war bereits wieder im Steigen, als Frankreich leider den Krieg gegen Preußen eröffnete, indem es den General Murat über die Saale vorrücken ließ. Vierzehn Tage nach der Schlacht bei Jena zog Napoleon als Sieger in die Hauptstadt ein und ließ alle öffentliche Kassen in Beschlag nehmen. Das Schloß und die meisten öffentlichen Gebäude wurden von den französischen Beamten bezogen, alle Häuser auf die willkürlichste Weise mit Einquartirung belastet. Das Zeughaus wurde zu einer Feldschmiede, die Kirchen zu Militärlagerstätten, die Kasernen zu Lazarethen umgewandelt. Alle Kostbarkeiten und Kunstschätze aus dem Schlosse und den Gallerien schickte der Feind nach Paris; auch der Triumphwagen vom Brandenburger Thore mußte als Siegeszeichen in der französischen Hauptstadt prangen.

Erst nach dreijähriger Entfernung kehrte der König mit seiner Gemalin unter frohem Jubel nach der Residenz zurück. Das Geläute der Glocken mischte sich mit dem Donner der Kanonen. Von allen Thürmen wehten weiße Flaggen. In den Theatern feierte man die Rückkehr des Monarchen durch Prologe, Volksgesänge und solche Stücke, welche auf die Bedeutung des Tages Bezug hatten. Die Bewohner des Thiergartens schmückten bei dieser Gelegenheit eine kleine Insel, die sogenannte Louisen-Insel an der Thiergartenstraße, mit einem marmornen Altare, welchen Schadow gefertigt hatte. Dieselbe wurde später alljährlich am Geburts- und am Sterbetage der Königin mit Blumen geschmückt. Dieser letztere, der Tag der Trauer, trat nur zu bald ein. Die allgemein geliebte Königin starb plötzlich in Mecklenburg, auf einem Lustschlosse ihres Vaters. Am 23. Dezember, an dem für die Berliner unvergeßlichen Tage, an welchem sie als Braut eingezogen und an welchem sie sechszehn Jahre später mit ihrem Gemal zurückgekehrt war, wurde ihr Leichnam nach Charlottenburg abgeführt und in die Gruft des neu erbauten Mausoleums eingesenkt.

Trotz den schwankenden politischen Aussichten war der König doch angelegentlich mit zweckmäßigen Anordnungen für das Wohl des Staates und seiner Residenz im besonderen beschäftigt. Am 15. October 1810 wurde die neu gestiftete Friedrich-Wilhelms-Universität zu Berlin im ehemaligen Pallast des Prinzen Heinrich eröffnet. Durch die Städteordnung erhielt die Residenz noch eine neue Vertretung durch die Stadtverordneten, welche sich allwöchentlich in einem Collegium, aus 102 Mitgliedern bestehend, zu versammeln hatten. Auch für die Verschönerung der Stadt wurde gesorgt, indem man die öffentlichen Spaziergänge und die im Kriege zerstörten Gebäude wieder herstellte. Der Pallast des Königs, den er schon als Kronprinz bewohnt hatte, wurde mit dem des verstorbenen Prinzen Ludwig vereinigt und Letzterer den königlichen Töchtern als Wohnung zugewiesen.

Aber Preußen wurde in Folge des Bruchs zwischen Frankreich und Rußland auf's Neue auf den Kampfplatz gerufen. Berlin hatte von fortwährenden Truppendurchzügen zu leiden, bis endlich die große französische Armee an der Beresina völlig vernichtet war. Während sich noch eine starke französische Besatzung in der Stadt befand, erschien Czernicheff mit seinen Kosacken vor den Thoren und forderte zur Uebergabe auf. Da diese verweigert wurde, so sprengte eine kleine Abtheilung Kosacken durch die Thore, welche ihnen die Einwohner geöffnet hatten, in die Stadt, durchstreiften die Straßen und entwaffneten mehrere französische Wachen. Von den Schüssen, welche die Franzosen auf sie abfeuerten, wurden auch mehrere Bürger verwundet, die sich zufällig auf den Straßen befanden. Die Russen feuerten mit schwerem Geschütz auf die Stadt, mußten sich aber bald wieder entfernen und sich damit begnügen, den Feind in Schrecken gesetzt zu haben.

Von den Kugeln, welche damals vom Windmühlenberge aus in die Stadt geschickt wurden, sind bis heute noch drei an den Häusern, wo sie einschlugen, zur historischen Erinnerung aufbewahrt; sie befinden sich mit entsprechender Unterschrift in der Vorderfront der Häuser: Prenzlauerstraße 45, Alexanderstraße 66 und Königstraße 31.

Von der größten Wichtigkeit für die Berliner war die Schlacht von Großbeeren, denn der Feind hatte die Absicht, nach erfochtenem Siege in die Hauptstadt einzufallen. Die Bürger von Berlin erwarteten daher mit großem Bangen den Ausgang des Kampfes; Viele eilten hinaus auf das Schlachtfeld, um Erquickung zu spenden oder die Verwundeten zu pflegen; Wagenzüge mit Lebensmitteln trafen dort ein. Nach der Schlacht wurden die meisten Verwundeten nach Berlin gebracht und fanden hier die sorgsamste Pflege. Der Tag von Großbeeren wurde bis in die neueste Zeit von den Berlinern für denkwürdig gehalten und volksfestlich gefeiert.

Auf glänzende Weise wurde der Einzug der heimkehrenden Truppen, am 7. August 1814, begangen. Auf dem Triumphbogen des Brandenburger Thores prangte der wiedereroberte Siegeswagen. Im Lustgarten war ein Altar errichtet, vor welchem der König mit seinem glänzenden Gefolge Platz nahm. Nach feierlichem Gesange und einer Predigt des

Feldpropstes sanken Alle, der König zuerst, zum Schlußgebete auf die Kniee nieder. Die Freude, welche diesem erhebenden Feste folgte, wurde bald wieder unterbrochen, als Napoleon den Frieden durch seine Rückkehr von Elba störte; indessen drangen die verbündeten Heere mit unaufhaltsamer Schnelligkeit nach Paris und am 19. October 1815 konnte Friedrich Wilhelm III: abermals siegreich in seiner Residenz eintreffen.

Mit der Befreiung des Vaterlandes verband sich eine gänzliche Neugestaltung der staatlichen Verhältnisse und ein glänzender Aufschwung Berlins. Es entstand ein ganzer Stadttheil, der nach dem Könige genannt wurde, außerdem die äußere Friedrichs- und die äußere Louisenstadt. Neue Gebäude, wie die Werderkirche, das Schauspielhaus, das Museum, die Bauschule, das Friedrich-Wilhelms-Hospital, die Schloßbrücke und die neue Wache, wurden Zierden der Stadt. Berlin erhielt ein Blinden-Justitut, eine Gewerbeschule, eine Sternwarte und eine allgemeine Gasbeleuchtung. Der Thiergarten wurde unter Lenné's Leitung wesentlich verschönert. Auf dem Weinberge, dem jetzigen Kreuzberge vor dem Halleschen Thore, wurde ein National-Denkmal errichtet; im Lustgarten wurde eine kolossale Granitschale, neben der neuen Hauptwache drei erbeutete französische Geschütze aufgestellt. Die berühmten Architekten Schinkel, Schüler, Knoblauch, Strack, Hesse, Hitzig, Bürde, Drewitz, Tietz fanden andauernde Beschäftigung für öffentliche nud private Gebäude. Für statuarische Denkmäler arbeiteten Rauch's Schüler: Kiß, Drake, Blaeser, Schiefelbein und Wolff und der Altmeister selber, welchem das alte Lagerhaus als Werkstätte überwiesen wurde. So entstanden die Standbilder von Blücher, Scharnhorst, Bülow u. a. Die ersten Droschken wurden schon 1815 eingeführt. Im Jahre 1826 wurde Gasbeleuchtung eingerichtet, 1838 die Potsdamer, 1840 die Anhalter Eisenbahn eröffnet. In der Spandauer Straße entstand ein neues Hauptpostgebäude; vor den Thoren wurden vortreffliche Kunststraßen nach allen Richtungen angelegt und innerhalb der Stadt die Bürgersteige mit Granitplatten belegt.

Außerordentliches geschah für die Stadt in der Regierungszeit des kunstsinnigen Monarchen Friedrich Wilhelm IV., welcher nach dem Tode seines Vaters den Thron bestieg. Er empfing die Huldigung zu Königsberg und traf am 11. September 1840 wieder in Berlin ein. Die Einzugsfeierlichkeit hatte einen vorherrschend bürgerlichen und städtischen Charakter, da die Militärs sich gemischt und vertheilt unter den Zuschauern befanden. Der König, zu Pferde, und die Königin, im Wagen neben der Oberhofmeisterin, zogen durch das Frankfurterthor ein, welches in eine gothisch gestaltete Ehrenpforte verwandelt worden war, und setzten ihren Weg unter Jubelruf, Glockengeläute und Kanonendonner durch die mit Laubgewinden gezierten Straßen bis zum Schlosse fort. Die Aufzüge der Gewerke, welche in ihren herkömmlichen Farben und Zeichen in geschlossenen Gliedern marschirten, machten einen wesentlichen Theil des Festes aus. Fast alle trugen die Erzeugnisse ihrer Arbeit und ihre Werkzeuge in kostbaren Darstellungen zur Schau: die Goldschmiede Kunstwerke in edlen Metallen; die Zimmerleute ganze Thürme und Dachgestühle; die Tischler die Möbelgeräthe von der Wiege bis zur Bahre; die Fischer kolossale Fangnetze aus grüner Seide, mit vergoldeten Schwimmhölzern; die Klempner führten einen geharnischten Reiter auf einem geharnischten Streitrosse, neben ihm zwei gewappnete Ritter zu Fuß.

Am folgenden 15. October wurde die Huldigung begangen. Nachdem der König in der Domkirche die Huldigungs-Anrede der evangelischen Geistlichkeit vernommen hatte, begab er sich in feierlichem Zuge nach dem Schlosse zurück, wo die ehemals reichsständischen Fürsten und Grafen im Rittersaale die Huldigung leisteten. In dem weißen Saale wurden von dem Staatsminister und dem Dombechanten Anreden an die Stände gehalten, worauf der König selber das Wort an sie richtete, welches mit einem stürmischen Lebehoch beantwortet wurde. Dann folgte die Eidesleistung und der König kehrte in den Rittersaal zurück, um die Abgeordneten der Universitäten zu empfangen, während sich die Stände der Ritterschaft auf den Huldigungsplatz begaben.

Hier geschah der wichtigste Theil der Handlung vor dem versammelten Volke. Der König nahm den Thron auf einer Tribüne des Schlosses ein; nachdem der Staatsminister die Feierlichkeit mit einer Rede eröffnet und der Oberbürgermeister dieselbe beantwortet hatte, erhob sich der König, trat bis an den Stand der Freitreppe vor und richtete mit kräftiger Stimme an die vielen tausend Anwesenden ergreifende Worte, worin er sein zu Königsberg gesprochenes Gelübde bestätigte, ein Regiment in der Furcht Gottes und in der Liebe der Menschen zu führen versprach und die versammelten Ritter, Bürger und Landleute aufforderte, ihm mit Herz und Geist, mit Wort und That, in der heiligen Treue der Deutschen beizustehen. Der Eindruck dieser Worte war begeisternd und der Eid, von vielen tausend Lippen gesprochen, erscholl wie aus Einem Munde.

Friedrich Wilhelm IV. bereicherte seine Residenz mit vielen ornamentalen Bauten. Dazu gehören: die Schloßkirche mit einer schönen Kuppel; das neue Museum; die große Ulanenkaserne bei Moabit, im Styl eines mittelalterlichen Kastells; das angrenzende weitläufige Zellengefängniß; die Markthalle; die Dammmühle; die Sternwarte; die Schloßterrasse. Auf dem Köpnicker Felde erhob sich das prächtig ausgestattete Krankenhaus Bethanien. Die Petri- und Bartholomäuskirche wurden neu erbaut. Die Säulenhalle des alten Museums erhielt Verzierungen und auf der Freitreppe wurde die berühmte Kiß'sche Amazonengruppe aufgestellt. Der Belle-Alliance-Platz erhielt ein würdiges Denkmal. Das abgebrannte Opernhaus wurde mit erstaunlicher Schnelligkeit in der blendendsten Ausstattung hergestellt. Eine der schönsten und gediegensten Kunstleistungen ist das Denkmal Friedrich's II.; aber auch die Denkmäler Friedrich Wilhelm's III., York's, Gneisenau's, das National-Krieger-Denkmal und die Gruppen der Schloßbrücke zeugen von einem bedeutenden Fortschritte der Kunst. Eine neue Gelegenheit zur Belehrung und Unterhaltung gewährte der seit 1845 bestehende zoologische Garten; Kroll's Etablissement, ein großartig ausgestatteter Vergnügungsort, wurde auf des Königs eigene Veranlassung errichtet. Der Bau eines prachtvollen Domes und zugleich einer neuen königlichen Ahnengruft kam nur im Beginne zu Stande. Ueberhaupt vereitelte die Revolution von 1848 viele Pläne des Königs, hatte indessen keinen dauernden nachtheiligen Einfluß auf die Entwickelung der Stadt.

In jener denkwürdigen Nacht vom 18. zum 19. März, wo ein heftiger Kampf zwischen dem Volke und dem Militair wüthete, feuerte die Artillerie vierzig und einige Male, und zwar in der Königstraße ein Mal mit Kartätschen, vier Mal mit Kugeln, zwei Mal mit Granaten; in der Breitenstraße ein und zwanzig Mal mit Granaten, vier Mal mit Kartätschen, drei Mal mit Kugeln; am Oranienburger Thore ein Mal mit Kartätschen; von der Französischen Straße die Friedrichstraße hinunter einige Male mit Kartätschen und vier Mal mit Kugeln. Außerdem feuerte die Infanterie in einzelnen Straßen fast unablässig und nicht nur die Barrikaden, sondern auch diejenigen Häuser, aus welchen die Truppen von den Fenstern und den Dächern her angegriffen wurden, erschienen nach dem Kampfe von Kugelspuren übersäet. Das Haus mit dem goldenen Hirsch am Alexander-Platz, das d'Heureusesche Haus am Kölnischen Fischmarkte und die sogenannte alte Post, an der Post- und Königstraßen-Ecke, waren am meisten mitgenommen. Jene Häuser wurden bald nachher abgeputzt und von den Kupelspuren befreiet, mit Ausnahme der alten Post, die aber in nächster Zeit völlig abgebrochen werden soll, um einem prachtvollen Passagebau Platz zu machen. Außerdem ist aus jener Nacht nur eine einzige Kugel der Nachwelt überliefert; dieselbe befindet sich an der Stelle, wo sie eingeschlagen: am Giebel des Hauses in der Friedrichstraße Nr. 221.

In der Regierungszeit Friedrich Wilhelm's entstanden 760 Meilen Eisenbahn und es wurden drei neue Bahnen eröffnet: die Frankfurter, die Stettiner und die Hamburger. Im Jahre 1855 erhielt die Stadt Wasserleitung und im Laufe der nächsten Jahre eine große Anzahl gemeinnütziger Einrichtungen, wie: die geregelten Omnibusfahrten, die

Dienstmannschaft, die Feuerwehr, die Zettelsäulen, die Bedürfnißanstalten, die Trinkhallen und die Straßenreinigung.

Im Jahre 1858 übernahm der Prinz Wilhelm von Preußen als Prinz-Regent die oberste Leitug des Staates an Stelle seines erkrankten Bruders; im Jahre 1861 bestieg er als König Wilhelm den Thron, um Preußen zu einer wichtigen Machtstellung emporzuheben.

König Wilhelm I. war der erste preußische König, bei dessen Regierungsantritt die constitutionelle Staatsverfassung bereits bestand. Er verzichtete demnach auf eine Huldigung der Stände und bekundete sich als König von Preußen dadurch, daß er sich am 18. October 1861 in Königsberg, angesichts aller Vertreter der ganzen Nation, die Krone auf das Haupt setzte.

Der Einzug des königlichen Paares, am 22. October, geschah unter großem Jubel des Volkes. Die Gewerke hielten den Weg vom Frankfurter Thore, die Frankfurter, Landsberger und Königstraße bis zum Schlosse hin besetzt. Die Fahrstraße für den Zug bezeichneten dekorirte Masten und Mastengruppen mit Guirlanden, Wappen und Fahnen, welche in einer Entfernung von je 25 Schritten aufgestellt waren. Sämmtliche Häuser prangten in festlichem Schmuck. Den Glanzpunkt der Ausschmückung bildete aber das am Alexanderplatze errichtete Triumphthor, dessen beide Hauptfronten vier hohe, durchbrochene Thürme schmückten, die sich in vier Helmstangen mit dem preußischen Banner endigten.

Kanonendonner und das Geläute aller Glocken verkündeten die Ankunft der königlichen Herrschaften, welche, nachdem sie am Thore von den Mitgliedern des Magistrats, dem Gouverneur, dem Kommandanten und den activen Generalen empfangen worden waren, ihren Einzug in die Hauptstadt hielten. Der König, umgeben von den Prinzen seines Hauses, erschien zu Rosse, die Königin mit der Kronprinzessin im reichen Krönungswagen. Der Zug ging die Königstraße entlang, über den Schloßplatz, die Schloßfreiheit und den Lustgarten und mündete im mittleren Portal des Schlosses. Der König zeigte sich sodann auf dem dekorirten Balkon dem versammelten Publikum und schaute dem Vorbeimarsch der Innungen und Gewerke zu. Am Abend erglänzte eine Illumination, wie die preußische Hauptstadt sie nie zuvor gesehen hatte.

Mit der Rangerhöhung, welche die Residenz unter der Regierung dieses Königs erfuhr, verband sich zugleich eine große Umwandlung. Schon unter dem vorigen Könige hatte sich die Hauptstadt schnell entwickelt; nunmehr schienen sich alle Verhältnisse schier zu überstürzen.

In einem Zeitraume von sechs Jahren vollbrachte der greise König drei siegreiche Kriege: gegen Dänemark, Oesterreich und Frankreich. In den Jahren 1864 bis 1870 wurden die Elbherzogthümer den Dänen entrissen, der Einfluß Oesterreichs beseitigt, Elsaß-Lothringen mit Deutschland vereinigt, König Wilhelm nahm im Schlosse zu Versailles die Kaiserkrone an. Was die deutschen Patrioten seit der Schlacht bei Leipzig unablässig angestrebt hatten, das sahen sie nun mit freudiger Begeisterung erfüllt: die Einigung Deutschlands zu einem Staatenbunde, die Wiederherstellung der alten deutschen Reichsherrlichkeit, wie sie unter sächsischen, salischen und hohenstaufischen Kaisern geblüht hatte, beseelt von einem neuen gehobenen Zeitgeiste Der Patriotismus verschmerzte die tausendfachen Wunden, welche die blutigen Kriege der Nation und der Humanität geschlagen hatten.

Durch die erstaunlichen, schnell auf einander folgenden politischen Ereignisse gerieth die Hauptstadt Berlin in eine Uebergangsperiode, die nicht ebenso schnell überwunden werden konnte. Die neuen Stadttheile überschritten die alten Grenzlinien und Berlin mußte der Mauern entkleidet und in eine offene Stadt verwandelt werden. An Neubauten entstanden: die neue Börse, das Rathhaus, die Alsenbrücke, der neue Viehmarkt, Bahnhöfe für die Görlitzer, Frankfurter, Potsdamer, Ost- und Lehrte-Bahnen. Mit den Erweiterungen hielt die Verschönerung der Stadt gleichen Schritt. Als besondere Zierden sind hervorzuheben:

die Standbilder Friedrich Wilhelm's III. von A. Wolff, das Standbild Schiller's von R. Begas, das Siegesdenkmal der Feldzüge von 1864 bis 1871.

Zu den neuen Anlagen gehören Westend bei Charlottenburg, der Humboldtshain am Gesundbrunnen, die Siegesstraße im Thiergarten. Außer den genannten Bahnhöfen entstanden für den Verkehr noch eine 3 Meilen lange Verbindungsbahn, zwei Pferdebahnen, der Nordkanal und die Kanalstraße durch die Jungfernhaide. Zur Beaufsichtigung und Regelung der spielenden Jugend entstanden die Kindergärten; für das sanitäre Wohl des Volkes wurden billige Volksküchen und öffentliche Badeanstalten eingerichtet.

So hat sich Berlin, die jüngste unter den großen europäischen Hauptstädten, seit einem Menschenalter zu bedeutender Größe und Macht entwickelt und die meisten anderen überflügelt; sie steht nur noch an Großartigkeit hinter denjenigen zurück, welche schon seit Jahrhunderten ein weltstädtisches Ansehen behaupten. Der nothwendige Umwandlungs-Prozeß von bescheidenen städtischen Einrichtungen zu dem Wesen einer Weltstadt kann sich nur allmälig vollziehen.

Nach der letzten Zählung stellte sich heraus, daß seit 1868 die Bevölkerung jährlich um 40,000 Menschen zunimmt und Berlin jetzt etwa die Einwohnerzahl von Constantinopel erreicht hat.

Die vortheilhafte Lage, zwischen zwei mächtigen Strömen, mit zahlreichen von ihr ausstrahlenden Wasser-, Land- und Eisenstraßen, macht die Stadt zu einem der bedeutendsten Handelsplätze. Schon zu der Wendenzeit war Berlin ein bedeutender Markt- und Niederlageplatz; heute ist es der Knotenpunkt für zehn Eisenbahnen, welche mit einander in Verbindung stehen und von welchen drei zur Oder, eine zum Riesengebirge, eine zur Ostsee, fünf zur Elbe führen. Berlin ist zugleich eine wichtige Fabrikstadt und der wichtigste Industrie-Platz des europäischen Festlandes.

Dasjenige Reich, in welchem Berlin schon seit einem halben Jahrhundert als Weltstadt anerkannt wurde, ist das des Geistes und der Wissenschaften. An Unterrichtsanstalten besitzt Berlin 1 Universität, 10 Akademien, 2 Seminare, 2 Handelsschulen, 10 Gymnasien, 8 Realschulen, 4 höhere Töchterschulen, 10 Vorschulen, 82 Volksschulen, viele Privatschulen, 36 Kintergärten und ebenso viele Spielschulen. An der Universität sind 200, an den verschiedenen Schulanstalten gegen 2000 geprüfte Lehrer thätig. Das geistige Leben wird durch Bibliotheken und Zeitschriften gefördert, namentlich durch die königliche, durch die Universitätsbibliothek und 12 Volksbibliotheken; an Zeitschriften und Zeitungen bestehen 320 in Berlin. Zu den naturwissenschaftlichen Sammlungen gesellte sich das Aquarium, welches in dieser Art nicht Seinesgleichen hat.

Wenn demnach Berlin für die Bildung des Geistes und der Intelligenz eine hohe Stufe einnimmt, wenn es zahlreiche Gelegenheiten für die Hebung der Künste darbietet, dem Fremden Vergnügen und Bequemlichkeit gewährt, der industriellen Menschheit erleichterte Verkehrswege eröffnet, auf den Geld- und Waarenmärkten eine gewichtige Stimme abgiebt und sich auf der politischen Weltbühne einen Platz im Vordergrunde errungen hat: — so gebührt ihm mit Recht der Name einer Weltstadt, welche wohl der Bewunderung würdig, aber auch verpflichtet ist, sich als Hauptstadt eines neuen mächtigen Reiches zugleich als die Trägerin und Pflegestätte der deutschen Culturideen geltend zu machen.

Der Volksgeist in seiner Entwickelung.

Seit dem Kurfürsten Joachim II. hatte sich Berlin, wie wir in unserer kurzen historischen Skizze zeigten, zu einer bereits mächtigen Stellung erhoben. Einen wesentlichen Einfluß, nicht bloß auf Handel, Manufacturen, Fabriken und Gewerbe sondern auch auf die geistige Cultur, auf die Verfeinerung der Sitten und des ganzen gesellschaftlichen Zustandes übte die Einwanderung der Franzosen aus. Der Kurfürst Friedrich Wilhelm zeigte sich auch in der Art, wie er die wegen ihres religiösen Glaubensbekenntnisses Verfolgten auf eine angemessene und vortheilhafte Weise unterbrachte, als ein humaner und wohldenkender Fürst. Er gewährte ihnen durch das Edikt von Potsdam sogar größere Vortheile und Vorzüge als den Landeseinwohnern, in der Absicht, ihnen vor allen Dingen eine sichere Existenz zu schaffen. König Friedrich I. bestätigte nicht nur, was sein Vorfahr verheißen hatte, sondern regelte auch durch verschiedene Erlasse ihre Justizhöfe nach dem französischen Rechte und gab ihrer Kirche eine eigenthümliche Gestaltung und Disciplin. Friedrich Wilhelm I., dessen Regierungssystem anfänglich Besorgniß bei den Refugié's hervorrief, erneuerte ihnen doch alle von seinen Vorgängern bewilligten Privilegien und Friedrich II. bewahrte ihnen und ihrer Sprache die größte Vorliebe, wenngleich er seine Schützlinge, die Colonie, spottweise die calomnie zu nennen pflegte. „Ich wünsche weiter nichts, als daß der König, Ihr Herr, das Edikt von Nantes noch ein Mal widerrufe,“ sagte er zum französischen Gesandten, als derselbe Abschied von ihm nahm. Sein Nachfolger hatte so viele Franzosen an seinem Hofe, daß seine Gegner sie um die geringste Gunst beneideten und fürchteten, daß ihnen der König zu viel Vertrauen schenkte.

Wenngleich die Colonisten sich der Gunst und Gnade der nachfolgenden Regenten zu erfreuen hatten, so fielen ihre Privilegien doch vor dem unaufhaltsam fortschreitenden Zeitgeiste und obschon die gänzliche Auflösung der Colonie verhindert wurde, so schwand doch allmälig ihr eigenthümliches Wesen, welches in der Sprache, in der Sitte und dem nationalen Charakter begründet lag. Als ein wichtiges Moment zum Verständniß des Berliner Volksgeistes muß aber hervorgehoben werden, daß jene Colonisten den größten Einfluß auf das gesammte Treiben der Hauptstadt ausübten, daß sie ihrer Zeit eine Cultur und Intelligenz vertraten, welche in geistiger und künstlerischer Hinsicht mit keiner andern verglichen werden konnte.

Nachdem Berlin mit dem Aufschwunge der brandenburgischen Herrscher zu einer königlichen Residenz emporgestiegen war, erhob es sich, auf die Huld der Regenten gestützt, zu immer höherer Macht. Schon von jener Zeit an, als Friedrich II. Preußen zu einer Großmacht bildete, fing Berlin an, nach dem Ansehen einer Weltstadt zu streben. Freilich hatte jener sublime Schwindler, Casanova von Seingalt, nicht Unrecht, wenn er erklärte, Berlin erschiene ihm mager, arm, einförmig und knapp zugeschnitten und die 20,000 Blauröcke, die Vollstrecker der willkürlichen Gewalt, säßen darin wie in einer großen Kasernenwachtstube; aber dennoch ließ sich deutlich wahrnehmen, daß der Keim zu einer selbstständigen Entwickelung aufgegangen war. Unter den Auspicien des Königs, der französisch schrieb aber in Berlinischem Geiste selbst über eine verlorene Schlacht philosophirte, entwickelte sich namentlich jenes Element, welches seitdem von culturhistorischer Bedeutung für die Hauptstadt geblieben ist: der Berliner Witz, der stets mit jeder krankhaften Erscheinung der Zeit auf eine schonungslose Weise verfuhr, jene derbe, praktische Richtung, wie sie bei den damaligen Koryphäen der Literatur, Nicolai, Biester, Engel und Moritz, zur Erscheinung kam, jener Witz, der sein kritisches Messer an alles Unklare und Transcendentale, an Jesuitismus, Wunderthäterei, Empfindsamkeit und Süßlichkeit legte.

Jene eigenthümliche Richtung bewahrte vorzugsweise der Bürgerstand, als unter Friedrich Wilhelm III. die Hauptstadt im eigentlichen Sinne eine Hofstadt wurde; ihm lag es ob, sich neben dem von jeher bevorzugten Militärstande und neben einer begüterten Aristokratie zu behaupten und vor allen Dingen die Industrie zu höherem Aufschwunge zu bringen. Damals wurde Berlin schon mäßig wohlhabend, gefällig, strebsam in Wissenschaft und Kunst, und es fehlte von obenher nicht an Gunst und Gönnerschaft, um eine behagliche Cultur zu fördern. Es herrschte schon Leben und Bewegung genug, wenngleich der Verkehr von damals nicht mit dem heutigen zu vergleichen ist. Der Luxus war noch nicht so gesteigert, der Genuß nicht so raffinirt, die Spekulation noch nicht überreizt; Wohlleben und Reichthum waren noch nicht die einzigen Zielpunkte. Und wie die Zahl derjenigen, welche jenen Phantomen nachjagen, geringer war, so fehlte es andrerseits auch noch an der Menge von Proletariern und Verarmten, welche heute aus den Provinzen der Hauptstadt zuströmen. Letzterer kam auch für den Verkehr nur die Lage zwischen zwei Hauptströmen zugute; es fehlten noch die eisernen Adern, die Schienenwege, welche die Circulation von Kraft und Leben, deren Centralpunkt die Hauptstadt wurde, vermittelten. Eine in mäßigem Verhältniß organisirte Polizei reichte aus, die einfachen Verhältnisse der Stadt zu überwachen, aber sie umgab auch das ganze Treiben mit einengenden Schranken und beargwohnte Alles, was über die militärisch geregelte Lagweiligkeit hinausragte. Dazu fehlte es noch an den meisten jener materiellen Lebensgenüsse, welche günstiger und weniger abgesonderte Hauptstädte, namentlich die Hafenstädte, zu bieten vermochten. Den Touristen bot Berlin immer nur ein Asyl zu kurzer Rast, umsomehr als der Volksgeist nicht geeignet war, fremde Elemente schnell zu assimiliren, und fast kein Fremder sich mit dem negirenden, heiteren aber spottlustigen, quicken aber beinahe unzugänglichen Wesen des Berliners befreunden mochte.

Das geistige Leben war rege, aber doch nur auf einen mäßigen Horizont beschränkt. Die Vossische Zeitung galt als das ausschließlich stimmberechtigte Organ der Oeffentlichkeit. Ludwig Rellstab gab für den gebildeten Bürgerstand, aber auch theilweise für die gebildeten Klassen den Ton an. Dieser begabte und unablässig thätige Literat, der bis zur letzten Stunde die Feder des Publicisten festhielt, stand damals in der Blüte der Kraft und auf dem Gipfel seines Ansehens. Er war Recensent für das Theater und eiferte gegen die italienische Oper; er hatte für Musik und Malerei, für Mimik und Pantomimik das kunstverständigste Urtheil und dieses galt der Menge wie ein Orakelspruch. Er schrieb ein geistreiches Buch über Henriette Sonntag, in jener Zeit, als noch das Königstädter Theater eine Bildungsepoche Berlins vertrat, eine Epoche, wo der Volkswitz, ganz verschieden von dem heutigen Possenwitz, florirte, wo künstlerische Kräfte, die auf der königlichen Bühne keine Stätte fanden, sich Bahn brachen und populären Ruhm erwarben. So wie er die Sonntag feierte, so feierte er in späteren Jahren Franz Liszt und schwerlich würde dieser die Herzen der Philister so stürmisch erobert haben, wenn nicht Rellstab dem Enthusiasmus das Signal gegeben hätte. Und neben der publicistischen Thätigkeit fand Ludwig noch Zeit, Romane zu schreiben, den Weihnachtsmarkt mit seinem unschuldigen Getümmel, den Stralauer Fischzug mit seinen duftigen Knoblauchswürsten in humoristischen Zeitungsartikeln zu schildern.

Der Beamtenstand bildete sich vorherrschend in Preußen aus, nachdem sich Deutschland von den Franzosen befreit hatte. Von den mancherlei Reformen, zu welchen die Regierung in der Zeit der höchsten Noth gedrängt worden war, gelangten doch einige zur Ausführung und nahmen Köpfe und Hände in Anspruch; auch die Handhabung der durch die Fürsten-Congresse hergestellten Ordnung gab der Büreaukratie reichlich zu thun. Die höheren Civilbeamten trafen mit dem Adel und mit dem Militärstand zusammen; die Subalternen, das Heer der Hof und Geheimräthe, vermischten sich mit Gelehrten und Künstlern und mit dem reichen Handelsstande. In dem Letzteren fehlte es nicht an geistigem Streben; ja, schon in den letzten Regierungsjahren Friedrichs II. hatten einige schöngeistige Jüdinnen literarische Berühmtheiten und sogar Vertreter der Diplomatie um sich versammelt.

Zwar blieb der eigentliche Bürgerstand, das Philisterthum, diesem geistigen Leben fremd und ausschließlich auf das materielle Gewerbe angewiesen, aber er entschädigte sich für des Tages Mühe in der behaglichen Weißbierstube oder sonntäglich durch Familienpartien nach den freundlich gelegenen Vergnügungsörtern der Umgegend. Das sogenannte Volk dagegen, wozu man schon damals die kleinen Handwerker, die Arbeiter und Proletarier, die Straßenjungen und Lehrburschen, die Dienstmägde und Hökerinnen rechnete, gab der Berliner Physiognomie gerade den am meisten charakteristischen Zug. Aus dieser Sphäre, in welcher sich eine harmlose Gemeinheit mit einem scharfen Verstande mischte, entsprangen die verwegenen Wortspiele und Witze, die ihre Runde durch Deutschland machten, jenes geistige zersetzende Element, das dem Humoristen reichlichen Stoff darbot, mit welchem sich aber nicht Jedermann befreunden konnte. Wir nannten die Gemeinheit von damals eine harmlose, und in der That bot sie ein seltenes, wunderliches Gemisch dar von reizbarer Empfindlichkeit und schneller Versöhnlichkeit, Phlegma und Sanguinismus, von deutscher Gelassenheit und französischem esprit, eine psychische Eigenheit, die in dem späteren Revolutionsjahre sich zu allen Tageszeiten und an allen Orten geltend machte. In der Zeit aber, von welcher wir hier sprechen, — damals gab es weder Berliner Demokraten noch „Krakehler“ — nahm das Volk leidenschaftlichen Antheil an allen militärischen Paraden, am Bürgerschützenfeste, an den Handwerkerfesten in Pankow, Lichtenberg, Moabit und Tempelhof, vor Allem aber an den alten Volksfesten Berlins.

Denn es gab in Berlin wirkliche Volksfeste.

Das war damals als die moderne Industrie noch nicht ihre riesigen eisernen Beine ausstreckte, als der alte Wunderglaube noch nicht an der Aufklärung und dem Steinkohlendampfe erstickt war, als der Volkgeist noch nicht in Aktien spekulirte; — damals als die Sonne noch heiter und unschuldig in unser Zimmer schien, als wir noch keine Eisenbahnen und Telegraphen, keine Schutzleute und keine Feuerwehr, sondern nur Gensdarmen, Nachtwächter und Bürgerspritzenleute kannten.

Damals feierte das Berliner Volk das Freischießen (Berlinisch: Schützenplatz), den Stralauer Fischzug und die Schlacht von Großbeeren. Das Scheiben- und Vogelschießen der Bürgerschützen sollte, wie in anderen Städten, an die Institution der biederen Bogenschützen des Mittelalters erinnern, die zum Schutze der Städte dienten und später mit eigenen Gesetzen und Privilegien gildenmäßig wurden. Jetzt ist das Volksleben auf dem Schützenplatze erstorben. Nach Großbeeren, einem zwei Meilen entfernten Dorfe, zogen die Berliner jedes Jahr zu Tausenden über Tempelhof und Marienfelde, um der kirchlichen Feier der Schlacht vom 23. August 1814 beizuwohnen und sich nachher fröhlich zu belustigen. Den Fischzug feierten die Berliner seit alten Zeiten als ihr liebstes Volksfest. Es erinnerte daran, daß Albrecht der Bär einst den Wendenfürsten Ystralowe zu seinem Vasallen gemacht und verpflichtet hatte, ihm jährlich den Ertrag eines Fischzuges als Tribut zu entrichten. Beinahe ganz Berlin wallfahrtete zu Fuß, zu Rosse, zu Wagen oder zu Schiffe nach dem Stralauer Spreegestade.

Alle Stände vereinigten sich hier zu sanfter Eintracht bei den Tönen der Leierkasten und dem Dufte der volksthümlichen Knoblauchswürste. Ja, dieses Fest stand in solchem Ansehen, daß der König und der Hof sogar auf kleinen Fregatten an dem liebenswürdigen Pöbel vorüberfuhr, und daß der Stralauer Fischzug als Lokalposse auf der Hofbühne erschien. Eduard Devrient sang darin als blinder Harfenist; Frau Unzelmann spielte die Tochter des Sattlermeisters Jucht und Frau Esperstädt stellte die Mutter Buggenhagen, eine allgemein bekannte Berliner Schlächterfrau, vor. — Julius von Voß, der Verfasser dieser ersten Berliner Lokalposse ist verhungert, das Stück selber ist verschollen, aber auch der Stralauer Fischzug. Auch das Fest von Großbeeren ist erloschen, obgleich man jetzt auf der Anhaltischen Eisenbahn in wenigen Minuten nach dem denkwürdigen Dorfe gelangen kann. Das ehemalige Schlachtfeld beabsichtigte der Berliner Magistrat zu einem Berieselungsfelde behufs der neuen Kanalisirung zu machen. So sind die alten drei wichtigen Volksfeste der Berliner eingeschlafen.

Wenn selbst die Hofbühne aus dem breiten Strome des öffentlichen Berliner Lebens schöpfte, so bezogen sich in noch höherem Grade die Darstellungen des Königstädter Theaters auf das Interesse des Volksgeistes. Die damaligen Komiker Angely, Schmelka, Spitzeder, später Plock und Beckmann, waren die populärsten Träger der Berliner Denkungsart und Ausdrucksweise und entlockten dem leichtsinnigen Volke oft Thränen der maßlosesten Heiterkeit. Auch von hier aus machte der Berliner Witz zuweilen eine Excursion in die Hofzirkel und Friedrich Wilhelm III. wechselte manchmal mit dem jovialen Kronprinzen einige Sentenzen aus der Posse „das Fest der Handwerker", zum Ergötzen seiner vornehmen Tischgäste; ja der Czar Nikolaus ließ sich bei seinem Besuche den unsterblich gewordenen Nante durch Beckmann vorstellen. Eine innerlichere Gegenseitigkeit fand aber zwischen diesem Humor und einem gewissen Zweige der Literatur statt. Der „Beobachter an der Spree" war das trivialste Organ desselben; in geistreich gesteigerter Form, aber fast krampfhaft caricirt, erschienen Saphir's Calembourgs, die anfänglich ganz nach Berlinischem Muster gebildet waren; am bedeutendsten aber waren Glasbrenner's Hefte, welche sich in alle Stände, in alle Provinzen verbreiteten und nicht nur die volksthümlichen Berliner Typen leibhaftig schilderten, sondern auch in anscheinend harmloser Weise höhere politische und sociale Interessen berührten.

Der Volksgeist der Berliner beschränkte jedoch seine Theilnahme keineswegs auf diese niedere Sphäre, sondern erstreckte sich auch auf die höheren Beziehungen der Wissenschaft und Kunst, auf die Verehrung der berühmten Männer, welche in ihrer Mitte lebten. Schleiermacher erfreute sich einer solchen Popularität, wenngleich seine Leistungen als Kanzelredner keine volksthümlichen Berührungspunkte boten; noch lebhafter aber war die Hinneigung zu den beiden Aerzten Heim und Dieffenbach, welche durch ihre Wirksamkeit wie durch ihre leutselige Gesinnung die Lieblinge des Volkes geworden waren.

In jener Zeit wurden auch die ersten Versuche gemacht, eine gesellige Verbindung der verschiedenen Stände durch öffentliche Vergnügungslokale zu bewerkstelligen. Das „Tivoli" und das später eröffnete „Elysium" gingen, von der vorübergehenden Gunst des Publikums verlassen, bald wieder ein. Besseren Erfolg hatte das Krügersche Colosseum, ein prächtiges Lokal, wo sich eine äußerlich anständige Gesellschaft versammelte, sogar verschiedenartige Elemente sich ohne gegenseitige Belästigung vereinigten. Nachdem sich die Elite der Gesellschaft davon zurückgezogen hatte, blieb es der harmlose Tummelplatz der lustigen Junggesellen und freisinnigen Damen, der Handlungsdiener und Glücksritter, deren Heiterkeit nur zuweilen durch einen Eingriff des Polizeirathes Dunker gestört wurde. Der Flammentod des Colosseums war daher ein harter Schlag für die Berliner und Berlinerinnen.

Es fehlte auch damals nicht an Laster und Schmutz, aber im

Ganzen war die Zeit harmlos, als Ludwig Devrient wie eine würdevolle, große Erscheinung die Berliner erstaunte und erschütterte, als der exaltirte Hoffmann in seinem Eckstübchen in der Taubenstraße seine wunderlichen Novellen schrieb und des Abends in Lutter's Weinstube die Feuerwerke seiner glühenden Phantasie spielen ließ. Es war auch noch eine harmlose Zeit, als Charlotte von Hagen ihre Zauberstimme unter kokettem Lachen und Weinen von der Bühne hören ließ und der Holzschneider Gubitz den „Gesellschafter" für „Geist, Gemüth und Herz" der Berliner edirte. Hegel, der die leere Zeit mit seiner unverständlichen philosophischen Terminologie verblüffte und die souveraine Regierung logisch rechtfertigte, wurde von oben her protegirt. Niemand, er selber am wenigsten ahnte, daß seine Schüler die Orthodoxie jeder Fakultät angreifen und mit den Köpfen aller Celebritäten Kegel schieben würden.

Der Donner der Juli-Revolution drang über den Rhein, Börne schrieb seine Pariser Briefe. Im Casino in der Behrenstraße bildete sich eine neue Literatur; Karl Gutzkow, ein echtes Berliner Kind, schrieb die Wally. Man sprach jetzt plötzlich von Weltschmerz, Blasirtheit, Europamüdigkeit, von einem jungen Deutschland und einer Rehabilitation des Fleisches, und während das aristokratische, spießbürgerliche und conservativ wissenschaftliche Berlin trotz den Rauchwolken des Vulkans noch ruhig weiter zu leben versuchte, schlug bereits das Hegelsche Agens mit Faustschlägen auf das Kathederbrett und erschütterte den historischen Rechtsboden, auf welchem Savigny, der Herr Jesus von Berlin, — wie ihn der alte Jahn nannte — bisher so fest gestanden hatte. Auf der Promenade unter den Linden sah man oft einen schwarzkrausköpfigen Mann in braunem Paletot, dessen Gesicht ein feines, geistvolles, sarkastisches Lächeln umspielte. Das war Eduard Gans, der mit Heinrich Heine in Paris gewesen war. Er war Professor der Rechtswissenschaft, las aber auch Geschichte publice und nannte die Lakedämonier „bornirt" und Mohammed einen „Handlungsdiener," aber diese schlechten Witze waren in der feurigen schwungvollen Rede nur wie kleine Sandhügel in einem prachtvollen Fruchtfelde; kleine Hügel welche der Maulwurf der Satyre aufwühlte, während der Geist mit Sturm- und Feuerschritten sich auf dem Gebiete der Philosophie bewegte. Es liefen auch Sophismen unter, aber sie waren aus der Ueberfülle der Wahrheit entsprossen, wie die stachlichten Disteln auf üppigem Boden wachsen, und das Auditorium lauschte mit verhaltenem Athem und funkelnden Augen den begeisternden Worten des Rationalisten. Die blasse Rahel, die letzte der schöngeistigen Jüdinnen, welche den Prinzen Ludwig Ferdinand und den Diplomaten von Gentz gefesselt hatte, war früh von hinnen gegangen, aber Bettina von Arnim eröffnete ihren Salon für die neuen Bewegungen, wo die Hegelingen aber auch neben dem Naturphilosophen Steffens Platz nehmen mußten.

In der Berliner Journalistik entfaltete sich ein regeres Leben. Mundt gab den „Pilot" heraus; die alten Blätter: der Freimüthige, der Figaro und der Gesellschafter gaben sich Mühe, pikanter zu erscheinen; Letzterer erhielt einen Mitarbeiter an Beta, welcher schon zuweilen einen Hieb austheilte, der weder für das „Gemüth" noch das „Herz" berechnet war. Wenige Jahre später redigirte Beta die „Stafette." Die Zeit hatte sich bedeutend geändert; das Blatt hatte schon Kartoffelunruhen und sociale Tendenzen zu besprechen; Glasbrenner's harmloser Witz, der gesunde Eckensteherwitz, erschien in Hopf's Witzblättern in potenzirter Schärfe. Eine noch größere Entschiedenheit zeigte sich mit dem Jahre 1840; es traten jetzt schon kämpfende Elemente auch im Berliner geistigen Leben hervor, als Ruge und Echtermayer ihre Keulenschläge in Halle führten und Gutzkow durch seinen Hamburger „Telegraphen" seine kritischen Blitze schleuderte. Damals fingen die Lyriker an, ihre gewagten politischen Lieder zu singen und in der Hasenhaide sah man die alten Turner, die man vor zwanzig Jahren in die Kasematten gesteckt hatte, wieder am Reck baumeln und „Kniehangswellen" machen.

Die Conditoreien hatten in Berlin eine ganz besondere Bedeutung für das Studium der Tagesliteratur; die größeren vertreten noch heute die Stelle von Lesekabinetten und erhalten alle beachtenswerthen Blätter des In- und Auslandes. Unter den Letzteren zeichnete sich die Stehelysche Conditorei aus, als das einzige Lokal dieser Art, wo in dem „rothen Zimmer" damals laute Unterhaltung gepflogen wurde und lebhafte Erörterungen über die Ereignisse des Tages stattfanden. Das rothe Zimmer wurde Berlins politische Wochenstube. Das Lokal aber, wo schon vor der revolutionären Zeit eine Vereinigung der radikalen Oppositionsmänner zu einem politischen Räsonniren stattfand, war Hippel's Weinstube. Hier zeigte sich der Geist Hegel's, nachdem er den Schafpelz des preußischen Hofphilosophen abgeworfen hatte, in seiner ganzen negirenden Kraft; hier war es, wo die „absolute Kritik" der verrufenen Hegelingen den Styl der Bierstuben annahm, um reformirend und revolutionair einzuwirken.

In ein neues Stadium trat das Berliner Leben nach der Eröffnung der Eisenbahnen und der Einführung des bairischen Bieres. Mit der gewaltigen physischen Fortbewegung befreite sich zugleich der Geist zu einer größeren Entschlossenheit. Berlin, der Centralpunkt, das Herz des neuen kosmopolitischen Organismus, konnte nicht mehr spießbürgerlich klopfen, sich nicht länger mit einem eintönigen Alltagsleben begnügen. Der Zuzug von Fremden aus allen Himmelsgegenden weckte neue Vergnügungen; das zuströmende Geld erhöhte das Nervenleben des Verkehrs; die einwandernden Proletarier vermehrten die unterste Klasse und erschwerten die polizeiliche Ueberwachung.

Die Weinstuben, welche der feineren Klasse bisher vorbehalten waren, wichen mehr und mehr dem Tranke des Gambrinus. Dennoch war es eine Weinstube in einem alterthümlichen Hause der Poststraße, die Druckersche, wo der Berliner Witz sich in bisher unerhörter Weise über die Polizeischranken der Redefreiheit hinwegsetzte. Die Bierhäuser aber erhielten zum Theil ihre Schenkmädchen aus der Klasse der Buhldirnen, denn die öffentlichen Häuser waren geschlossen worden; in den öffentlichen Tanzlokalen kam der Cancan in Aufnahme. Die Sittenverderbniß, welche in jener Zeit zuzunehmen schien, zeigte sich viel auffallender als man sie vermuthet hatte, indem alle offenen Schäden durch das kürzlich eingeführte öffentliche Gerichtsverfahren zur Erscheinung kamen.

Trotzdem ging in damaliger Zeit mit dem Handwerkerstande eine wesentliche Umgestaltung, eine mächtige Hebung vor. Neben dem Proletariat, welches sich seit dem Schwinden der Zunftschranken gemehrt hatte, errang sich dieser Stand seit Jahrhunderten wieder eine höhere Bedeutung in der Gesellschaft. Durch die Eisenbahnen war ein besonderer Stand von Arbeitern hervorgerufen worden, der sich vor den übrigen durch höhere Lohnansprüche und eine bessere materielle Lage auszeichnete. Aber auch der Arbeiter im Allgemeinen strebte nach höherer Geltung, seitdem der Pariser Ouvrier seine Wichtigkeit thatsächlich bekundet hatte. In Berlin bot sich dem Arbeiter hierzu ein geistiges Förderungsmittel: der Handwerker-Verein, welcher im Jahre 1844 vom Stadtsyndicus Hedemann gegründet wurde. Wissenschaftliche und technische Bildung, befördert durch Vorträge und Lehrstunden, eine sittliche Veredelung der Vergnügungen, bestehend in Landpartien, geselligen Erholungen, Musik und Lektüre — dies waren die Zwecke des Vereins. Derselbe zählte in den ersten Jahren schon 1200 Mitglieder; noch bis heute hat er neben den anderen Vereinen gleicher oder ähnlicher Art seine Bedeutung behalten, zählt jetzt etwa 4000 Mitglieder, besitzt sein eigenes Haus mit Garten, eine Bibliothek von 4000 Bänden und ein Lesezimmer mit 80 Journalen.

Während sich indessen die Intelligenz und das sittliche Bewußtsein des Arbeiterstandes hob, trat doch auch eine gewisse physische Noth ein, welche dazu beitrug, die revolutionären Elemente zu entwickeln. Im Jahre 1847 stürmte das niedere Volk die Bäckerläden; ein Jahr später ging die Kunde von der französischen Revolution über Europa; Berlin hatte seinen 18. März.

Ueber die Umgestaltung, welche in jenem denkwürdigen Jahre mit dem Berliner Volksleben vor sich ging, ließe sich ein ganzes Buch schreiben. Dies liegt hier außerhalb unseres Zweckes. Nach der traurigen Niederlage der Demokratie hat die Reaction jene Lebensformen begraben; sie hat später noch die Grabhügel selber niedergetreten. An Dokumenten für jene Epoche des Volkslebens ist fast gar nichts vorhanden. Wir wollen nur aus der Erinnerung einige „Treffer" auffrischen. Wir erinnern an das Publikum der Clubs; an die Volksversammlungen; an die Bürgerwehr mit ihren Patrouillen und Kneipereien, ihren Schießübungen und Paraden; an den immer wiederkehrenden Generalmarsch, sobald der heimische Herd in Gefahr schweben sollte; an die Wachtstuben-Verbrüderungen der verschiedenen Stände; an den Uniformen-Dünkel; an die stattlichen Corps der Studenten, Künstler und Kaufleute und die in Blusen gekleideten Handwerker und Maschinenbauer; endlich an jene unsterblichen „Rehberger", die gemüthlichen aber wilden, von Sonne und Schnaps gebräunten Gestalten mit wüsten Bärten, in Lumpen gekleidet, einen gelben Strohhut mit hohem Federbusch auf dem Haupte, einen ehrfurchterweckenden Knüttel in der Faust. Wir erinnern an den bewaffneten Pöbel, der zuweilen auf die Clubs losgehetzt wurde; an die Jakobiner, die ihre großartigen Demonstrationen durch massenhafte Volksaufzüge machten; an die radikale Studentenrotte Mohnicke; an die zahllosen Demonstrationen, Skandäler und Katzenmusiken; an die Angriffe auf das Ministerhotel, an den Zeughaussturm, die Eselparade und die Verbrennung des Verfassungsentwurfes; an den gefürchteten Lindenclub, der seltsamer Weise sich an demselben Orte versammelte, wo die Aristokraten früher Eis gegessen und Madeira geschlürft hatten. Vom Vanille-Eis zur Knoblauchswurst ist oft nur ein Schritt.

Es war eine Zeit unaufhörlicher Bewegung, unaufhörlicher Schwankungen am politischen Barometer. Die Straßen-Literatur, der Vertrieb der politischen Tages-Literatur, die buntfarbigsten Parteiblätter, die unzähligen oppositionellen Witzblätter — dies Alles gab von jener großartigen Bewegung Kunde.

Das Volk bangte nicht im geringsten vor dem Hunger, der seine Reihen lichtete; es bangte vor dem Verluste der Freiheit. Dies gereichte dem Berliner Volksgeiste zur Ehre.

Durch die „rettende That" vom 10. November 1849 wurde der alte „gesetzliche Zustand" wieder hergestellt.

Damals — es war die Zeit der Umkehr — ging auch ein Mann die Promenade unter den Linden entlang; auch ein Professor, auch ein Judenchrist; aber es war nicht der krausköpfige Eduard Gans, der Mann des Fortschrittes: es war Stahl, der Mann der Umkehr. Er las auch publice, wie Gans und in demselben Hörsaale, aber anders. Er sprach auch Sophismen aus, aber diese waren auf dem dürren Boden der Täuschung entsprossen. Aber es hörten sich die Huldigungen des Absolutismus doch viel wissenschaftlicher an als die banalen Sentenzen der Demokraten, die man eingesteckt oder verjagt oder wenigstens zum Schweigen gebracht hatte. Eine zahlreiche Zuhörerschaft lauschte dem Gekrächze. Stahl war doch wenigstens Doktrinair und deswegen nannte ihn die Adelspartei einen „Literaten der Büreaukraten."

Indem wir jenen Mann hier aufführten, haben wir die Richtung der ganzen damaligen Epoche charakterisiren wollen. Die Majoritätsbeschlüsse von 1848 sollten null und nichtig sein: „Autorität, nicht Majorität!" lautete der Wahlspruch. Das Volksleben trat nunmehr ganz in den Hintergrund; im Vordergrund stand der Polizeipräsident von Hinkeldey, ein Mann, der das öffentliche Leben der Hauptstadt nach allen Richtungen hin fast tyrannisch beherrschte, sich nebenher aber auch Verdienste um manche schätzenswerthe städtische Einrichtung erwarb.

Es folgt dann die sogenannte „neue Aera"; der Volksgeist bekundet sich, scheu hervortretend, im Kampfe gegen polizeiliche Uebergriffe.

Unter der Regierung des Königs Wilhelm währt noch eine Zeit

lang der parlementarische Kampf der Liberalen gegen die Regierung fort, ein Ueberrest der revolutionären Bewegung, die unter der Reaction noch nicht völlig erstickt wurde. Allmälig weicht diese Opposition der consequenten Haltung der Regierung, noch mehr aber den Zeitläuften. Siegreiche Kriege gegen Dänemark und Oesterreich im Laufe zweier Jahre beschwichtigten die Gegner; das Volk von Berlin wurde von der Staatstheorie auf die praktischen Thatsachen hingelenkt; es mußte Blut und Geld opfern und hatte dafür die Erfolge, die sich der Patriotismus wünschte. Preußen wurde einflußreich; das deutsche Reich hatte nur noch einen Schritt zur Einigung und zugleich zu einer mächtigen Erweiterung zu thun. Die eitlen Berliner ahnten, daß sie die Bürger einer Kaiserstadt werden sollten. Jener Schritt war einer der Riesenschritte, wie sie zuweilen die Geschichte macht: über viele Schlachtfelder hinweg. Frankreich wurde besiegt, gedemüthigt, Deutschland geeint, vergrößert; das Kaiserthum, als das alte Sinnbild volksthümlicher Einigung, wurde hergestellt.

So wurde Berlin eine Kaiserstadt. Was es in der Zeit des vorhergehenden Kampfes gelitten, gehofft, geopfert, wie es gebangt und gejubelt hatte, ist bekannt. Die nach dem Friedensschluß zuströmenden Geldmittel gaben der Capitalmacht eine neue Stütze, der Speculation einen neuen Aufschwung, der gewerbtreibenden Klasse Hoffnung auf gesteigerte, verbesserte Verhältnisse.

In den ersten beiden Jahren nach dem Kriege entstanden in der Residenz erstaunlich viele Unternehmungen an Bauwerken und Verschönerungen, an Vergnügungslokalen und gemeinnützigen Anstalten. Es fand bald der naturgemäße Rückschlag statt: Abkühlung des zu heftigen Strebens; Verluste und Falissements; Stockung der Geschäfte; Verminderung des Geldwerthes und Steigerung der Lebensmittelpreise.

Solche Calamitäten sind indessen nicht geeignet, den gesunden Berliner Volksgeist niederzudrücken. Der „Schwindel“ ist in den Augen des Berliners keine gefährliche Krankheit. Der Schwindel ist bei ihm die Lüge, die sich in Respekt gesetzt hat, die man überall voraussetzen, der man wie einem Faktum, wie einer Wahrheit begegnen muß. Düpirt wird man nur, wenn man sie in vollem Ernste als wirkliche Wahrheit nimmt. Der Schwindel ist eine Art Poesie, die den trockenen Grundsatz des Geldmachens mit einem frischen, gefälligen Kleide umhüllt. Man läßt ihn auch nicht immer in seinem ehrbaren Kostüm einherschreiten. Man zieht ihm zuweilen den philiströsen Ueberrock aus oder nimmt ihm den genialen Talma von den Schultern, und wenn man sich eine Zeit lang an seiner eigenthümlichen Narrengestalt ergötzt hat, giebt man ihm sein Oberkleid wieder zurück und spricht: „Geh' wieder an dein Geschäft!"

Die socialen Conflicte konnten dem Berliner Volksgeiste nicht viel anhaben. Im Verhältnisse zu den günstigen Bedingungen, welche die Socialdemokratie im Arbeiterstande vorfinden konnte, hat diese sociale Richtung gerade hier wenig Anklang gefunden. Es besteht nur der alte naturgemäße Conflict, der immer bestanden hat; zwischen den beiden Grundelementen des Volksgeistes, die sich ihrem Wesen nach gegenüberstehen und entgegengesetzt verhalten und dennoch vereinigen, gerade wie sich der feurige Sauerstoff und das dumpfe Stickgas zur atmosphärischen Luft verbinden.

Der luftigere leichtere Bestandtheil des Berliner Volksgeistes ist dem Philisterthum entgegengesetzt, dem Philisterthum der Vergangenheit wie dem der Gegenwart. Denn das Philisterthum stirbt nicht aus und steht bei dem neuen Zeitgeist stets zu Gevatter. Aber dem Jugendmuth, so vorwitzig er auch in Berlin ist, gehört die Zukunft. Er ist immer jung und huldigt dem Fortschritt und den zeitgemäßen Ideen. In dem bunten, geschäftigen Gewirr von Menschen, welches sich in Berlin drängt, sondert er sich von der schweren Masse ab wie der Schaum der Welle, wie die Perlen des Champagners, wie der farbige Staub auf den Flügeln des Schmetterlings.

Während das Philisterthum sich verblüffen läßt und der Autorität huldigt, so stellt sich jener Jugendmuth über die Verhältnisse. Das Philisterthum dient dem aufwärts schwebenden Zeitgeist als Ballast, dem rollenden Rade der Geschichte als nothwendiger Hemmschuh, aber Berlins Jugend hat ihre Mission noch zu erfüllen; sie hat eine culturgeschichtliche Bedeutung für ganz Deutschland, indem Berlin in Bezug auf norddeutsche Cultur, Intelligenz und sociale Gestalt die Centralstelle einnimmt. Zwar ist sie nicht blühend wie die Unschuld vom Lande, nicht rothwangig und holdselig; sie ist der Jugend aller Weltstädte ähnlich; sie gehört zu jenen modernen Elementargeistern, welche der Hauch der Zeit durch die irdische Welt weht.

Damit aber dieser Volksgeist seine Mission erfülle, wollen wir wünschen, daß er sich die nöthige Idealität bewahre, daß er sich nicht von materiellen Interessen gefangen nehmen lasse.

Tages- und Jahreszeiten.

Wer in Berlin so unglücklich ist, vor Gewissensbissen, Zahnschmerzen oder Langerweile nicht schlafen zu können, braucht nicht, wie in einer kleinen Stadt, die Dachziegel des gegenüberliegenden Hauses oder die Pflastersteine zu zählen, sondern kann sich an seinem Fenster die mannnigfachste Zerstreuung verschaffen.

Während der Wächter noch mit gewichtigen Schritten heimkehrt, führen die hellblauen, weißgesprenkelten Bäckerlehrlinge bereits die frischen weißen Backwaaren den Läden der Kleinhändler und Kellerkrämer zu. Letztere, durch heftige Schläge gegen die Thüre erweckt, öffnen endlich ihre Lokale und zeigen sich selber in ihrer dicken, fettglänzenden Gestalt. Aus den unterirdischen Lokalen, welche dasselbe Terrain wie die modernen Delikateßkeller einnehmen, entströmt ein wundersamer, gemischter Geruch, den nur die naturwüchsige Nase des Proletariers zu würdigen versteht, denn diese Lokale, diese sogenannten „Viktualienkeller", sind die wahren Lebensquellen, die Restaurationen, Cafés, Clubhäuser und Erholungsstätten der arbeitenden Klassen. Die vorübergehenden Arbeiter treten ein, um sich mit den nothwendigen Lebensmitteln zum Frühstück zu versorgen und ihre „Pullen" zu füllen.

Hin und wieder rollt eine Früh-Droschke zur Eisenbahn. Eine halbe Stunde später wird es schon lebhafter. Die Branntweinläden werden geöffnet. Die Marktleute ziehen mit Wagen und Karren in die Stadt, beladen mit Feld- und Gartenfrüchten; auf Hand- und Hundewagen werden Budengeräthe herbeigeschleppt; die Fleischer, die so schnell und rücksichtslos wie die Aristokraten fahren, bringen auf offenen Wagen ihre zerstückten Thierleichen herbei; die Höker und Kleinhändler haben den Landleuten größtentheils die Waaren schon abgenommen und ihre Einkäufe gemacht. Auf den Marktplätzen ordnen die Verkäufer ihre Geräthschaften, ihre Fässer, Kisten und Körbe, und breiten die ganze Fülle von Nahrungsmitteln aus, die der Vielfraß Berlin täglich verzehrt.

Um sechs Uhr öffnet der schlaftrunkene Provisor, der in der Nacht zu wiederholten Malen ganz ohne Noth aus dem Schlafe gestört worden, den Apothekerladen. An dem Fenster des Destillateurs zeigen sich die Porzellanflaschen, mit aromatischen Liqueuren gefüllt, während die Ladenmamsell ihre zinnernen Maße ausspült. Die „Materialisten" — nicht etwa die philosophischen, sondern die Berliner Gewürzkrämer, zu gleicher Zeit Tabaks-, Italiener- und Kolonialwaarenhändler — öffnen ihre Waarenlager, welche fast alle Produkte des Morgen- und Abendlandes umfassen. Der Commis dieses Handelszweiges, der angestrengteste unter allen Jüngern Merkurs, welcher eine kernige Gesundheit, einen kurzen Schlaf und eine stets heitere Laune haben muß, beginnt nun seinen Verkehr mit dem anderen Geschlechte, meistens alten Frauen und jungen Dienstmädchen, denen er ohne Unterschied mit süßem Lächeln und schmachtendem Blicke, mit freundlichen Worten und rührigen Gliedmaßen begegnen muß. Vom Dämmern des Tages bis zu der Zeit, wo die letzte Droschke nach Hause schleicht, muß er Waaren abwägen, Geld wechseln, liebliche Worte tauschen und Hände drücken, oben und unten, hier und dort, hüben und drüben, zu ebener Erde, auf der Leiter oder im Keller.

Jetzt steigt der Rauch aus den Schornsteinen; der Kaffee wird gekocht; die friedlichen Dorfbewohner der Umgegend erscheinen mit ihren

Einspännern und Hundekarren und bringen die Gaben der „volleutrigen Kühe", aber weise mit Wasser gemischt. Auch die Kaffeelokale, die Tavernen für die sparsamen Junggesellen unter den Proletariern, werden aufgethan.

Um halb sieben Uhr wird es geräuschvoll in allen Werkstätten, lebhaft und regsam in den Straßen und Häusern. Es erschallt das Geräusch von Hammer, Hobel und Säge. Hübsche Frauen ziehen die Fenstervorhänge in die Höhe; junge Mädchen im weißen Nachtkleide setzen ihre Blumentöpfe und Vogelbauer an die Morgenluft. Der Hauswirth und Rentier, im Schlafrock und Morgenkäppchen, lehnt sich, die lange Pfeife schmauchend, zum Fenster hinaus, um nachzusehen, ob sein Eigenthum, sein Stolz, seine fixe Idee, ob sein Haus noch auf dem alten Fleck steht. Die Hausfrauen und Dienstmägde machen ihre Einkäufe zum Frühstück oder begegnen sich plaudernd am Brunnen. Die Barbiere, die schräg gesetzte Mütze auf dem Haupte und die Mappe unter dem Arme, eilen mit studentischem Schritte dahin und träumen, während sie ihre Becken schwenken, von einer schönen Zukunft, wo sie ein chirurgisches Examen zu machen gedenken. Die Stiefelputzer und Rockausklopfer, die dem Schuhmacher und Schneider so nützlich sind wie der Arzt dem Apotheker, die Freunde und Diener des Junggesellen, dem sie die Liebesbriefe bestellen und die Sachen auf das Leihamt tragen, setzen sich in Bewegung. Die Briefträger eilen mit ihren Freude- und Trauerbotschaften über die Pflastersteine und die mühseligen Treppenstufen hinauf.

Um sieben Uhr öffnet sich der größte Theil der Läden. Die Tabakshändler setzen zunächst ihre Vierpfennig-Cigarren ab. Bald darauf werden auch die Manufactur-, Schnittwaaren-, Kurzwaaren-, Tuch-, Putz- und Kleiderläden geöffnet. Die Comptoirbuchhalter, die Aristokraten unter den Handlungsdienern, die sich auf Modejournale und Courszettel, auf Romane und doppelte Buchführung verstehen, gehen still und mit ernster Miene an ihr Pult. Die zahlreichen Handarbeiterinnen, zum Theil reizende Mädchen, eine zum Proletariat verzauberte Jugend, begeben sich in die dumpfigen Arbeitszimmer und unter die Herrschaft der Faktoren und Directricen, um bei harter Arbeit die süßen Liebesträume vom vergangenen Abend fortzuspinnen, bis sie abermals von einem schönen Prinzen aus dem Comptoir oder einem Ritter von der Elle erlöst werden und durch die Liebe für alle Entbehrungen an Luft, Licht und Freude entschädigt werden. Die Mehl- und Verkosthändler, in ihren mehl- und erbsenfarbigen Oberröcken schwer vom Bäcker und Müller zu unterscheiden, gehen nach der Eierbörse auf dem Oranienplatze. Die Gymnasial- und Realschullehrer wandeln mit gelehrter oder zerstreuter Miene in ihre Klassen. Mit ebenso würdevoller aber bescheidener Haltung, in schlichtem Rock und angegriffenem Hute, begeben sich die Elementarlehrer in ihr Amt, unter dem Arme die Schulbücher und ein Pack Hefte, die sie zu ihrer Abendunterhaltung corrigirt und mittelst Tabaksrauchs desinficirt haben. Neben ihnen laufen die Privatlehrer, vorzugsweise die französischen Sprachlehrer, eingebürgerte Franzosen, denen noch heute die französische Grammatik so fremd ist wie ehemals die deutsche Sprache, oder Deutsche, welche auf Plötz oder Stieffelius dressirt wurden, um Germanismen unsterblich zu machen; auch die Musiklehrer, die Stützen des Dilettantismus, die Meister der fingerzerbrechenden Etüden, welche durch Empfehlung und Bekanntschaft so viele Schüler wie möglich zu erwerben suchen, daneben lyrische Gedichte componiren, wozu sich keine Musikverleger finden, und den inneren Beruf fühlen, durch eine neue Oper Mozart und Rossini auf ewige Zeiten zu vernichten. Gleichzeitig mit den Lehrern bewegt sich die einherziehende Schuljugend der verschiedensten Stände und Lehranstalten, vom Primaner mit Vatermördern und dem Homer bis zum Communalschüler in Holzschuhen und mit dem Berlinischen Lesebuche ausgerüstet. Neben dieser aufkeimenden, engbrüstigen, dickköpfigen und kecken Generation wandelt das in der Entwickelung begriffene schöne Geschlecht, die Besucherinnen der „Töchterschulen", den verschiedensten Ständen und Altersstufen angehörend — ärmlich gekleidete kleine Mädchen neben den sauber und zierlich einhertrippelnden Töchterchen reicher Eltern; erwachsenere, welche bald die Schule verlassen und schon vor den Schaufenstern der Putzhandlungen stehen bleiben; noch gereiftere, welche die Tanzstunde besuchen, in der ersten Klasse der Pensionsanstalt die griechische Mythologie kennen lernen und Verse von Geibel skandiren müssen — duftig wie die Jugend, rosig wie die erblühende Schönheit, zauberisch wie die Strahlen der Morgendämmerung.

Um acht Uhr wird das Leben auf den Straßen bewegter und schneller; die Concurrenz schnallt Flügel an die dürren, abgehetzten Beine; Hunger, Ehrgeiz, Selbstsucht, Geldgier und Thätigkeitstrieb, die mächtigen Hebel des Culturlebens, setzen die Massen in Bewegung. Die kleinen Handwerker kaufen ihr Rohmaterial ein, kassiren Rechnungen ein oder begeben sich zu den Kunden, um neue Aufträge zu empfangen; die Lehrjungen, diese sorglosen und neckischen Bummler, die immer zu unnützen Streichen aufgelegt sind, tragen die gefertigten Arbeiten an ihren Bestimmungsort, wobei sie singend und pfeifend einhergehen, die neuesten Leierkastenmelodien trällern, an dümmere Jungen Nasenstüber austheilen, die Vorübergehenden wegen irgend Etwas, das ihnen auffällig erscheint, necken und die umherlaufenden Hunde erbittern. — Die niederen Beamten, die geschäftseifrigen Lastträger und Handlanger der Staatsverwaltung, gehen in ihre Büreaus; nicht viel später folgen die Chefs, die Hofräthe und wirklichen Geheimräthe, die sehr conservativ sind, viel arbeiten und gut frühstücken. Die Gerichtsräthe und Assessoren eilen in die Abtheilungen der Civilgerichte, um die Parteien zu vernehmen und Protokolle zu diktiren oder in die kleinen gemüthlichen Zimmer des Criminalgerichtes, in denen sich der Auskultator etwas unwohl und der Inquisit sehr übél befindet. — Die Hausfrauen, zum Theil von Dienstmägden begleitet, gehen auf den Markt; auch die älteren Junggesellen verschmähen es nicht, sich ein leckeres Gericht Fische auszusuchen. Die Emissäre der Bankokratie traben über die Pflastersteine oder rollen in Miethskutschen einher.

Um neun Uhr steigert sich die gewaltige Fluth der Hauptstadt. Die Zettelankleber in blauer Bluse, den messingenen Kleistertopf am Gürtel, verzieren die Anschlagsäulen mit großen Zetteln, welche Lust- und Trauerspiele, Opern und Possen, Tanz- und Reiterkünste, Beethoven'sche Symphonien und Gungl'sche Walzer, verlorene Hunde und gestohlene Brieftaschen ankündigen. Die Laufburschen der Druckereien tragen in Ledermappen die Correcturbogen zu den Schriftstellern. Die Comptoirdiener holen die Briefe von der Post und kassiren die Wechsel ein. Die Justiz-Commissarien begeben sich in die Gerichtssäle, um ihre Clienten zu vertreten oder, um Wechsel zu protestiren, in die Häuser, die nicht mehr „gut" sind. Die Exekutoren, mit einer Stange unverletzlichen Siegellacks in der Tasche, statten ihre unerfreulichen Besuche ab. Das Intelligenz-Comptoir ist geöffnet und wird von Personen belagert, welche Dienste und Beschäftigungen suchen oder eingegangene Meldungen abholen. Die Dienstboten drängen sich vor den Gesinde-Vermiethungs-Comptoiren. Schauspieler, Kammermusiker und Accessisten gehen an die Proben; die Choristen behandeln vor dem Portale die schwebenden Theaterfragen; aus den Coulissenhäusern werden die Dekorationen an das Tageslicht geschleppt. Die Musensöhne schlendern nach den Hörsälen: junge Füchse und alte Häuser, in dürftiger Schülertracht oder reichlich „bepelzt"; blasse Theologen; vollbärtige Philologen; fein gekleidete Juristen, mit Schmarren auf der linken Seite des roth strahlenden Gesichts; kräftige Mediciner, die kecke Todesverachtung, die sie am Secirtische erwerben, in jeder Miene; Philosophen, Schöngeister, angehende Journalisten, die ohne Honorar schreiben; Aristokraten, die auf eine Anstellung bei der Gesandtschaft oder einen Landrathposten rechnen. Dann kommen die Professoren, die den meisten Anhang haben, weil sie sich von den Wogen der Regierung tragen lassen: die Juristen des historischen Rechts, die Philosophen der Offenbarung und die legitimen Kritiker — endlich die außerordentlichen Professoren, Privatdocenten und Licentiaten, die großen Eifer aber nur wenige Zuhörer haben. Junge Aerzte besuchen zu Fuß ihre Patienten und werfen geringschätzende Blicke auf die in stattlichen Kutschen vorüberfahrenden Veteranen, von denen sie im Examen geschraubt worden sind, jene alten Sanitätsräthe auf weichen Wagenpolstern, in der Hand die goldene Dose, zwischen den Knieen den Rohrstock mit goldenem Knopfe haltend, die nichts gelernt und nichts vergessen, viel Merkur verschrieben und viel Silber verdient haben. Die Handelsjuden laufen auf die Auctionen oder suchen die Stubenthüren, an welchen eine Visitenkarte statt des Thürschildes angeheftet ist. Die schaulustigen Pflastertreter begaffen die Schaufenster der Kunstläden oder Luxuswaarenhandlungen. Die jungen Künstler eilen mit ihren Zeichenkästchen in die Ateliers, um sich mit dem nudelförmigen Haar des vatikanischen Apollo abzuquälen. Junge Mädchen gehen mit ihrer Musikmappe voll Czerny'scher Etüden und Kullack'scher Transscriptionen in die Klavierstunde. Die Kammerjungfern und Dienstmädchen tauschen für die alten Damen die Bücher in den Leihbibliotheken um und begehren die Berühmtheiten der neuesten europäischen Unterhaltungs-Lektüre: Octave Féré und James Grant, Henry Wood und Alexander Dumas, Trolle und Braddon — Alles, was ein weiblicher belletristischer Straußenmagen verdauen kann. Die Stadtreisenden machen ihre Runde, suchen neue Kunden auf, weil die alten nichts mehr von ihnen wissen wollen, und preisen ihre Waarenproben mit ciceronischer Beredtsamkeit an. Die Colporteure, die Arbeitsbienen des Lieferungsbuchhandels, tragen ihre vielverheißenden Prospekte aus und holen die Subscriptionslisten wieder ab. Die Schenkmamsells haben bereits ihre Morgenarbeit beendet und empfangen ihre Getreuen, welche die spät in der Nacht abgebrochenen Bierstudien und Billardkünste wieder aufnehmen. Feine Tagediebe, Stockjobbers, Lieutenants und Literaten füllen die Conditoreien, um bei kleinen Pasteten und einer Tasse Fleischbrühe die Zeitungen zu lesen. Die Spritzenleute beschäftigen sich mit dem trockenen Elemente und reinigen die staubigen Straßen. Schutzleute zu Pferde und zu Fuß sorgen für die öffentliche Ordnung im Straßenverkehr.

Zu dieser Vormittagszeit drängen sich die mannigfaltigsten Fahrzeuge durch Berlins Straßen. Die Droschken fahren in gemäßigtem Trabe, gelenkt von dem klassischen Kutscher mit bronzefarbenem Gesichte, an dem langsamsten Fuhrwerke, dem Sandwagen, vorüber, der von dem elendesten Pferde, das nur noch eine Galgenfrist bis zum Schindanger hat, gezogen wird. Hin und her rasseln blitzschnell die prächtigen Equipagen der feinen Welt, die ihre Vormittagsbesuche macht oder eingekniffene Karten abgiebt; darunter die Tilburies, welche die Gardelieutenants vom hohen Bock eigenhändig kutschiren, und Phaetonkaleschen, in welchen der Herr und der Lakei, nach der Vorschrift des Dandyismus, Rücken an Rücken gelehnt sitzen. Zuweilen fährt ein königlicher Wagen, mit Sechsen bespannt, Vorreiter voraus, mit der Geschwindigkeit einer glänzenden Sternschnuppe durch die dicke Wagen-Atmosphäre. Die geöffnete Bahn benutzt der Omnibus, langsam von keuchenden Rossen fortgeschleppt. Zu den schweren Fuhrwerken gehören die verschiedenen Lastwagen des täglichen Geschäftsverkehrs: die langgestreckten Brauerwagen, mit einer doppelten Reihe kleiner Biertonnen beladen und von einem Fuhrmann gelenkt, der mit Lederschurz und Böttcherbeil ausgerüstet ist; die Bierspinnerwagen, niedrige Rollwagen mit kleinen Rädern, gezogen von einem marckigen Einspänner, welcher durch die lange Peitsche des bärtigen Fuhrmannes im Lederschurz und durch das Gekläff seines Spitzhundes angetrieben wird; die riesigen Möbelfuhrwerke, auf welche zur Zeit des Wohnungswechsels die Häuser ihre Eingeweide entladen. Hurtig fahren die Stadtpostwagen dahin und mit der Eile des Sturmwindes sausen die Gefährte der Feuerwehr vorüber, wie das wilde Heer, mit Gerassel, Geläute und Getrappel. Die neuen Pferde-Eisenbahnen berühren bis jetzt nur einen kleinen Theil der Stadt, und fast nur solche Straßen, welche außerhalb der ehemaligen Stadtthore liegen, wie die Belle-Alliance-, die Königsgrätzer Straße und die Strecke zwischen dem Oranienburger und Schönhauser Thore. Einen schroffen Gegensatz zu diesem übereilten Leben bildet die gemessene Bewegung der Leichenzüge, die man in Berlin zu jeder Zeit erblicken kann. Der Armenleichenwagen mit verschossenem schwarzen Behange, gefolgt von einer Trauerkutsche, aus welcher verweinte Frauengesichter schauen, oder der reichere Wagen mit silbergestickten Decken, zu dessen Seiten die abgehärteten Handlanger des Sensenmannes wandeln, die nur durch Schnaps und Schnupftabak an die heitere Gewohnheit des Daseins gefesselt werden — rothnasige krumme Gestalten mit Dreimaster und schwarzem Florschweife; oder die neuerdings aufgekommenen offenen Katafalke, in welchen sich der geschmückte Sarg den Blicken der Lebenden darbietet, dahinter ein langer Wagenzug der Verwandten, Freunde und Leidtragenden, deren schmerzliche Theilnahme mit der örtlichen Entfernung vom Leichenwagen abnimmt. Durch dieses Gewoge schleichen auch zuweilen die Ueberreste eines durch die Eisenbahn-Concurrenz vernichteten Transportmittels, haushohe Fahrzeuge, von vier starkknochigen Pferden gezogen und gelenkt von einem breitschultrigen Fuhrmann in blauer Bluse und schwarzer Manchesterhose; auch zeigen sich noch, wie spukende Gestalten aus einer überflügelten Zeit, die Personenwagen, ähnlich ambulanten Menagerien, welche sich in alter Gemüthlichkeit auf abgelegenen Landstraßen bewegen. Beständig aber drängen sich durch dieses Wagengewühl die verschiedensten Tragbahren und Karren, wie in einem Hafen die Ruderboote zwischen zwei- und dreimastigen Segelschiffen: die Geschäftswagen mit auffallenden Firma-Aufschriften, welche die Zeitungs-Reklamen zu ergänzen haben, zuweilen mit glänzenden Wappenschildern und Preismedaillen verziert; die Karren der herumziehenden Höker, die mit ihren unverwüstlichen Stimmen den nervenschwachen Stubengelehrten in Schrecken setzen und sich nicht bloß auf das öffentliche Leben der Gasse beschränken, sondern auch in die gesonderte Häuslichkeit dringen, indem sie auf den Höfen ihre verführerische Waare zu Spottpreisen ausrufen. Die Mehrzahl der kleinen Gefährte machen aber die Hundewagen aus. Der Hund ist in Berlin und Umgegend zum Zugthier geworden wie auf Kamschatka. Nicht nur den Milchkarren, mit vollen Blechkannen beladen, muß er nach der Stadt ziehen, sondern auch innerhalb der Stadt alle kleine Fuhren verrichten; dabei wird der treueste Hausfreund und nützlichste Diener des Menschen auf die grausamste Weise mit Peitschenhieben und Fußtritten mißhandelt, wird fast nur mit petrificirten Küchenabfällen gefüttert und muß seinen Durst aus der schmutzigen Straßengosse stillen.

Gegen eilf Uhr marschirt die Wachtparade mit Janitscharenmusik nach der neuen Wache, gefolgt von Straßenjungen, Müßiggängern und Musikliebhabern, welche nach der Ablösung liebliche Töne von Bellini und Strauß, lustige Walzer und rauschende Ouvertüren aus dem Gerassel vorbeirollender Kutschen heraushorchen. Allmälig belebt sich der Weg unter den Linden nach dem Thiergarten hin mit feinen Leuten, Studenten, weiblichen Schönheiten, Aristokraten zu Wagen und zu Fuß.

Um zwölf Uhr leeren sich die Schulstuben, die Werkstätten und die meisten Büreaus und Comptoire. Alles eilt, sich zu sättigen, nach dem häuslichen Herde, in die verschiedenen Speiseanstalten, Hotels, Restaurationen, Kellerwirthschaften und Volksküchen. Während aber die Kaufleute noch ihre Geschäfte und Course machen, eilen die gesättigten Gewerbtreibenden schon wieder an ihre Arbeit; nur die auserwählte Zahl der bevorzugten Beamten, die ihr Tagewerk mit der frühen Nachmittagsstunde schließen oder ihre Arbeit zu beliebiger Zeit wieder aufnehmen, spazieren oder suchen Vergnügungsörter auf. Die Conditoreien erster Klasse füllen sich mit Kaffeetrinkern und Lesern; auch die Journaltiger erscheinen, welche ein Journal lesen, sieben zwischen den Fingern, drei auf den Knieen halten, auf sechsen sitzen und zwei andre beim Kellner bestellen.

Um drei verlassen die höheren Beamten ihre Schreibstuben und begeben sich zum Mittagstisch. Später sieht man sie vor der Akademie ihre Uhr stellen und zum Brandenburger Thore hinauswandeln. Auch die Rentiers mit ihren Frauen und heirathsfähigen Töchtern, selbstständige Junggesellen, Lehrer, die keine Nachmittagsstunden haben und Handwerker, welche ausnahmsweise nicht arbeiten, begeben sich vor die Thore. Im Uebrigen wiederholt sich das Vormittagsleben, jedoch in schwächerer Anstrengung und mit geringerem Aufwande von Kraft und Geschwindigkeit.

Um vier Uhr werden die Schüler und Schülerinnen entlassen, um sich an ihre häusliche Arbeiten zu setzen. Drei Stunden später verlassen die Geschäftsleute, die Arbeiter und Arbeiterinnen ihre Läden und Werkstätten. Die Tagesstunden voll Streben und Thätigkeit, gehetzt durch die Lebensnothdurft, die unterhaltenden, tausendfältigen Erscheinungen sind nun vorüber; ein milder Schleier von Staub, Qualm und Dunkelheit senkt sich über die Straßen der jungen Kaiserstadt. Das Tageslicht erlischt und allmälig tauchen die Flammen der Gaslaternen auf. Der Cyklope wäscht den Ruß der Arbeit vom Gesicht und schauet nach Vergnügen und Erholung aus.

Es ist Abend. Es beginnen die Freuden, welche den Kerzenglanz und die Laster, welche die Dunkelheit suchen. Spekulation und Concurrenz haben sich vom öffentlichen Tummelplatz zurückgezogen. Es beginnt das Reich der Täuschungen und des blendenden Lichtes und der trügerischen Schönheit, der Wollust, der Lüge und der Schminke.

Die Schaufenster der Luxusläden ergießen eine Fluth von Licht über die Straßen. Die Musikanten eilen mit ihren Instrumenten in die Tanz- und Concertlokale, wo die lebenslustige Jugend und die nie alternden Junggesellen sich allmälig versammeln. Sehnsüchtige Jünglinge harren ungeduldig auf ihre Erlöserinnen. Verschämte Arme, in den abgetragenen Kleidern der Dürftigkeit wagen sich aus ihren Schlupfwinkeln, um die Vorübergehenden anzusprechen. Elende Kinder und junge Mädchen gehen auf die Bettelei, unter dem Vorwande, Waaren zum Kauf auszubieten. Droschken befördern die Abreisenden nach den Bahnhöfen; andre fahren vor die Hotels, aus welchen die Kellner beim Schall der Hausglocke herauseilen, um die Ankommenden zu empfangen. Primadonnen und Schauspielerinnen fahren in rasselnden Kutschen vorüber. Herrschaftliche Karossen führen die feine Welt in die Oper und in die Soireen. Geputzte Paare fahren in Miethswagen und Droschken zu Gesellschaftsbällen im Arnim'schen Saale, im Englischen Hause oder im Concerthause, zu Maskenbällen im Orpheum oder im Ballhause.

Von neun Uhr ab, wo die Mehrzahl von den Vergnügungsörtern zurückkehrt, wird es stiller. Der Zapfenstreich ruft die Soldaten in die Kasernen zurück. Dagegen füllen sich die bairischen Bierstuben und auch aus den Kellern erschallt der Klang der Ziehharmonika oder des Leierkastens.

Sobald der Nachtwächter, der jetzt nicht mehr die mittelalterliche Kleidung des Schippenbauers trägt, die zehnte Stunde gepfiffen hat, erhält die Stadt ein geheimnißvolleres Ansehen. Vereinzelte Schönheiten huschen, wie vom bösen Gewissen verfolgt, über das Pflaster; trostlose Unglückliche schleichen nach Hause oder suchen sich ihr Obdach. Hin und wieder wird an der Hausglocke eines Arztes oder einer Wehmutter gezogen. Die Einbrecher und ihre Vertilger, die Criminalcomissarien, begeben sich gleichzeitig an ihr Geschäft. In wenigen Stunden liegen Tausende in ruhigem Schlummer; eine größere Anzahl setzt schlafend ihre unruhigen rastlosen Träume fort. Die Nachtdroschken reihen sich vor den Tanzlokalen auf. Mehr und mehr Fenster werden dunkel; nur hier und dort sieht man noch den Lampenschimmer im Gemache eines Kranken oder eines grübelnden Gelehrten. Die Stunden der Nacht rücken allmälig vor und damit gelangt auch der zuckende Koloß Berlin zur Ruhe.

Und dieses Treiben ist ewig, wie der Lauf der Natur, wie die täglich wiederkehrende Sonne, nur, je nach den Jahreszeiten, abwechselnd gefärbt und charakterisirt.

Wenn der Frühling im Anzuge ist, der nordische Frühling mit grauem Haare und rheumatischen Füßen, der starrhändige, rothnasige Jüngling oder Junggreis — so ersetzt das Herz des Berliners, was der Wirklichkeit fehlt und richtet sich, wie die ersten halb verborgenen Blumen, zum Himmel empor. Seine Seele erwärmt sich beim Sonnenlächeln und hofft wieder auf Liebe und Aesthetik, auf Naturschönheit und Sommertheater. Auch dem bloß materiellen Menschen bietet die neue Saison zwei der wichtigsten Genüsse: den Maitrank und das Bockbier — den würzigen Maitrank, der eine so kurze Lebensdauer hat wie eine Rose oder ein Schmetterling; das Bockbier, das von guten Gnomen an der Quellbutte gemischt wird und, frisch getrunken, das ganze Gemüthsleben des Deutschen erweckt. Mit dem Beginn des April ziehen Tausende hinaus nach Berlins Montmartre, dem Tempelhofer Berge, um in der Hopf'schen Brauerei das große Bockbier-Walpurgisfest zu feiern.

Dann denkt auch der Berliner an seine Sommerwohnungen. Herrlicher Gedanke! Herrlicher Gedanke an Düngergeruch und Mückenstiche, an dicke Milch und bestäubte Bäume! Tröste dich, armer Berliner Geschäftsmann, wenn du bald deinen Geschäftsfreund fern von der Stadt in einem entlegenen Garten aufsuchen mußt, wo du ihn unter Blumenlauben und in Gesellschaft geschwätziger Sperlinge antriffst! Tröste dich, Jüngling, wenn du ein Miethspferd nehmen mußt, um bei deiner Angebeteten die Fensterschau zu halten! Tröste dich, Familienvater, wenn du des Abends nach des Tages Mühe jenen Aufenthalt der Deinigen aufsuchst und eine Schaar von Gästen dort findest, die, wie die Fremdlinge des Ulysses, dein sauer erworbenes Gut in süßem Kaffee verprassen! Tröste dich, Menschenfreund, wenn alle deine Feinde aus der Stadt sich dort einfinden, um die Friedenspfeife mit dir zu rauchen und deine theueren Cigarren in Dampf aufgehen zu lassen! Schicke dich in Geduld, armer, nervenschwacher Mensch, der du ländliche Ruhe dort suchest und vor Hahnengeschrei, Hundegebell, Kuhgebrüll und Mückenstichen keinen Schlaf findest!

Und nun erst die Landpartieen! die Landpartieen mit allem Zubehör: mit großen Kaffeekannen und schmachtenden Augen, mit Schinkenstullen und Pfänderspielen, mit lachenden Wiesen, blühenden Alleen, Feldblumen und Lerchengesang.

Nicht bloß die Schwalben, auch die Provinzialen kommen dann nach Berlin, angelockt vom großstädtischen Leben, wie die Kaninchen von der Schlange oder die Insekten von der Lichtflamme.

Dann stellen sich auch alle jene Jünglinge ein und erfüllen Berlins Gasthäuser: die vollwangigen jungen Männer mit ledernen Hutschachteln, mit feiner Wäsche und goldenen Uhrketten, die Handels-Commis, die auf Colonialwaaren, Stecknadeln, Drahtstifte oder Wagenschmiere reisen.

Auch die größeren Conditoreien, bei Josty, Kranzler, Spargnapani, Stehely u. a., nehmen zur Frühlingssaison einen Anlauf zur Straßenfreiheit und öffnen einen kleinen Pavillon, um die Raucher an die Luft zu setzen, oder einen schmalen Straßen-Perron, wo sich die Majoratsherren, die Prudel- und Strudelwitze hinter ein eisernes Gitter drücken.

Jetzt belebt sich auch der Lustgarten, von welchem bei der letzten Renovation leider die alten Kugelakazien verschwunden sind. Dieser liebliche Platz voll unzugänglichem Rasengrün ist der Tummelplatz der heranwachsenden Generation und das noch krabbelnde Geschlecht spielt unter der Aufsicht geschwätziger Kindermädchen und mischt seine naiven Naturlaute in die melodischen Hymnen des Domchors und das dumpfe Dröhnen der Thurmglocken.

Ueberall beginnen neue Bauten. Der Mangel an Wohnungen ist Lebensfrage geworden. Man erinnert sich der Lehre des Menenius

Agrippa auf der entgegengesetzten Seite, und will denn doch die Plebejer nicht nach dem heiligen Berge ziehen lassen.

Wenn die Sonne sich der Höhe des Wendekreises nähert, tritt eine Zeit der geistigen Ebbe ein, welche fast alle Weltstädte, mit Ausnahme von London, befällt. In Berlin wird sie die „Sauregurken-Zeit" genannt. Die feine Welt befindet sich dann in den romantisch gelegenen Brunnen- und Badeörtern, schwimmt, purgirt, spielt und intriguirt in Ischl oder Wiesbaden, auf Sylt oder in Teplitz; aber auch die Berliner Eigenthümer, die jetzt von ihren Häusern eine bedeutende Rente ziehen, begeben sich mit ihren Familien auf's Land oder auf Reisen; die Beamten benutzen ihre Ferien zu Excursionen. Den Rückbleibenden ist es dann vergönnt, sich in den Gartenlokalen der Stadt und Umgegend möglichst zu erfrischen. Die Aristokratie veranstaltet im Thiergarten ihre Korsofahrten, welche dem Wiener Prater und dem Pariser Longchamp nachgebildet sind und an welchen sich zuweilen Mitglieder des kaiserlichen Hofes betheiligen. Seitdem die Wettrennen bei Tempelhof abgestellt sind, sieht man zur Zeit des Wollmarktes nicht mehr die Karavanen von aller Art Wagen, von herrschaftlichen Reitpferden und Miethgäulen, von einer Unzahl Fußgänger beiderlei Geschlechts nach jener Gegend hinströmen. Die Virtuosen der Reitkunst haben sich jetzt den Plan zum Pferderennen bei Hoppegarten, zwei Meilen von Berlin, erwählt. Der Theil des Berliner Publikums, welcher sich für diesen Sport interessirt, wird mittelst Extrazüge auf der Ostbahn dorthin befördert.

Sobald die militairischen Herbst-Manoeuver vorüber sind, reifen allmälig die vergoldeten Hesperidenfrüchte des Winters. Eine Sifnonie-Soiree erklingt nach der anderen. Bald kommt die Zeit, wo die Damen ihre Füßchen auf dem Bällen im Opernhause, im Victoria-Theater oder auf den Vereinsbällen im Arnimschen Saale in Bewegung setzen. Die Gewässer der Rousseau-Insel überziehen sich mit einer Eisdecke und die weibliche jeunesse dorée schnallt an ihre zarten Füße die stählernen

Schuhe, auf welchen sie gleich luftigen Geistern über dem gefrorenen Wasser schwebt.

Nach dem Weinachtsfeste hin bewegt sich der Strom des Vergnügens wie nach dem immergrünen Baume der nordischen Sage. Das ist das Fest, wo auch eine Weltstadt Liebe und Menschlichkeit fühlt, wo der Materialismus von Poesie, Uneigennützigkeit und Hingebung überdeckt wird, wo die Menschen wenigstens auf kurze Zeit der Mahnung ihres Propheten folgen und wie die Kinder werden, um sich auf einige Stunden der Seligkeit zu freuen.

Die Reichen strömen nach dem Herzen der Stadt, wo die Industrie und der Handel ihre Stapelplätze haben und der Gaumen seine verklärten Genüsse findet. Die sogenannten kleinen Leute finden ihre Bazars in den Buden des Weinachtsmarktes, blendend genug für die Augen der Anspruchslosen, der Armen und der Kinder. Auf den Plätzen Berlins, die noch nicht vornehm geworden und mit Parkanlagen geschmückt sind, lagern die Weinachtsbäume in allen Größen zur Auswahl, für die Salons, die niederen Stübchen und die Kellerstuben. Karossen jagen über das Pflaster; man drängt sich in den gaslichtfunkelnden Läden. Dann allmälig verläßt das Leben die Straßen und sammelt sich um den heimischen Herd. Dort hat ein kinderloser Reicher einen Kreis von Freunden um sich versammelt und findet sein Glück in dem ihrigen; hier oben in der Dachstube sitzt eine Wittwe, das kranke Kind auf den Knieen haltend, am Tische, auf welchem ein Tannenbäumchen mit brennenden Lichtern steht. Die Glocken läuten von den Kirchthürmen. Ein Christbaum nach dem andern strahlt durch die Scheiben, aus den Prachtzimmern, aus den Kellern, aus den Dachstuben. Und allmälig summen die Glockentöne aus und die Lichter verlöschen und die Tannenbäume vergilben — die Weinachtslust ist vorüber.

Aber nun beginnt der Fasching der Reichen, die Saison der Theater, Bälle und Concerte — und das währet bis die Frösche in den Teichen des Thiergartens wieder ihren quakenden Frühlingsgruß vernehmen lassen.

Physionomie der Kaiserstadt.

Berlin liegt in einer meist sandigen ebenen Gegend an der Spree, unter 52° 31′ 30″ nördlicher Breite und 31° 2′ 30″ östlicher Länge, beinahe in der Mitte der preußischen Monarchie, ziemlich genau in der Mitte von Europa, in fast gleicher Entfernung von Amsterdam, Kopenhagen, Königsberg, Krakau, München, Stuttgart, Warschau und Wien aber näher an Lissabon als an Moskau. Die Stadt hat einen mittlere Temperatur von 7° R.

Das Terrain, ein ungleichseitiges Viereck, wird in 50 Polizeibezirke, 210 Verwaltungs-Reviere und 30 Parochien eingetheilt. Das Resultat der letzten Volkszählung ergab 353,164 männliche und 349,273 weibliche Personen. Der Einwohnerzahl nach nimmt demnach Berlin den 4. Rang unter den Großstädten Europa's ein.

Zur Zeit enthält Berlin 637 Straßen, 52 Plätze und 7 Märkte, 16,078 bewohnte Häuser, welche 187,000 Familien Obdach gewähren. 8 Eisenbahnen, 17 Chausseen, 3 Kanäle, 1 Ringbahn dienen zur Vermittelung des Verkehrs nach außen. Die Fremden finden ihr Unterkommen in 159 Hotels und Gasthäusern. 12 Paläste dienen den Mitgliedern der königlichen Familie zum Aufenthalt. Mehrere Hotels bewohnen die Vertreter fremder Staaten: 5 Botschafter, 14 Gesandte, 12 Bevollmächtigte. Die Zahl der besseren Theater beträgt 19. Evangelischer Kirchen und Kapellen giebt es 50; katholischer 6. 8 Reichsbehörden,

13 Staats- und außerdem mehrere städtische und Provinzialbehörden haben ihren Sitz in Berlin. Das Postamt umschließt 58 Stadtpostämter mit 824 Briefträgern; das Telegraphen-Amt enthält 26 Abzweigungen. Zur Verbreitung der Bildung dienen 19 höhere Lehranstalten, 82 Gemeindeschulen und viele Privatschulen. Die Pflichten der Wohlthätigkeit erfüllen 6 Krankenhäuser, 20 Hospitäler, 2 Pockenhäuser, 10 Armenspeisungsanstalten, 12 Volksküchen, 2 Asyle.

Nach der Beseitigung der Festungswerke sollte die Mauer, mit welcher Friedrich Wilhelm II. die Stadt umschließen ließ, nur eine Besteuerungslinie bilden und umspannte noch große unangebaute Flächen. In einem halben Jahrhundert hatte jedoch die Stadt diese Grenzlinie überschritten. Die stolze Residenz spannte ihren Gürtel immer weiter. Die Häuserreihen dehnten sich hinaus bis nach den Friedhöfen und das wandelnde Geschlecht schaute aus seinen Wohnhäusern auf die Maulwurfshügel des Todes. Mit rührigem Lärm streifte das Tagesleben vorüber an den Stätten, wo Berlins große Männer der Vergangenheit schlummern. Man hätte die Thore weiter verlegen müssen: nach Spandau das Säulenthor der griechischen Propyläen mit dem Viergespann der Victoria, nach Schöneberg das Potsdamer Thor, die Hauptpforte der Thiergartenbesucher, nach Tempelhof das Hallesche Thor, um Platz zu finden für Kasernen und Exercierplätze; — und so alle Thore, die sich nach allen Punkten der Windrose öffneten und deren jedes nach einer „scheenen Jegend" führte, das heißt nach offenen Feldern, wo der Blick, befreit von den städtischen Mauerschranken, ungehindert über die Teppiche der Aecker schweift — ungehindert, denn die wenigen Ueberreste von Wäldern und Buschwerk sind allmälig niedergeholzt, eine beträchtliche Hügelkette im Norden bereits im Jahre 1848 dem Boden gleich gemacht worden; der Tempelhofer Berg und der Windmühlenberg, schon mehr und mehr von den Sandfuhrleuten unterminirt, werden in neuester Zeit theilweise planirt, um Terrain für Neubauten zu gewinnen. Im Jahre 1868 sah sich endlich die Behörde genöthigt, die ganze Stadtmauer und die Thore niederreißen zu lassen; nur das Brandenburger Thor ist stehen geblieben.

An die alten Stadttheile lagern sich jetzt außerhalb der ehemaligen Zollmauer, weiter als eine Meile hinaus, die neuen Stadtanlagen, die ihre Entstehung der sich entwickelnden Kaiserzeit verdanken und sich mit der äußeren Gürtel-Eisenbahn in Verbindung zu setzen suchen.

Das Herz von Berlin bildet noch immer die Altstadt oder Königsstadt, wo in der ältesten Zeit der bequeme Uebergang über die Spree die Gelegenheit zum schnellen Emporblühen einer glänzenden Stadt darbot. Einzelne alterthümliche Bauten bekunden noch den frühen Ursprung. Ueber diesen Stadtheil haben sich die Söhne Israels verbreitet, die in ältester Zeit in ein enges und schmutziges Quartier gebannt waren. Die Läden zeigen zwar weniger Eleganz als die in der Friedrichstadt, sind aber reich an Waaren-Inhalt. Die Königstraße ist verhältnißmäßig zu eng für das rege und geschäftige Treiben, Laufen und Drängen, welches hier zu jeder Tagesstunde herrscht, für die Lastwagen, Droschken, Omnibusse und Equipagen, die sich unabläßig begegnen, kreuzen und streifen und am meisten in Verwirrung gerathen, wenn die riesigen Wagen der Feuerwehr rücksichtslos dahertoben, oder die Postwagen und die einspännigen Briefwagen, welche die Stadt-Correspondenz nach dem Central-Amte befördern, in den Hof des Postgebäudes einfahren. Der Torso des alten Stadthauses hat dem großen Prachtbau des neuen Rathhauses weichen müssen; auch endlich die Gerichtslaube, die Denkstätte der ehemaligen unumschränkten Magistratsherrschaft, welche die Väter der Stadt lange vor der Hacke der Nivellirungs-Pioniere zu schützen suchten.

Das enge Straßenleben weitet sich allmälig über den Alexanderplatz zu größerer Breite und Ruhe und nimmt jenseits ein vorstädtisches Treiben an. Das ehemals berühmte Königstädtische Theater, wo das Publikum durch die zauberische Stimme der Henriette Sonntag und durch Beckmann's und Plock's Komik bezaubert wurde, ist jetzt verschwunden; der Sprößling desselben, das nahe gelegene Viktoria-Theater, repräsentirt eine neuere Zeit und einen neueren, wenn auch nicht besseren Kunstgeschmack. Das alte graue Arbeitshaus, von den Berlinern „Ochsenkopf" genannt, hat sich erhalten — ein Institut, welches Arbeitshaus, Strafanstalt und Armenhospital zu gleicher Zeit ist und worin Laster und Armuth, Schande und Siechthum in die engste Berührung treten.

Ein Haus in der Alexanderstraße 45 trägt an den Gesimsen 99 Widderköpfe. Man erzählt, Friedrich II. hätte dieses Haus für einen Bürger bauen und, da dieser sich einige Abzeichen wünschte, eine Anzahl Schafsköpfe anbringen lassen, dabei dem Eigenthümer den Rath gegeben, er solle, um das Hundert voll zu machen, zum Fenster heraus sehen. — An dem Hause Königsgraben 10 erblickt man eine Votivtafel: „Lessing dichtete hier Minna von Barnhelm, 1765." Lessing wohnte auch in den Jahren 1752—53 Nikolai-Kirchhof No. 10, in einem schmalen Hause mit übergekragtem Obergeschoß, welches jetzt durch einen Neubau ersetzt worden ist. Im Jahre 1759 wohnte er in der Brüderstraße 27, wo die jetzige Maurersche Weinhandlung ist; 1771, als er zum Besuche in Berlin war, weilte er bei seinem Bruder, im Vossischen Hause, Breitestraße 8. Das Mendelssohnsche Haus, in der Spandauerstraße 68, wo Lessing ebenfalls wohnte, ist in der Façade geändert. Das oben erwähnte Haus am Königsgraben ist noch erhalten wie vor hundert Jahren. Die Votivtafel, darüber eine Erzbüste Lessings, wurde von dem Verein für die Geschichte Berlins gestiftet und am 10. April 1870 enthüllt.

Die Altstadt hängt mit der eigentlichen Königsstadt, dem Stralauer Viertel und dem Frankfurter Revier zusammen, welche im Schlesischen, Stralauer, Landsberger, Prenzlauer und Neuen Königthore ausmündeten. Die Stralauer Vorstadt ist ein großer, sehr bevölkerter Stadttheil, dessen Bewohner jedoch theilweise aus heruntergekommenen Webern und Seidenwirkern bestehen. Zwischen dem

Schlesischen und Stralauer Thor, zu beiden Seiten der Oberspree, flutet der Lebensstrom der Stadt, noch ungetrübt, in Berlin ein. Strom auf und ab bewegen sich zahlreiche Spree- und Oderkähne; Boote und Dampfer fahren nach den Lustörtern Stralau und Treptow, wo die Berliner Wasserratten, die Liebhaber von Segelfahrten und Schwimmpartien, ihre Sommerwohnungen haben. Vor dem ehemaligen Landberger Thore, am Ende des Frankfurter Reviers liegt auf der Höhe des Friedrichshaines der Begräbnißplatz der 300, welche im März 1848 im Straßenkampfe fielen.

Das Stralauer Viertel wird durch den nordwestlichen Lauf der Spree von der südlich gelegenen Köpnicker Vorstadt oder äußeren Luisenstadt und alten Luisenstadt getrennt. Vor zwanzig Jahren wurde in der äußeren Luisenstadt, innerhalb der Stadtmauer noch Ackerbau getrieben. Seitdem ist das ganze Gebiet mit Häusern bebaut und bildet einen schönen Stadttheil. Die Quais des neuen Schifffahrtskanals, zu beiden Seiten der Michaeliskirche, geben einen reizenden Prospekt. Zwei bedeutende Plätze und der Görlitzer Bahnhof sind die Knotenpunkte eines lebhaften Omnibusverkehrs.

Köln ist neben der Königsstadt der älteste und lebhafteste Stadttheil; es ist die alte kurfürstliche Insel-Residenz und jetzt der Mittelpunkt der Kaiserstadt. Hier erhebt sich das Kaiserschloß mit seinem alten Erker und Giebel aus der Kurfürstenzeit, mit Schlüters prächtigen Portalen, mit Cosander's Triumphbogen und der mächtigen neuen Kapellenkuppel; auf der Nordseite der reizende Lustgarten, dessen Hintergrund von der entzückend schönen Front des Museums mit der griechischen Säulenhalle und den strahlenden Freskogemälden eingeschlossen wird. Hier ist der Uebergang des geschäftigen Verkehrs zwischen Friedrichs-, Dorotheen- und Sophienstadt. Der kaufmännische Verkehr erhielt mit dem neuen Börsengebäude an der Ecke der Burg- und Neuen Friedrichstraße einen würdigen Tummelplatz. Eine Verbindung zwischen dem Lustgarten und jenem Theile der Dorotheenstadt und des Friedrichwerder, welcher einen der herrlichsten städtischen Prospekte Europa's bildet, stellt die Schloßbrücke her, deren acht Brückenpfeiler mit Marmorgruppen besetzt sind. Auf der Südseite wird das Schloß von dem geräumigen Schloßplatze mit seinen hohen und stattlichen Häusern und reichen Kaufläden begrenzt. Nur die Spree trennt dieses Stadtgebiet von der Altstadt. Auf dem Platze herrscht ein stets reges Leben, hinüberflutend in das Geschäftstreiben der Königsstraße. Garderegimenter marschiren vorüber; vier und sechsspännige Karossen führen die höchsten Herrschaften zu den Banketten des Hofes. Die prächtigsten Straßen dieses alten Stadttheils sind die Breite- und die Brüderstraße, welche auf den Schloßplatz münden und von denen die Letztere nach dem Petriplatze und der neuerbauten Kirche führt. Von hier leitet in nördlicher Richtung der Mühlendamm, zwei parallel laufende Colonnaden, nach dem Molkenmarkte, wo sich die Stadtvoigtei, das Polizei- und Criminalgefängnißgebäude Berlins, befindet. Unter den Säulenhallen des Mühlendammes findet man noch die alten jüdischen Kramläden mit allen Artikeln, vorzugsweise mit billigen Kleidungstücken und mit Kleinodien, die keinen Probirstein in Versuchung setzen. Das Haus Molkenmarkt No. 1, die jetzige Stadtvoigtei, gehörte 1572 dem kurfürstlichen Kanzler Distelmeier.

In entgegengesetzter Richtung gelangt man vom Petriplatze nach dem Spittelmarkte, dem Centralpunkte von Neu-Köln, der mit dem beschränkteren aber glänzenderen Verkehr der Friedrichsstadt in engster Verbindung steht.

Die Sophienstadt, von dem Haakischen Markte bis zu der Gegend, wo vor kurzem noch das Rosenthaler Thor stand, trägt nicht mehr den Charakter des Proletariats, seidem sich vor jenen Thoren die rußigen Essen der Maschinenbauwerkstätten erhoben. Der ganze Theil von der Auguststraße bis zu dem Voigtlande, welcher früher im Rufe der Misere stand, wird jetzt zu bestimmten Tageszeiten von kräftigen und regsamen Arbeitern durchzogen, welche nach ihren Werkstätten eilen oder zur Feierstunde von dort zurückkehren. Die Gegend vor dem ehemaligen Hamburger und Rosenthaler Thor, das jetzige Nord- und Rosenthaler Revier, umfaßt das frühere Voigtland, das Gebiet der Familienhäuser. Vor dem Rosenthaler Thore liegt der Gesundbrunnen, vorstädtische Anlage und Vergnügungsort, welcher seinen Namen von einer hier befindlichen Mineralquelle erhielt und jetzt durch zahlreiche Neubauten, durch die Verbindungsbahn mit dem Wedding und durch den Nordbahnhof wieder in Aufnahme gekommen ist. Dem vor sechs Jahren angelegten Humboldthain mit 4 Gewächshäusern und einem größeren Conservirhause, zur Zierde der dortigen Gegend bestimmt, ist leider die Stadt so schnell nachgewachsen, daß er bereits von Häusern und Fabriken umschlossen ist.

Das angrenzende Stadtgebiet steht durch die Stralauer Brücke in entfernterer Verbindung mit dem merkantilen Leben der Altstadt. Vor dem Schönhauser Thore befinden sich viele Brauereien und Biergärten. Auf dem Windmühlenberge, Berlin's St. Gotthardt, erhebt sich auch der hohe Thurm des Reservebassins der Wasserleitung, die einen frischen Strom durch die welken Rinnsteinadern der Stadt führt.

Das Oranienburger Revier, vor dem ehemaligen Oranienburger Thore, zwischen Nordkanal und Park gelegen, enthält das Berliner Feuerland, ein zweites Birmingham, das Reich, welches Borsig gründete und seine Concurrenten erweiterten, wo unzählige Obelisken der Industrie die Atmosphäre mit Kohlenqualm schwängern, wo man überall Ruß und Eisen riecht, überall Maschinen und Schmiedehämmer pochen hört. Die dämonische Dampfkraft hat diesen Stadttheil zum Schauplatze seiner rastlosen, lärmenden Thätigkeit erwählt und mit zahlreichen Gießereien und Maschinenfabriken übersäet. Von diesen sind die auf den ersten Grundstücken vor dem ehemaligen Thore, die Borsig'sche und Egell'sche, die bedeutendsten und haben einen europäischen Ruf erlangt. Hier baute Borsig im Jahre 1836 einen Bretterschuppen, groß genug für 50 Arbeiter, welche die erste Maschine herstellen sollten.

Bald wirkte diese Maschine in ungestörter Gleichmäßigkeit. Im Jahre 1841 wurde die erste Lokomotive für die Berlin-Anhalter Bahn verfertigt; dann wurden alljährlich mehr als siebenzig Lokomotiven hergestellt, im Jahre 1854 die fünfhundertste, 1867 die zweitausendste, 1873 die dreitausendste. Jetzt beschäftigt die Anstalt 1500 Arbeiter. Aber nicht bloß die Arbeit, sondern auch das Material wurde durch Borsig von England befreit. In Moabit legte er ein großartiges Puddel- und Schweißwerk an, um das deutsche Roheisen zur künstlichen Fabrikation zuzubereiten und jetzt werden dort alljährlich 100,000 Centner Eisen und 16,000 Centner Gußstahl verarbeitet. Die Borsig'sche Fabrik und die ganze Colonie von Fabriken, welche sie um sich zog, trugen dazu bei, Berlin zu einem Hauptsitze des Handels- und Gewerbfleißes zu machen und in die Reihe der mächtigsten Industriestädte zu erheben.

Die ganze Gegend, den Stadttheil Moabit eingerechnet, hat eine wunderbar schnelle Umgestaltung erfahren. Von der Stelle, wo das Thor gestanden, zieht sich eine Kunststraße nach Oranienburg, mit einer Abzweigung nach dem freundlichen Schlosse Tegel. Zu beiden Seiten stehen stattliche Wohnhäuser. Die Invalidenstraße erstreckt sich mit neuen Gebäuden rechts und links nach dem Stettiner, nach dem Hamburger und Hannover'schen Bahnhofe, die Stelle des in der Revolutionsnacht theilweise zerstörten Artillerie-Wagenhauses nimmt eine riesenhafte Kaserne ein; eine zweite, die Ulanenkaserne, erhebt sich in in der Nähe von Moabit, im Rundbogenstyl mit Wartthürmchen und Zinnenkrönung; daneben die traurige pennsylvanische Musteranstalt mit ihren dicken Gefängnißmauern. Der Invalidenpark prangt mit zwei Monumenten. Drei Brücken sind über die Spree, sechs über den Nordkanal geschlagen. Der Raum zwischen der Invalidenstraße und dem früheren Standorte des Thores füllt ein neuer Stadttheil, der sich mit seinen Hauptstraßen weit nach Osten bis zum Rosenthaler Revier erstreckt. Es herrscht das regste Getriebe des Menschenverkehrs. Wenn die Glocke erschallt, sieht man die derben Männer in blauer, schwarz bestäubter Bluse zu Hunderten über die Straßen strömen. Droschken, mit Passagieren und Koffern beladen, fahren in langer Reihe nach den Eisenbahnhöfen oder von dort zurück. Truppen marschiren mit klingendem Spiele vorüber. Drei Omnibuslinien unterhalten den Verkehr mit dem Mittelpunkte, dem Westen, Süden und Südosten der Stadt.

Mit der Sophienstadt hängt nach Westen die Friedrich-Wilhelmsstadt zusammen, eine Abzweigung der Spandauer Vorstadt. Da wo früher das Krankenhaus Charité vereinzelt stand, ist ein ganzer Stadttheil von der Marschallsbrücke bis zum Humboldtshafen emporgewachsen. Die schöne Luisenstraße leitet in jenes Bereich', welches früher nicht mit Unrecht vergleichsweise das Berliner quartier latin genannt wurde, das Reich der meublirten Zimmer, wo die studirenden Söhne des Aeskulap wohnen und wo man noch Stichwörter hört, die an Jena und Göttingen erinnern. Das Vermiethen von Stuben ist hier zu einem Erwerbszweige geworden. Die Miether gehören zum Theil zu denjenigen Leuten, welche leicht Schulden machen und diese nur lässig bezahlen, weil sie die lange Kette des Leichtsinnes und der Noth zu tragen haben — auf der einen Seite Frivolität, auf der andern Seite das habgierige Bestreben, den Leichtsinn der jungen „Doctoren" und ihrer Grisetten nach Kräften auszubeuten. Das Friedrich-Wilhelmstädtische Theater, für Lust- und Schauspiele und komische Opern, nimmt hier eine geeignete Stelle ein.

Der Friedrichs-Werder, im Süden und Westen von Köln, enthält außer zwei Gymnasien, einer Gewerbeschule und Bau-Akademie noch viele wichtige Gebäude und Monumentalbauten, darunter das Zeughaus, daskronprinzliche Palais, die Münze, die Bank, das Telegraphen-Amt u. a. Zu den schönsten Denkmälern gehören die Verzierungen und Figuren des Zeughauses und die drei Standbilder auf dem Schinkelplatz. Vierzehn Brücken und verdeckte Laubengänge führen über den Schleusenstrom und den Festungsgraben.

Die Dorotheenstadt enthält die glänzendste Zierde Berlins.

Als nordwestliche Grenzlinie der Friedrichstadt dehnt sich die lange Prachtstraße „Unter den Linden“ bis zum Opernplatze, in gerader Richtung mit der Linie, welche sich von dort bis zum Lustgarten fortsetzt — eine Reihe von architektonischen Meisterwerken, Palästen und Statuen, deren Anblick wahrhaft imposant ist. Beim Lichte des Tages oder im Schimmer der Gasflammen herrscht hier das luxuriöseste Leben der kaiserlichen Residenz. Die lustige Menge ergötzt sich hier im Anschauen der marmornen und bronzenen Monumente, der Schlösser, der Schaufenster von Waaren- und Kunstläden. Officiere, Dandys und Amazonen traben oder galoppiren auf Vollblutpferden vorüber; vor den Portalen der palastähnlichen Hotels halten Equipagen mit Kutschern und Dienern in reichen Livreen. Man hört die Trommeln rühren, wenn die kaiserlichen Karossen dahin sausen. Von der Neuen Wache her ertönt der Klang der Blase-Instrumente; Officiere in schimmernden Uniformen versammeln sich zum Apell. Die Studenten schlendern gemächlich nach den Hörsälen. Der größere Theil der Lustwandelnden wählt sich, nach einem Besuche der prächtigen Kaiser-Passage, das Brandenburger Thor zum Zielpunkte, das herrliche Portal nach dem Muster der griechischen Propyläen, auf dessen Höhe das Viergespann der Victoria prangt. Es ist das Viergespann, welches einst die Reise nach Paris machte und von den siegreichen Preußen zurückgeholt wurde; unstäte Thiere, wie die colossalen Rosse zu Venedig, welche von Korinth kamen, von Venedig ebenfalls nach Paris und zurück trabten. Durch diesen Portikus drängt sich die Menge nach dem Paradiese des Berliners: dem Thiergarten, Berlins bois de Boulogne und Longchamp.

Südlich von den Linden und südwestlich vom Friedrichs-Werder erstreckt sich die große Friedrichstadt, ein geregelter Stadttheil mit breiten, geradlinigen, sich rechtwinklig schneidenden Straßen. Derselbe steht mit der südwestlich gelegenen neuen oder äußeren Friedrichstadt in Verbindung, dem Stadtheile der Geheimräthe und höheren Beamten. Der Mittelnerv ist die Friedrichstraße, welche vom Oranienburger Revier schnurgerade bis zum Belle-Alliance-Platz führt und den lebhaftesten Verkehr von Fuhrwerken und Fußgängern darbietet. Das Halle'sche Thor, am Ausgange des genannten Platzes, bildete gleichsam den Südpol Berlins, vor seiner Erweiterung durch das Tempelhofer und Schöneberger Revier. Von der Kochstraße südwärts wird das Ansehen des Stadttheiles kleinbürgerlich. Außerhalb der früheren Stadtmauer aber hat die Belle-Alliance Straße durch die Actienbrauereien auf Tivoli und dem Tempelhofer Berge, durch den Villa-Anbau am Kreuzberge und in Tempelhof, durch eine Omnibus-Verbindung und Pferde-Eisenbahn einen mächtigen Aufschwung gewonnen. Das Herz des friedrichstädtischen Gebietes ist der Gensdarmen-Markt mit dem Schauspielhause und den beiden übereinstimmenden Domen der französischen und Neuen Kirche. An Lebhaftigkeit kann mit der Friedrichstraße nur die Leipziger Straße wetteifern, welche alle übrigen querlaufenden Nebenstraßen der Friedrichstadt an Pracht der Bauten und Lebhaftigkeit der Verkehrsfluth übertrifft. Die alte Friedrichstadt ist reich an Palästen so wie an öffentlichen und Monumental-Bauten. Die neue oder äußere Friedrichstadt umfaßt die prachtvoll angebauten Gegenden, welche den Thiergarten berühren. Hier vernimmt man nicht das Rollen der Leichenwagen und wird durch keine Begräbnißplätze an die Hinfälligkeit des Erdenlebens erinnert; im Gegentheil rufen die beiden Bahnhöfe ein stets reges Treiben hervor, welches an nimmer rastende Lebensthätigkeit gemahnt.

Die Spree, ein Zusammenfluß von mehr als 300 Armen, welche im Spreewald ein Labyrinth bewaldeter Inseln umspülen, fließt in nordwestlicher Richtung durch die Stadt und nimmt von Stralau bis Charlottenburg eine Ausdehnung von anderthalb Meilen ein. Der Hauptstrom treibt die Mühlen am Mühlendamm, welche schon seit Anfang des zwölften Jahrhunderts hier bestehen; ein Nebenstrom zweigt sich beim Inselgebäude ab und vereinigt sich beim Mehlhause wieder mit dem Hauptstrome; ein andrer Nebenstrom, der Mühlengraben treibt die Werder'schen Mühlen. Der Festungsgraben, im Norden und Süden, fließt unter verschiedenen Namen, zum großen Theil verdeckt. Die zunehmende Verunreinigung dieses Gewässers wirkt nachtheilig auf den Gesundheitszustand der Stadtbevölkerung. Im Jahre 1848 wurde der Luisenkanal angelegt, der sich links von der Spree abzweigt und unterhalb der Wasserthorbrücke in den Südkanal mündet. Letzterer besteht zum großen Theile aus älteren, schiffbar gemachten Gräben und bildet einen Hafen unweit der Potsdamer Brücke. Der Nordkanal zweigt sich rechts von der Spree ab und stellt eine Verbindung mit der Havel her. Derselbe hat einen Theil der Panke in sich aufgenommen, eines Flüßchens, welches, von dem Dörfchen Pankow herkommend, sich in zwei Wasserläufen in die Spree ergießt.

Das rechte Spree-Ufer, die heutige Burgstraße, war noch bis zum 17. Jahrhunderte ein dürftiger niedriger Gang. Der Mühlendamm erhielt erst unter dem Großen Kurfürsten die ersten Häuser und Läden. Die Mühlen gehörten zum größten Theile der Stadt, bis Kürfürst Friedrich II., um die Berliner wegen einer Empörung zu bestrafen, sie für kurfürstliches Eigenthum erklärte.

Die Ufer des Nord- und Südkanals, auch Landwehrkanal genannt, gewähren angenehme Spaziergänge und sind auf einer Seite mit schönen Wohnhäusern besetzt, auf der anderen zu sogenannten Boulevards angelegt.

Die Dampfschifffahrt auf der Spree ist in letzterer Zeit lebhaft geworden, seitdem die Dampfboote im Sommer fast stündlich von der Jannowitz-Brücke nach Köpenick und den reizend gelegenen Zwischenstationen führen. Auch fehlt es nicht an den Segelbootfahrten der leidenschaftlichen Wasserratten, von denen die wohlhabendsten sich ein Landhaus in Stralau kaufen, sich auch — selbst auf die Gefahr, in Schulden zu gerathen — ihren eigenen „Triton" oder „Neptun" anschaffen. Diese Segler sprechen von nichts als von „steifer Brise" und „Spritzwellen," von „Oberloff" und „Schuttseil" und träumen sogar des Nachts von steifem Wind und schwellenden Segeln.

Die glänzendste Perspective.

Die prachtvollste Perspective von Berlin ist die glänzende Straße, die sich vom Brandenburger Thore bis zum Schlosse hin erstreckt — eine Perspective in dem Sinne, wie man in Petersburg die langen Straßenfluchten von Palästen und stattlichen Wohnhäusern so nennt, aber auch zugleich in der eigentlichen Bedeutung des Wortes, indem sie dem Blicke, welcher von den Linden zum Lustgarten hinunter schweift, einen wahrhaft entzückenden Prospect gewährt.

Den Anfangspunkt bildet das imposante und doch nur einfache Schloß, welches nach dieser Seite hin sich in einer Länge von beinahe 2000 Metern erstreckt und sich in zwei Portalen öffnet. Die Giebelfenster des ersten Geschosses enthalten allegorische Reliefs von Schlüter; in neuester Zeit sind auf dem Dache allegorische Statuen angebracht worden, welche die Hochherzigkeit, Milde, Freigebigkeit, Tapferkeit, Kunst, Industrie, Handel, Schifffahrt, Wahrheit und Treue vorstellen. Friedrich Wilhelm IV. ließ die vorspringende Terasse mit Gartenbeeten anlegen. In der Mitte derselben, vor einem der Portale, stehen die Rossebändiger, welche in Petersburg nach den Modellen des Barons Peter Jakab Clodt von Jürgensburg aus Bronze gegossen und dem Könige Friedrich Wilhelm IV. vom Kaiser Nikolaus zum Geschenk gemacht wurden. Derselbe Guß ziert den Eingang vom Garten des

Gez. v. C. Würbs — Stahlst. v. J. M. Kolb

DAS KÖNIGL. SCHLOSS IN BERLIN

Palazzo Reale zu Neapel. An der westlich gelegenen Ecke der Terrasse steht eine Säule mit einem vergoldeten Adler.

Das Schloß bildet den Mittelpunkt für Berlins wichtigste historische und politische Erinnerungen — es ist die Stätte der alten Burg, worin die Fürsten seit der Mitte des fünfzehnten Jahrhunderts wohnten. Der alterthümliche Kapellenthurm am Flusse rührt noch von dem prächtigen Schlosse, welches Joachim II. durch Kaspar Theiß beginnen und seine beiden Nachfolger durch den florentinischen Grafen Rochus von Lynar vollenden ließen. Hier wurden Feste, Turniere, Vermälungen, Taufen und Besuche gefeiert. Das Schloß wurde allmälig baufällig, aber erst nach dem dreißigjährigen Kriege konnte der Baumeister Meinhardt eine Erneuerung in's Werk setzen. Unter dem Kufürsten Friedrich III. begann Schlüter den Neubau mit der Seite nach dem Lustgarten und errichtete die drei Portale im inneren Schloßhofe, deren eines mit sechs schönen korinthischen Säulen geziert ist. Nachdem der berühmte Baumeister beim Könige in Ungnade gefallen war, wurde das Schloß, nach einer Umänderung des Schlüterschen Planes, in seiner jetzigen Gestalt von Eosander von Goethe, später von Böhme vollendet.

Hier wurden die Siege Friedrichs II. gefeiert; hier hauste Napoleon I.; hier wurden die Leichname der Könige vor ihrer Bestattung ausgestellt; hier ließ sich Friedrich Wilhelm IV. huldigen; hier wurde der Thron für das neu erweckte Kaiserthum wieder aufgerichtet. Aber nicht nur die Geschichte, sondern auch die Sage knüpft sich an die alten Mauern des Schlosses und erzählt von der weißen Frau, die zu Zeiten durch die Gemächer wandelt, Unglücksfälle oder den Tod eines Gliedes der königlichen Familie verkündet. Es soll eine Burgfrau des Rittergeschlechts von Wallenrodt sein, die böse an ihren Kinder handelte und deswegen im Tode keine Ruhe findet. Nach andrer Sage ist sie der Geist der schönen Anna Sydow, der Wittwe des Stückgießers, die den Kurfürsten Joachim so innig vergnügt hatte und von seinem ungerechten Sohne zu lebenslänglicher elender Gefangenschaft in der Festung Spandau verdammt wurde. Eine noch andre Sage hält sie für die weiße Frau von Orlamünde, die der Graf von Hohenzollern, als Schöffe, wegen Kindermordes zum Tode verurtheilte.

Das Schloß bildet ein längliches Viereck von 460 Fuß Länge und 276 Fuß Breite; die Höhe mit der Gallerie beträgt 101½ Fuß. Es hat fünf Portale und drei Höfe. Im äußern Hofe wurde 1865 die erzene Colossalstatue von Kiß, der heilige Georg, aufgestellt. Die schöne romantische Façade an der Wasserseite mit Erkern und Thürmen ist der älteste Theil des Schlosses; auf der dritten Seite, nach dem Schloßplatze, befinden sich 2 Portale, welche denen auf der Lustgartenseite entsprechen. Das hervorspringende Portal auf der Schloßfreiheit ist der vergrößert nachgeahmte Triumphbogen des Kaisers Septimius Severus in Rom.

Den Plan Eosander's: einen Thurm auf das große Portal zu setzen, ließ Friedrich Wilhelm in noch größerem Maßstabe ausführen, indem er durch Schlüter und Schadow die Schloßkapelle erbauen ließ, welche 1844 angefangen und in neun Jahren vollendet wurde. Dieselbe ruhet mit ihrem unteren Theile auf dem Eosanderschen Portale. Von außen zeigt sie sich als ein achteckiges, von einer Gallerie gekröntes Gebäude mit einer Kuppel. Ueber Letzterer befindet sich eine kleinere durchbrochene Kuppel, von acht Cherubim getragen, und darüber ragt auf einer Kuppel das vergoldete Kreuz empor. Die Gallerie trägt an den acht Ecken die Bildsäulen der vier großen und vier kleinen Propheten. Den übrigen Theil der Kuppel umgiebt eine goldene Inschrift auf azurblauem Grunde, aus der Apostelgeschichte und dem Philipperbriefe entnommen. Die Höhe dieses imposanten und erhabenen Bauwerks beträgt vom Erdboden bis zur Kreuzspitze 225 Fuß.

Der weiße Saal, im Innern des Schlosses, mit seiner edlen Pracht und reichen Verzierung, gewährt einen unbeschreiblichen Eindruck. Er ist der größte im Schlosse und enthält Arkaden, deren Bogen im oberen Theile offen, in den übrigen Theilen aber mit den Marmorstatuen der Hohenzollerschen Fürsten gefüllt oder mit Relieffiguren, die Künste und Wissenschaften darstellend, geschmückt sind. In den Friesen des Krangesimses stehen die Reliefbüsten ausgezeichneter Männer. Die Verzierungen der gewölbten Decke stellen allegorisch den Glauben, die Liebe und den Ruhm dar und an den Seiten erblickt man in Nischen acht Statuen, welche die Provinzen des preußischen Staates veranschaulichen. Dieser Saal, welcher unter Friedrich Wilhelm I. angelegt und unter Friedrich Wilhelm IV. verschönert und umgestaltet wurde, dient bei allen großen Festlichkeiten zum Versammlungsort und als Raum für den Fackeltanz bei Vermälungen; hier wurde 1847 der erste vereinigte Landtag versammelt; hier beschwor der König Friedrich Wilhelm IV. die Verfassung.

Von dem weißen Saale gelangt man auf einer doppelten Treppe zu der Kapelle, welche durch ihre großartigen Verhältnisse und durch die Pracht der Ausstattung einen ergreifenden Eindruck bewirkt. Das Treppenhaus ist mit 4 marmornen Kaiserstatuen von Eggers, mit Figurenmalereien von Peters und Rosenthal, und mit Wandreliefs von Schlüter geschmückt. Der überwölbte Raum der Kapelle ist 110 Fuß hoch, die Kuppel stellt eine goldgewirkte Zeltdecke dar. Der Altar besteht aus Marmor in reichster Mosaikarbeit; der darüber gebaute Baldachin wird von Stützen aus orientalischem Alabaster getragen. Die Gemälde im unteren Raume enthalten die Hauptmomente aus dem Leben des Erlösers, die Füllungen der Pfeiler dagegen die Bildnisse der bedeutenden Männer des Alten und Neuen Testaments. Die Bildnisse der Apostel und der brandenburgischen Fürsten umgeben den Altar, über welchen sich ein Liborium von zwei korinthischen Säulen und zwei Wandpfeilern erhebt, dessen Dach aus vergoldeten, mit Edelsteinen besetzten Schuppen besteht. Ein silbernes, vergoldetes Kreuz an der Rückwand ist mit kostbaren Edelsteinen und Malereien von

Henning ausgestattet. Unterhalb des Altars, wo die Dokumente des Kapellenbaues niedergelegt sind, befindet sich ein Kreuz aus schwarzem Marmor. Das Material, welches zu den kostbaren Alabasterarbeiten verwandt wurde, ist von Mehemed Ali, dem Vicekönig von Egypten, geschenkt worden. Das Kreuz an der Hinterwand hat einen Werth von 500,000 Thalern. Der Fußboden und die Wände bestehen aus seltenem Marmor. Zehn pompejanische Kandelabersäulen mit 7015 Flammen erhellen des Abends bei Festlichkeiten den Raum. Bei Tage fällt das Licht durch 24, von colossalen Heiligenstatuen unterbrochene Fenster. Der obere Theil der Kuppel wird von einer Gallerie mit vergoldeter Balustrade umzogen. Die Friese des Gesimses enthalten die 8 Seligpreisungen aus der Bergpredigt.

Von der anderen Seite des Weißen Saales führt ein Zimmer in die Gemälde-Gallerie, welche bei Hoffesten als Speisezimmer für 100 Personen dient und, 205 Fuß lang, 24 Fuß breit und 30 Fuß hoch, sich durch das ganze vierte Geschoß bis zum Eosanderschen Anbau erstreckt. Die Gallerie und die angrenzenden Zimmer enthalten die Hauptschätze des Schlosses, viele meisterhafte Gemälde aus der italienischen, niederländischen und deutschen Schule, von van Dyk, Titian, Tintoretto u. A. Hier findet man auch das Gemälde, welches die Stadt dem Könige Friedrich Wilhelm IV. geschenkt hat, die Huldigung zu Berlin im Jahre 1848 darstellend, mit zahlreichen Portraits hervorragender Bewohner Berlins; ferner Menzel's Krönung Wilhelms I. zu Königsberg; Steffeck's: Wilhelm I., über das Schlachtfeld von Königsgrätz reitend; Camphausen's: Wilhelm I. überreicht dem Kronprinzen auf dem Schlachtfelde von Königsgrätz den Orden pour le mérite.

Aus der Gemälde-Gallerie gelangt man in die alte Schloßkapelle, wo Friedrich II. getauft und ehemals die königlichen Herrschaften getraut wurden. Unter den Freskogemälden befinden sich werthvolle Stücke von Rhode, unter den Oelgemälden eine Himmelfahrt der Maria, Geschenk vom Grafen von Pourtales.

Von hier führen Zimmer mit prächtigen Tapeten, Kronleuchtern aus Bergkrystall und Spiegeln in den Ritter- oder Thronsaal, der zu den 12 neu restaurirten Paradezimmern gehört, welche bei besonderen Festlichkeiten benutzt werden. Der Rittersaal liegt über dem zweiten Lustgarten-Portal und zieht sich ebenfalls durch das vierte Stockwerk. Die Wände sind mit weißem Stuck und Gold verziert, die Decke mit allegorischen Darstellungen aus der Geschichte Friedrichs I. von Wenzel geschmückt. Ueber den vier Thüren erblickt man in Hochreliefs die Welttheile, von Schlüter gearbeit. Der Kronleuchter aus Bergkrystall ist aus dem Reichstagssaale zu Worms, derselbe, unter welchem Luther stand. Der Thron, mit karmoisinrothem Sammet behangen, steht auf sammetbedeckten Stufen unter einem Baldachin. Das prächtige Büffet mit massiv silbernem und vergoldetem Tischgeräth, Waschbecken, Vasen, Leuchtern, Trinkgeschirren von allen Größen, darunter ein Pokal von Benvenuto Cellini, wurde 1698 zu Augsburg gefertigt. Das hölzerne versilberte Chor für die Musiker, welches sich über der Hauptthür befindet, ersetzt das massivsilberne, welches wahrscheinlich in der Zeit des siebenjährigen Krieges zu Geld gemacht wurde. Ueber dem Thronsessel sieht man die Weihgeschenke, welche die Stadt Berlin 1840 dem Königspaar darbrachte: einen Schild von vergoldetem Silber und eine silberne Schale mit Edelsteinen, von Hossauer gefertigt. Eine über 2 Meter hohe silberne Säule mit der Borussia, wurde dem Kaiser von den Officieren der Armee zu seinem 60jährigen militairischen Dienstjubiläum geschenkt. Friedrich I. weihete diesen Saal dadurch, daß er am 19. Januar 1703 hier die erste Ceremonientafel mit den Rittern des schwarzen Adlerordens hielt. Seit jener Zeit finden hier und in der Kapelle die jährlichen Ordensfeste statt.

Das zweite Stockwerk enthält die 19 kunstreich geschmückten Gemächer Friedrich Wilhelm's II., die sogenannten Königskammern, welche auch von der Königin Sophie Dorothea, von der Prinzessin Amalie, von der Königin von Schweden und 1806 von Napoleon I.

bewohnt wurden. Dieselben erstrecken sich bis zu dem Portal des inneren Schloßhofes. Ueber dem Letzteren liegt der zu jener Zimmerflucht gehörige Garde du Corps-Saal, wo jetzt eine schöne Sammlung von Waffen, Rüstungen und Alterthümern aufgestellt ist, welche früher dem Baron Tronchin gehörte. Außerdem befinden sich hier werthvolle Gemälde von Pesne, Teniers, van Dyk und Rubens. Der mit rothem Sammet ausgeschlagene Thron- oder Audienzsaal enthält einen silbernen Armsessel unter einem Baldachin von rothem Sammet. Diesem gegenüber steht Saturn aus weißem Marmor, auf eine Erdkugel deutend, die durch eine Spieluhr in 24 Stunden um ihre Achse gedreht wird. Der große Bergkrystall-Kronleuchter kostete 85,000 Thaler. Einer der Mosaiktische wurde von Friedrich II. mit 30,000 Dukaten bezahlt. In dem Audienzsaal wurde die Leiche der Königin Luise, dreißig Jahre später die ihres Gemals ausgestellt. Der graue Pfeilersaal ist mit 16 korinthischen Säulen und mit Marmorstatuen geschmückt. Der Spiegelsaal ist an der Fensterwand mit lauter Spiegelscheiben belegt, um des Abends die Pracht durch den Lichtglanz zu erhöhen. Die übrigen Wohnzimmer Friedrich Wilhelms II. enthalten mannigfaltige Kunstwerke, darunter eine astronomische Uhr mit Planetarium. Der berühmte kunstvolle Schrank, dessen Thüren und Kästen sich beim Druck auf eine verborgene Feder öffnen, wurde von einem Herrnhuter Tischler in Neuwied gefertigt und kostete 16,000 Thaler. Die beiden prachtvollen Vasen aus Jaspis und Malachit sind Geschenke des russischen Kaisers Nikolaus.

Im ersten Stock liegen die Gemächer Friedrich Wilhelm's I., welche unter Friedrich Wilhelm II. neu eingerichtet und Petit-Kammern genannt wurden. Dieselben enthalten zahlreiche Gemälde von Pesne, Weitsch und Spagnoletto.

Die Privatzimmer des letzt verstorbenen Königs liegen nach dem Schloßplatze und der Wasserseite hinaus und wurden vordem von Friedrich II. bewohnt. Die Räume sind einfach dekorirt, aber mit

L. Ahrendts photogr.

C. Strunz sculp.

DENKMAL FRIEDRICH DES GROSSEN.

(BERLIN)

kostbaren Kunstschätzen geschmückt. Das Wohnzimmer der Königin Wittwe ist mit herrlichen Möbeln und Gemälden von Perugino, Rubens, Rembrandt, Poussin u. A. fast überfüllt.

Der Schweizersaal liegt im dritten Geschoß, in welches man durch eine Treppe unter dem Schlüterschen Portal oder durch die sogenannte Wendeltreppe gelangt. Aus diesem tritt man in die Braunschweigischen Kammern, welche mit Gemälden von Lafosse und Pesne geschmückt sind. Eine Gallerie führt in die alten Staatszimmer Friedrich's I., welche schöne Portraits der königlichen Familie enthalten. In dem Kurfürstenzimmer befindet sich die Chatulle des großen Kurfürsten. Die Brautkammer, in welcher die jungen Ehepaare des königlichen Hauses nach der Vermälung verweilen, ist durch Carée's schönes Gemälde, die Verkündigung der Geburt Christi, geschmückt. —

Treten wir nach einer Besichtigung dieser inneren Pracht wieder hinaus in den Lustgarten, um jene glänzende Perspective zu verfolgen und im Vorbeigehen den einzelnen Sehenswürdigkeiten wenigstens einen flüchtigen Blick zu widmen! — eine Aufgabe, wozu der Zeitraum eines Vormittags freilich nicht ausreicht.

Vor uns liegt der herrliche Platz, den das alte Königsschloß, der Dom und die strahlende Front des Alten Museums von drei Seiten begränzen. Die Thurmglocken der Domkirche erschallen, eine fröhliche Kindergeneration tummelt sich zwischen den Rasenplätzen; die Fontainen werfen ihre glitzernden Perlensäulen empor; eine geschäftige Menge begegnet sich auf diesem Grenzpunkte dreier Stadttheile. Ein wunderbar gemischtes Bild modernen Treibens unter griechischen Säulenhallen, unter den Speeren der pantherödtenden Amazone und des berittenen Löwenbezwingers!

Der Lustgarten war ursprünglich ein sumpfiger Platz, welchen Kurfürst Johann Georg durch den Gärtner des Grafen von Schönburg zu einem Küchengarten umgestalten ließ. Die Anlagen verwilderten während des dreißigjährigen Krieges, wurden aber unter dem Kurfürsten Friedrich Wilhelm neu angepflanzt und vergrößert. Die Kurfürstin Luise von Nassau-Oranien ließ 1651 eine Marmorstatue ihres Gemals aufstellen und den Garten mit Schattengängen, Grotten und Lusthäusern verschönern. Ein rundliches Orangeriehaus, unweit des jetzigen Museums, enthielt 600 Stämme. In der Nähe befand sich ein öffentliches Gebäude zum Ballspiel. Beim Neubau des Schlosses ging ein Theil des Gartens verloren und König Friedrich Wilhelm I. benutzte den übrigen Theil zu einem Paradeplatz. Nachdem der Raum unter Friedrich II. durch Kastanien- und Pappelbäume geziert worden war, erhielt er erst 1803 unter Friedrich Wilhelm III. seine jetzige Gestalt und seinen Namen. Er ist gegenwärtig der schönste und großartigste Platz der Residenz. Die Granitschale vor der Treppe des Museums wiegt 1500 Centner und mißt 22 Fuß im Durchmesser; dieselbe wurde 1825 aus einem riesigen Granitblock, dem Markgrafenstein in den Rauenschen Bergen, herausgehauen und durch den Baurath Cantian zu diesem vaterländischen Meisterwerke gestaltet. Ihre Größe übertrifft die der großen Schale im Museum des Vatikan und auch die der Schale auf dem Monte Cavallo zu Rom.

In der Mitte des Lustgartens steht das Reiter-Standbild Friedrich Wilhelm's III.; vor demselben befinden sich zwei Fontainen. König Friedrich Wilhelm IV. hatte bereits den Gedanken zu diesem Denkmal gehegt. Im Jahre 1863 ging der Bildhauer Albert Wolf an die Ausführung des Modells und begann drei Jahre später die Gestaltung des kolossalen Reiterbildes, welches in der Einsiedelschen Gießerei zu Lauchhammer in Bronze gegossen wurde. Die Figur, 18½ Fuß von der Plinthe bis zur Spitze des Federhutes hoch, stellt den Monarchen im Costüme der Zeit dar; man dachte ihn aus dem siegreichen Befreiungsfeldzuge von 1813 heimkehrend, das Volk begrüßend, welches bei seiner Erhebung von ihm geleitet worden. Er sitzt auf einem ruhig schreitenden Pferde, die Rechte segnend ausgestreckt, — gekleidet in die Generalsuniform jener Zeit, der lange Mantelkragen

Gez. v. C. Würbs | Stahlst. v. Joh. Poppel

DIE DOMKIRCHE IN BERLIN

zu beiden Seiten herabfallend. Die letzten kriegerischen Ereignisse hinderten, das vollendete Denkmal, wie man beabsichtigt hatte, am Tage der großen Siegesfeier, am 16. Juni 1871, zu enthüllen; man konnte zu diesem Feste das meisterhafte großartige Gebilde nur auf einem einfachen sandsteinernen Sockel herstellen; die Statuen des 21 Fuß hohen Postaments sind bis jetzt erst theilweise modellirt und werden in Lauchhammer in Erz gegossen; dieselben veranschaulichen die Siegesthaten des Königs, so wie seine Verdienste um die Gesetzgebung und Verwaltung. In seiner Vollendung wird das Monument, höher als das Friedrich=Denkmal, sich auf einem Mosaikpodium erheben. Letzteres springt 20 Fuß breit an den Seiten des Postaments hervor. Die 10 Fuß hohen Vollfiguren an den Seiten und Ecken des Postaments werden in idealem Style gehalten sein. An der vorderen Schmalseite Klio, zu ihren Füßen Kranz und Adler, Helm und Schwert; an der östlichen Langseite die kolossale Borussia, Schwert und Adlerstange in den Händen haltend, zerbrochene Fesseln zu ihren Füßen. Die beiden Ecken dieser Seitenflächen schmücken die Gestalten des Rheins, eine Mannsgestalt, an eine Weinurne gelehnt, und der Memel, eine ideal gekleidete weibliche Gestalt mit den Insignien des Landbaues. Die gegenüberliegende Langseite stellt die Friedensthaten des Königs dar: die Gesetzgebung, den Scepter führend; die vordere Ecke trägt die Wissenschaft, veranschaulicht in einer sitzenden Mannsgestalt, welcher der Genius der Wahrheit mit einer Fackel beim Studium leuchtet; die hintere Ecke zeigt das Handwerk in Gestalt eines mit dem Hammer arbeitenden Mannes, und die Kunst, durch einen schönen Jüngling mit den entsprechenden Attributen verkörpert. Die hintere Schmalseite veranschaulicht die Union der evangelischen Kirchen durch eine Frauengestalt, welche den Kelch mit der Palme des Friedens deckt.

Die Domkirche am Lustgarten wurde unter Friedrich Wilhelm II. aufgeführt, nachdem die alte auf dem Schloßplatze abgebrochen war; sie wurde jedoch 1817 durch Schinkel fast gänzlich umgestaltet. Neben dem großen Kuppelthurm stehen zwei kleinere gleich gestaltete Thürme. Das hervorspringende Portal wird von zwei cannelirten jonischen Säulen getragen und auf jeder Seite desselben steht ein colossaler Engel, nach Tieck's Modellen in Kupfer getrieben, der eine den Kelch, der andere ein Evangelienbuch haltend. Im Innern wird die gewölbte Decke durch zwei Reihen korinthischer Säulen gestützt. In dem bronzenen Gitter, welches den Altar abschließt, befinden sich zwölf Apostelfiguren, nach den berühmten Statuen Vischer's am Sebaldusgrabe zu Nürnberg, von Tieck modellirt und von Lequin gegossen. Das Altarbild, die Ergießung des heiligen Geistes vorstellend, und das daneben hangende Brustbild des Apostels Paulus sind von Begas gemalt; das Gegenstück des Letzteren, das Mosaikbild des Apostels Petrus, wurde von Papst Leo XII. geschenkt. Am nördlichen Ende der Kirche befindet sich das schöne bronzene Denkmal des Kurfürsten Johann Cicero, von Peter Vischer und seinem Sohne; auch der Sarkophag Joachim's I. Auf der Ost- und Westseite stehen die Särge mit den Ueberresten des großen Kurfürsten, des Königs Friedrich I., der Königinnen Sophie Charlotte und Dorothea.

Verlassen wir die Hofkirche und schreiten vorüber an dem ehemaligen Börsenhause und an dem Fundamente des Campo santo (Fürstengruft), dessen Vollendung unter Leitung des Baurathes Salzenberg nunmehr beschlossen ist, — die breite Freitreppe hinauf zum Alten Museum, einer Hauptzierde der Residenz!

Dieses Prachtgebäude in griechischem Styl, 86,62 Meter lang, 56,16 Meter breit und 19,15 Meter hoch, wurde unter Friedrich Wilhelm III. in den Jahren 1824 bis 1828 durch Schinkel aufgeführt, um die Giustianische Gemäldesammlung, die ägyptischen Schätze Passalacqua's und italienische Kunstschätze, welche der König gekauft hatte, unterzubringen. Die Säulenhalle, aus 18 freistehenden jonischen Säulen gebildet, ist mit Fresko-Gemälden von Cornelius nach Schinkel's Entwürfen geschmückt. Die Rossebändiger auf der 7 Meter hohen Kuppel

Gez. v. C. Würbs. Stahlst. v. Joh. Poppel

DAS MUSEUM IN BERLIN

sind von Tieck modellirt. An der Rückseite wird das Dach von zwei Gruppen geziert: die Tränkung des Pegasus durch die Muse und die Bändigung des Pegasus durch die Grazie. Von außen betrachtet, erscheint das Ganze als ein schöner viereckiger Bau von zwei Stockwerken, mit einem glatten Dache, über welchem sich ein viereckiger mit den erwähnten Rossebändigern geschmückter Kuppelaufbau erhebt.

Erst seit dem Jahre 1859 sind die Museen ohne Eintrittsgeld und auch an Sonntagen einige Stunden dem gesammten Publikum zugänglich geworden. Auch der gemeine Mann kann nunmehr nach Tagen des Fleißes und der Mühe sich an der Kunst, der wahren Bildnerin des Menschen, erbauen und belehren, sich zu einer höheren und herrlicheren Anschauung des Lebens erheben; — ein unfehlbares Mittel, daß sich Geschmack und Kunstsinn durch alle Schichten des Volkes ausbreite und das Volk selber zu höherer Cultur fördere.

Wir können jetzt nur einen flüchtigen Blick auf die Kunstschätze werfen; aber ein so eilfertiger Besuch genügt nicht, um die Verkünderin des menschlichen Wesens von Geschlecht zu Geschlecht, die Kunst, welche den Fleiß des Menschen über die Zeit seines flüchtigen Daseins hinaus verewigt, das Gepräge einer Hand, die nicht nach dem Todeserstarren der Verwesung anheimfällt, zu erkennen. Nicht zu einer einmaligen Befriedigung der Neugierde, nicht zu einer flüchtigen Durchwanderung, nicht zu einem bewußtlosen Anstarren der Kunstwerke besuche man die Museen; — nein! mit tiefer Ehrfurcht, mit geweihter Stimmung betrete man diese Hallen, welche uns die Zeugnisse der Kunst, nach Zeiten und Geschlechtern geordnet, vorführen und die wie ein uraltes Buch des Menschengeschlechts zu uns sprechen! Man kehre oft, recht oft wieder, um die herrlichen Schätze lieben und verstehen zu lernen, sie mit offenem Auge und offenem Geiste zu betrachten, sie zu unserm geistigen Eigenthum zu machen!

Die breite Freitreppe von 21 Stufen hinaufschreitend, erblicken wir auf der rechten Treppenwange die berühmte Amazonengruppe, eine reitende Amazone im Kampfe mit einem Tiger, modellirt von Kiß, in Bronze gegossen von Fischer. Die linke Treppenwange trägt die von Wolff gearbeitete Erzgruppe, einen Reiter im Kampfe mit einem Löwen vorstellend.

Am Eingange vom Treppenflur stehen die marmornen Standbilder von Schinkel und Rauch, an den Enden der Säulenhalle die von Gottfr. Schadow und Winkelmann.

Die erwähnten Freskogemälde der Vorhalle stellen in mythologischen und allegorischen Figuren die Geschichte der Weltschöpfung und die geistige Entwickelung des Menschengeschlechts dar. Die linke Seite zeigt die Entstehung der Weltkräfte vom Chaos bis zum Tageslicht, welches der aus dem Meere emporsteigende Sonnengott verbreitet; die rechte Seite veranschaulicht die Entstehung der menschlichen Cultur und Gesittung, vom Frühlingsleben der Hirtenvölker bis zur Altersnacht des Lebens.

Eine Doppeltreppe führt nach dem Flur des oberen Stockwerks. Hier befindet sich eine eiserne Copie der berühmten Colossalvase des Lord Warwick. Die Fresken in diesem Vestibül, nach Schinkel's Entwürfen ausgeführt, stellen den Culturmenschen im Kampfe mit der Barbarei und mit wüthenden Natur-Elementen dar.

Der Eingang von der Freitreppe zur großen Rotunde, dem Mittelraum des ganzen Gebäudes, ist mit einer von Stüler entworfenen Thüre versehen, welche die berühmten Thüren an der Magdalenenkirche und am Pantheon zu Paris an Schönheit übertrifft.

Treten wir in die Rotunde!

Ein imposanter Anblick! Wir befinden uns in einem großartigen antiken Tempel, der die ganze Höhe der beiden Stockwerke ausfüllt. Das Tageslicht fällt durch eine schöne, mit gemalten Kassetten verzierte Kuppel und beleuchtet die Statuen, welche auf dem gelben, schwarz inkrustirten Fußboden aufgestellt sind. Die vorzüglichsten darunter sind: eine Victoria, von Friedrich II. in Rom angekauft; Mnemosyne; ein

Faun; Apollo Lykios, früher im Tempel zu Sanssouci; eine colossale Juno mit Gewand, in Rom gekauft. Auf der von korinthischen Säulen getragenen Gallerie befinden sich 9 berühmte Teppiche, welche Papst Leo X. zu Arras in Flandern nach Rafael's Kartons wirken ließ. Dieselben befanden sich bis zum Tode Karl's I. in Whitehall, gelangten alsdann an die Herzöge von Alba und kamen 1844 durch Kauf an König Friedrich Wilhelm IV. Sie bilden die Seitenstücke zu den im Vatikan befindlichen Teppichen; sechs andere, gewebt nach den Cartons, welche Rubens in Brüssel für Karl I. kaufte, findet man in der Dresdener Gallerie.

Die Rotunde bildet unten den Zugang für die Sculpturen-Gallerie, deren Entstehen Friedrich II. zu verdanken ist. Sie enthielt ursprünglich die Sammlung Bianconi's in Rom, die des Kardinals Polignac und die der Markgräfin von Baireuth, ist aber durch Friedrich Wilhelm III. und seinen Nachfolger bedeutend bereichert worden Sie besteht aus sechs Sälen, voll der edelsten Kunstwerke, darunter: ein Herkules als Jüngling; ein schöner Antinous als Genius; Kalliope; Urania; ein Satyr; Merkur; ein Faun mit der Flöte; Polyhymnia; ein anbetender Knabe, 1710 in Herculanum gefunden und für 10,000 Thaler angekauft; eine berühmte Büste des Julius Cäsar; ein Torso des Marsyas; ein trunkener Bachus; etruskische und römische Bildwerke; assyrische Bildwerke aus den Königspalästen; aus dem Mittelalter und der Neuzeit: ein schönes Altarrelief; ein Altarwerk von Begarelli; Hebe von Canova.

Indem wir aus dem Sculpturensaal eine der beiden schönen Treppen hinaufsteigen oder auch aus der Gallerie der Rotunde gelangen wir in die Gemälde-Gallerie, welche vom Kurfürsten Friedrich Wilhelm begründet, durch zahlreiche Schätze aus den Schlössern so wie durch den Ankauf der Sammlungen von Solly und vom Grafen Giustiniani und durch neuere Erwerbungen in Italien bedeutend bereichert worden ist.

Durch den Glanz der Farben, der Goldrahmen und der rothen

Sammettapeten, womit die Schirmwände bekleidet sind, wird das Auge des Beschauers anfänglich fast geblendet; erst allmälich gewöhnen wir uns an die unwillkürliche Empfindung, welche die äußere Pracht der Räume auf unsere Sinne bewirkt; wir geben uns dem geistigeren Eindruck hin und werden inne, daß wir eine Sammlung vor Augen haben, die mit den größten Sammlungen Europa's wetteifern kann und, wenngleich einigen derselben in Betreff der Zahl der Meisterwerke nachstehend, den kunsthistorischen Vorzug besitzt, daß sie nach Schulen, nach Zeiten und Geschlechtern geordnet ist.

Die einzelnen Abtheilungen sind nach den Schulen geordnet und durch Inschriften bezeichnet.

Unter den Franzosen, Spaniern und Italienern ist die Schule vor Rafael fast vollständig vertreten; für die spanischen Gemälde wurde manches Bedeutende auf den Auktionen des Marschalls Soult und des Königs Ludwig Philipp erstanden. Hervorleuchtend sind: Rafael's Maria mit dem Kinde; die Tochter des Tizian, vom Meister selber gemalt; das Schweißtuch der heiligen Veronica von Correggio; Io, vom Jupiter umarmt, von demselben; Leda vom Jupiter als Schwan besucht; Paulus und Antonius von Guido Reni; eine büßende Magdalena, irrthümlich dem Murillo zugeschrieben; der heilige Antonius von Murillo.

Besonders reich ist die Gallerie an altdeutschen Gemälden. Die Flandrische Schule wurde durch den Ankauf der Bilder von Rogier van der Weyden werthvoll vervollständigt. Unter den Niederländern und Deutschen sind besonders bemerkenswerth: das Altarbild in zwölf Tafeln von Hubert und Jan van Eyck, welches mit der Sammlung Solly dem Museum seit seiner Gründung angehörte; Frundsberg von Holbein; Kurfürst Albrecht von Cranach; Christus und die beiden Johannes von Rubens; Kinder Karls I. von van Dyck; Adolf von Geldern, oder vielmehr der Simson von Rembrandt; Moses, von demselben; Seestücke von Ruysdael; Früchte und Blumen von de Heem; das vorzügliche Portrait des Jörg Gyze von Holbein.

Neuerdings hat die niederländische Schule der Berliner Gallerie noch eine wesentliche Bereicherung erhalten, durch den Ankauf der berühmten Gallerie Suermondt, welchen das Abgeordneten-Haus genehmigte. Diese Sammlung ist seit kurzem im Ostflügel des Museums aufgestellt worden. Es wurde für diese Gallerie, welche über zwanzig Jahre in der Stadt Aachen bestand, die verhältnißmäßig geringe Summe von 340,000 Thalern gezahlt. Die italienische und französische Schule sind darin nur durch wenige ausgezeichnete Leistungen vertreten; zu Letzteren gehören ein Hieronymus von Correggio und einige kleinere Gemälde von Watteau und Boucher. Dagegen wird die spanische Schule durch 21 ausgezeichnete Gemälde repräsentirt; darunter Alonzo Sanchez Coello; Valazquez; Murillo, der durch ein Werk ersten Ranges, eine Madonna, vertreten ist; Antonio Pereda und Mateo de Cerezo. Die flandrische Schule wird durch drei herrliche Bilder des Jan van Eyck ergänzt. Durch die neu erworbenen Bilder von Holbein, welche die vorhandenen fünf ächten dieses Meisters ergänzen, erringt die Berliner Sammlung einen Vorzug vor dem Louvre, dem Wiener Belvedere, der Münchener Pinakothek, der Dresdener und Londoner Gallerie. Von Albrecht Dürer, welcher der Berliner Gallerie bisher ganz fehlte, liefert die Suermondtsche Sammlung ein Selbstportrait und einen lebensvollen Apostelkopf; zu den schon vorhandenen Bildern von Lucas Cranach noch drei vortreffliche; von dem großen holländischen Meister Frans Hals sieben merkwürdige Gemälde, darunter das berühmte Bild der Hexe Hille Bobbe; von Rembrandt, dem größten Genius der holländischen Schule, einige Anfangsstücke und ein vollendetes Bildniß eines Rabbiners. In dem niederländischen Genre und der Landschaftsmalerei brachte die Suermondtsche Gallerie die prächtigsten Stücke von Brouwer, Coques, drei unschätzbare von van der Meer; andere von Paul Potter, van de Velde; Landschaften ersten Ranges von Jan van Goyen und Jakob van Ruisdael; geniale Bilder von Terburg und den beiden Ostade.

Die Suermondt'sche Sammlung ist für den Künstler wie für das größere Publikum von höchstem Interesse — eine Sammlung von Meisterwerken, welche wohl geeignet sind, die geistige Bildung der Nation zu fördern.

Das Antiquarium im Souterrain enthält den berühmten Hildesheimer Silberfund, aus altrömischen Pokalen, Schalen und anderen Kunstwerken bestehend; ferner eine Sammlung von Vasen, eine der reichsten in Europa, enthaltend die von Hennin in Paris angekauften hetrurischen Vasen, und die bedeutende Sammlung des österreichischen Feldmarschalls von Koller. Die Gemmen und Cameen, antike, christliche, mittelalterliche und moderne, bestehen hauptsächlich aus der berühmten Sammlung des Barons von Stosch. Die kostbare Münzensammlung wurde im Jahre 1833 durch die Medaillensammlung des Medizinalrathes Rudolphi bedeutend bereichert; im Jahre 1873 wurde dieses Kabinet durch großartige Erwerbungen zu einer der ersten Sammlungen erhoben. Die Metallarbeiten, mehr als 300 Nummern; die Terrakotten, 400 an der Zahl, und die Glas-, Knochen-, und Elfenbeinarbeiten sind unter den Antikaglien besonders merkwürdig und rühren zum Theil aus den verschütteten Städten Pompeji und Herculanum her.

Die Gemälde-Sammlung im oberen Geschoß ist durch eine über die Straße fortgehende Gallerie mit dem Neuen Museum verbunden; der Eintritt in das Letztere kann auch von der Sculpturen-Sammlung aus oder durch den eigentlichen Haupt-Eingang in der Vorhalle des Gebäudes selber stattfinden.

Der Inhalt dieses erhabenen Gebäudes leitet uns, an Denkmälern der Menschengeschichte, von der ältesten Vorzeit bis an die nahe Gegenwart. Wir erschauen in der Vorzeit unseres eigenen Volkes die rohen Umrisse eines halben Naturlebens; Aegypten mit sprechenden Zeugnissen, mit Gräbern und Todten; Griechenland in den idealsten Denkmälern seines Kunstaufschwungs. — Welch ein reicher Kunsttempel, welch eine glänzende Umgebung des ästhetischen Ideals! welch ein Aufwand von Malerei, welch eine geschmackvolle Uebereinstimmung der Raum-Dekorationen und Architektur mit dem Charakter der einzelnen Sammlungen und aufgestellten Kunstwerke!

Das Neue Museum wurde nach dem Entwurfe des Königs Friedrich Wilhelm IV. unter der Leitung des Oberbauraths Stüler und des Generaldirektors von Olfers und mit Hülfe der bedeutendsten Künstler ausgeführt. Die Arbeiten am Fundament begannen gegen Ende des Jahres 1841. Es bedurfte aber einer schwierigen und langen Arbeit, den ungünstigen Baugrund so weit herzustellen, daß am 6. April 1843 der Grundstein gelegt werden konnte.

Wenngleich der Styl des Gebäudes nicht rein antik ist, so gewährt es doch mit seiner Säulenhalle, mit den beiden Kuppeln an den Ecken der Facaden, mit dem durch das ganze Gebäude gehenden Treppenhause, mit seinen Marmortreppen und vergoldeten Säulen — mit dieser ganzen reichen Pracht von Säulen, Architraven, Kuppeln und Fresken einen höchst imposanten Eindruck.

Aus der Vorhalle tritt man in das ägyptische Museum, ein Atrium nebst Vorhofe und drei Sälen in ägyptischem Style. Die Säulen sind hier den ägyptischen Tempelsäulen nachgebildet; die Wandgemälde stellen ägyptische Gegenden dar. Die Alterthümer bestehen aus der von Friedrich Wilhelm III. angekauften Passalacquaschen Sammlung, aus der Ausbeute von der unter seinem Nachfolger nach Aegypten gesandten Expedition und den Vermehrungen durch von Minutoli, von Keller und von Nagler.

Es bedarf nur einer mäßigen Kraft der Phantasie, um sich wenigstens auf Augenblicke in eine Zeit, die 4 Jahrtausende hinter uns liegt, zurückzuversetzen. Man schaue nur auf die schwarzen Königskolosse, auf die sitzende Gestalt des alten Aegypters, auf die zahlreichen Mumien und die schönen Sarkophage von Kalkstein!

Die nordischen Alterthümer, welche sich ebenfalls im unteren

Geschosse befinden, bestehen aus Gefäßen, Waffen, Hausgeräthen und Götzenbildern aus den drei Zeiten des Alterthums. Die Wandgemälde in Wasserglasfarben stellen die Götter unserer Ahnen, böse wie gute, dar: des alten Odin's herrliche Gestalt und in seinem Dienste das Gedächtniß und die Erkenntniß; das Roß der Nacht, den Thau auf die Erde schüttelnd; den schönen wilden Baldur, liebreizend und zürnend wie Apollo; Hulda, die Göttin der Häuslichkeit, holder als Minerva; und die Nornen, die Parzen der Nordländer, schaltend über Glück und Unglück.

Das Ethnographische Museum, 3 große Säle umfassend und die Sammlungen des Prinzen Waldemar und des Grafen Roß enthaltend, gewährt einen Blick über die Sitten fremder, größtentheils uncivilisirter Völkerschaften.

Den Mittelpunkt des Gebäudes bildet das 100 Fuß hohe Treppenhaus. Die Vorhalle mit prächtigen Marmorsäulen, denen des Neptuntempels zu Athen nachgebildet, enthält das erhabene Kunstwerk des Alterthums: die Dioskuren-Collosse des Monte Cavallo, die hohen Kinder des Zeus. — In dieser einzigen Abformung bewachen sie das Heiligthum der griechischen Bildkunst, die hehre Versammlung jener Gestalten, von welchen Goethe sagte, sie geben uns das Gefühl, der Augenblick müsse prägnant und sich selber genug sein, um ein würdiger Einschnitt in Zeit und Ewigkeit zu werden. Als Goethe diese beiden wunderbaren Gestalten der alten Bildkunst zum ersten Male auf dem Quirinalischen Platze zu Rom erblickte, gestand er staunend, weder Auge noch Geist seien hinreichend, sie zu fassen. Hier an dieser Stelle aber sind sie zu riesig für den umgrenzenden Raum.

In dem Treppenhause selbst ist der obere Theil der Wände mit Kaulbach's sechs Wändgemälden in stereochromatischer Manier bedeckt. Dieselben stellen allegorisch die Entwickelungsgeschichte des Menschengeschlechts dar — in der genialen Weise des Meisters: gelehrt, symbolisch, fromm, romantisch und in edler Erhabenheit. Die sechs

Wandgemälde im Treppenhause sind in stereochromatischer Manier gemalt und stellen allegorisch dar: den Thurmbau zu Babel, die Blüte Griechenlands, die Zerstörung Jerusalems, die Hunnenschlacht, die Kreuzfahrer vor Jerusalem, die Reformation.

Die Gemälde über den Pfeilern und auf den Pilastern zeigen symbolische Darstellungen geschichtlicher und sagenhafter Ereignisse und Bildnisse historischer und mythologischer Helden.

Der in grau gemalte Fries, der sich über den großen Wandg mälden hinzieht, eine Weltgeschichte in Kinder- und Thiergestalten, vereinigt die kindlich komische Grazie der Alten mit der romantischen Ironie, welche dem Meister Kaulbach in reichem Maße eigen war.

Das mittlere Stockwerk enthält die Gypsabgüsse der antiken Sculpturen; außerdem Werke des Mittelalters und spätere deutsche und außerdeutsche Kunstwerke, eine reiche Sammlung von Nachbildungen nach den Meisterwerken der berühmtesten Museen. Die Giebelfelder aus dem Minerva-Tempel zu Aegina, mit den Gestalten, welche einst von Bergeshöhe den blauen saronischen Golf überschauten, in dem antik-realistischen äginetischen Styl, naturgetreu aber ohne leidenschaftlichen Ausdruck: der Kampf der Griechen und Trojaner um die Leiche des Patroklus. Die Basreliefs vom Friese des Parthenon stammen aus der großen glücklichen Zeit des Phidias und stellen die Panathenäen oder den Aufzug der festlich geschmückten Wettkämpfer und Jungfrauen dar. Es sind die erhabenen Reste des Parthenon, das sich bis zum 17. Jahrhundert erhalten hatte, dann aber von norddeutschen Söldnern in den Grund geschossen wurde. Was jener Vandalismus verschont hatte, fiel unter der Verstümmelung, welche Lord Elgin vornehmen ließ.

In einem Zwischenkabinet befindet sich die Gruppe des Laokoon, tragisch-pathetisch, das höchste Meisterwerk aus der Rhodischen Kunst.

Im Apollo-Saal erblickt man: Diana von Versailles; die Gruppe des Farnesischen Stiers, nach dem Original im Museum Borbonico zu

8*

Neapel, ein Werk des Apollonius, worin die Grenze des Schönen durch Ueberladung überschritten ist; den Apollo von Belvedere, „aufblühend wandelnd, mit dem Blick, der einst Agamemnon traf.“

Im griechischen Kuppelsaal: Athene mit der Löwenhautkappe und Athene vom Giebel des Parthenon. Pallas von Velletri, die schönste Antike des Louvre. Der Herkulestorso des Vatikan, das erste griechische Kunstwerk, welches nach der Plünderung von Korinth nach Rom gelangte — das Bruchstück des Herkules, „der Tafel heiterer Schutzgott,“ welchen Alexander der Große als Tafelaufsatz mit sich führte und zu dessen Trümmer sich der blinde Michel Angelo täglich geleiten ließ, um ihre göttliche Schönheit tastend zu empfinden.

Im Niobiden-Saal: Juno Farnese. Zeus, bei Otricoli gefunden. Diskuswerfer. Wasserträgerin. Die Gruppe der Niobe, dem Scopex und Praxiteles zugeschrieben, die Mutter klagend über den Tod ihrer herrlichen Söhne und Töchter, welche durch die Geschosse des Apollo und der Artemis niedergestreckt wurden. Die kolossale Büste der Juno aus der Villa Ludovisi, von Polyklet, dem Kunstgenossen des Phydias. Goethe verglich dieses Haupt der Gattin des Zeus mit einem Gesange Homer's. Der sterbende Fechter, ein Held in „lang hinstreckendem Tode,“ aus der Blütezeit pergamenischer Kunst. Der Borghesische Fechter, menschlich real, „den Leib kühn übergebogen,“ ein Kunstwerk aus der Blütezeit von Ephesus. Der Ringer in der Paläſtra, den Staub vom Körper schabend, eine der schlanken Gestalten des Lysipp. Der dornausziehende Knabe, der harmlosen, naiven Schule von Rhodus angehörend. Der capitolinische Antinous, halb realistisch, das Ideal Hadrianischer Kunst, der schöne schwermüthige Jüngling, mit gesenktem Haupte auf die Wellen des Nil blickend, bereit, sich für seinen Herrn den Opfertod zu geben — das römische Reich widmete diesem Liebling des Hadrian einen eigenen Cutus.

Im Bachus-Saale, der seinen Namen nach einer Weinreben-Veranda führt, sehen wir den Knaben mit der Gans und zwei Pferdeköpfe, einer aus Herkulanum, der andere vom Viergespann der Markuskirche, herrliche Meisterwerke antiker Thierbilder.

Im Römischen Saal: Die Capitolinische Venus. Ein trunkener Satyr. Barberinischer Faun. Nemesis. Kopf des Thumelicus. Die siegreiche Venus von Capua. Die Venus von Milos in erhabener Schönheit. Die Venus von Medicis, auf das leuchtende Meer schauend, ähnlich der knidischen Aphrodite. Die Gruppe von St. Ildefonso, nach Lessing Schlaf und Tod vorstellend, nach Wilhelm von Humboldt die Todtenweihe des Antinous, nach Anderen Kastor und Pollux.

Der römische Kuppelsaal ist bemerkenswerth wegen der herrlichen Wandgemälde von Kaulbach, Schrader und Stilke, welche den Sieg des Christenthums darstellen. Von Gypsabgüssen namentlich: Agrippina, die Mutter des Nero und Mars Ludovisi.

Der mittelalterliche Saal enthält ausgezeichnete Ornamente, darunter einen Kandelaberfuß aus der Veitkirche zu Prag, das Sebaldusgrab vom Nürnberger Vischer und einen Taufstein aus dem Dom zu Hildesheim.

Der Saal für neuere Kunst enthält von deutschen nennenswerthen Kunstwerken: ein Marienbild aus dem Augsburger Dom; das Grabmal des Kaisers Ludwig zu München; das Gänsemännchen; Christi Grablegung von Vischer; Schinkel's Scene aus der Sündfluth; — von außerdeutschen: Merkur von Giovanni da Bologna; Julian von Medici, vom Grabmal der Mediceer; Christus von Michel Angelo; Brutus; Lorenzo von Medici; Maria mit dem Kinde; Thorwaldsen's Venus mit dem Apfel; den Gypsabguß der berühmten Broncethür des Baptisteriums San Giovanni zu Florenz.

Das dritte Geschoß umfaßt die reichen Sammlungen von Kupferstichen, Handzeichnungen, Holzschnitten und Kunstdrücken aus der deutschen, italienischen, niederländischen und französischen Schule.

Die historische Sammlung und Kunstkammer im gegenüberliegenden rechten Flügel ist vortrefflich geordnet und aufgestellt und enthält

Schätze der verschiedensten Art, namentlich solche, welche für Industrielle eine reiche Fülle an Ideen, Motiven und Modellen darbieten und somit ganz geeignet sind, den Künstler wie den Handwerker zu einer Vergeistigung und Verschönung ihrer Leistungen zu fördern. Diese Sammlung wurde vom Kurfürsten Joachim II. begründet und von allen seinen Nachfolgern, namentlich von König Friedrich I. bereichert. Zu den ausgezeichnetsten Stücken gehören die Trink und Jagdhörner; eine Bischofsmütze und ein elfenbeinerner Bischofstab aus dem 12. Jahrhundert; ein prächtiger Saphirring, welchen der Erzbischof Giselbert von Bremen im 13. Jahrhundert bei seiner Investitur erhielt; ein bewundernswerthes Relief von Peter Vischer; eine silberne Monstranz, von Papst Pius II. der Stadt Basel geschenkt. Der Majolika- und Gläsersaal enthält prächtige Gefäße aus gebranntem Thon und aus Rubinglas.

Unter den in der Kunstkammer befindlichen Curiositäten treffen wir auch solche an, welche Beiträge zur Geschichte des Aberglaubens geben; dahin gehört ein lederner Gürtel mit geheimnißvollen Schriftzeichen, mittelst dessen ein Kammerdiener des Herzogs von Brieg sich in einen Wärwolf verwandelte; ferner ein Hufeisen, womit der Teufel ein lügenhaftes Weib beschlagen, nachdem er sie in ein Pferd verwandelt hatte. Unter den zahlreichen Gegenständen aus der Zeit Friedrichs I. sei noch eines Trinkglases erwähnt, welches beim Einzuge des Monarchen vom Marienkirchthurm herabgeworfen wurde und unversehrt blieb. Ein älteres Andenken ist ein prächtiger Gobelin-Teppich, welchen der Berliner Faust Thurneißer fertigen ließ, mit der Inschrift: „Der wahre Schmuck liegt in der Tugend, welche sich durch große Verdienste um das Gemeinwesen kundgiebt.“

Im Modellsaal sind höchst interessante Kunstmöbel und Schnitzwerke, darunter ein mit Silber ausgelegter Schrank aus Elfenbein; der sogenannte moskowitische Kunstschrank und der pommersche Schrank, den Herzog Philipp II. von Pommern verfertigen ließ und welcher

L. Rohbock Photogr: C. Rorich & Sohn sculpt.

DIE NATIONALGALERIE IN BERLIN.

in kleinen Räumen allerlei Luxusgegenstände und alle Geräthe des Haushaltes enthält.

Im historischen Kabinet erblickt man die sehr ähnlichen Wachsfiguren des großen Kurfürsten, Friedrichs I. und Friedrichs II., in ihren Original-Kleidungsstücken; ferner zwei Flöten Friedrichs II.; die Gewehrkugel, welche ihn in der Schlacht bei Torgau traf; die Zobelmütze des alten Ziethen.

Im Sternensaal finden sich vorzugsweise Gegenstände von kirchlicher Bedeutung, darunter der Patrokluskasten, ein Reliquienkasten von vergoldetem Silber, im vierzehnten Jahrhundert gearbeitet, und das berühmte Maximiliankreuz, welches Albrecht Dürer für Kaiser Maximilian anfertigte.

Ein Theil der Gegenstände dieser Abtheilung ist neuerdings in das Gewerbe-Museum und in das historische Museum übergeführt worden.

In unmittelbarer Nähe des Neuen Museum erblicken wir einen großartigen, beinahe vollendete Neubau, welcher in griechischem Tempelstyl nach den Entwürfen von Stüler, Erbkam und Stack ausgeführt wird. Derselbe wird die kostbare ehemalige Wagenersche Gemäldesammlung und andere neuere Gemälde und Skulpturwerke deutscher Nation aufnehmen. Dieses Gebäude der National-Gallerie hat die Form eines korinthischen Tempels und bildet ein Rechteck von 200 Fuß Länge und 100 Fuß Breite. Die Frontseite ist mit röthlichem Nebra-Sandstein bekleidet und hat eine mächtige Freitreppe, auf welcher das Reiterstandbild Friedrich Wilhelms IV. zu stehen kommt. Rings um das Gebäude zieht sich in vergoldeten Lettern ein strahlender Kranz berühmter Namen aus der Geschichte deutscher Kunst. Die acht korinthischen Säulen, welche oberhalb der Freitreppe einen offenen Porticus bilden, tragen ein Frontispiz mit der Inschrift: „Der deutschen Kunst 1871.“ Das Relief im Frontispiz, von Wittig, stellt dar: Germania, die Künste beschützend. Die Gruppe der Künste auf dem Gipfel des Frontispiz ist von Schweinitz gefertigt. Am Fuße der Freitreppe sind zwei Pendantgruppen von Moritz Schulz aufgestellt: der Unterricht in der Malerei und der Unterricht in der Plastik. Das Reiterstandbild Friedrich Wilhelms IV., welches für die Höhe der Freitreppe bestimmt ist, wurde von Bläser gefertigt und wird in Bronze ausgeführt. Für die Wand des Porticus arbeitet Moritz Schulz ein Relief, welches die Gestalten der bedeutendsten deutschen Künstler vorführt.

Im Innern besteht die Gallerie aus drei Hauptgeschossen und einem Souterrain. Die Wände des ersten Treppenlaufs sollen mit Stuck-Reliefs von O. Geyer geschmückt werden, die Entwickelungsgeschichte der deutschen Kunst darstellend. Vom Vestibül führt rechts ein Gang in die Bildersäle, links in die Sculptursäle. Erstere sind konisch verjüngt, so daß sie ein Seitenlicht in stumpfem Winkel empfangen, während alle Säle des dritten Stockwerks Oberlicht erhalten. Von den Fluren zu beiden Seiten des großen Quersaals hat man einen Durchblick zwischen den Säulen nach dem unteren Saale, in welchem sich die Cartons von Cornelius befinden.

Verlassen wir jetzt diese Kunsthallen, um unsern Weg längs des herrlichen Prospekts fortzusetzen!

Wir wenden uns, über den Lustgarten schreitend, westwärts und betreten die Schloßbrücke, eine Zierde Berlin's, welche in ihrer jetzigen Gestalt von Schinkel in den Jahren 1822 bis 1824 aus Stein aufgeführt wurde. Sie ist 49 Meter lang und nimmt die ganze Breite der Straße, 32½ Meter, ein. Das Geländer, aus gegossenem Eisen, besteht aus arabeskenartigen Ausfüllungen, worin Seepferde, Delphine und Tritone dargestellt sind. Schinkel zeichnete diese mythischen Verschlingungen und erdachte auch den Plan zu den Marmorgruppen, welche auf acht Würfeln aus geschliffenem Granit stehen nnd in einem Cyklus das Leben des Kriegers in idealer Weise veranschaulichen. Diese Gruppen wurden von verschiedenen Künstlern ausgeführt: der Knabe, durch Nike's Unterricht zum kriegerischen Beruf vorbereitet, von Emil Wolff; Pallas Athene, den Krieger in den Waffen übend, von Schiefel-

Johannes Rabe del.t Joh. Poppel sculp.t

BERLIN.

(DIE SCHLOSSBRÜCKE)

bein; Minerva reicht dem Krieger die Waffen zum Kampfe, von Möller; Viktoria spendet dem Sieger den Kranz, von Drake; Pallas Athene, den Verwundeten aufrichtend, von Wichmann; ihn zu einem Kampfe ermunternd, von Albert Wolff; ihn im Gefecht unterstützend, von Bläser; Iris, den Gefallenen zum Olymp führend, von Wredow.

Rechts von der Schloßbrücke steht das Zeughaus, eine der erhabensten Zierden Berlins in Bezug auf seine Architektur wie auf seinen reichhaltigen Inhalt. König Friedrich I. ließ es aufführen. Der Grundstein wurde 1695 gelegt, der Bau nach Nering's Plänen begonnen, nach dessen Tode von anderen Baumeistern, namentlich von Schlüter, mit einigen Veränderungen fortgesetzt und 1706 durch de Bodt vollendet. Es bildet ein Quadrat von 280 Fuß oder 91 Meter Seitenlänge, mit drei Portalen an jeder Seite. Das Hauptportal ist mit Statuen geschmückt; darüber befindet sich das in Metall gegossene, von Hulot gefertigte Brustbild Königs Friedrich I. mit der (lateinischen) Inschrift: „Den gerechten Waffen, zum Schrecken der Feinde, zum Schutze seiner Völker und Verbündeten hat Friedrich I. König von Preußen, dieses Zeughaus, gefüllt mit Kriegsgeräth, Beute und Trophäen aller Art, von Grund aus erbaut 1706.“ Das Dach ist mit Trophäen geziert; im Giebelfelde thront Minerva unter Waffen, über dem Seitenportal Mars, gefesselte Sklaven unter seinen Füßen. Bildwerke, darunter die schön gebildeten Helme von Schlüter, zieren die Fenster. Das Gebäude ist ringsum mit eisernen Ketten umgeben, welche an Kanonenröhren befestigt sind.

Die beiden Stockwerke woraus das Gebäude besteht, bilden jedes einen einzigen Saal, der um den ganzen Hofraum läuft. In Letzterem erblickt man über den unteren Fenstern die berühmten Köpfe sterbender Krieger, von Schlüter. In neuester Zeit ist der Löwe von Flensburg hier aufgestellt worden, — das erbeutete Sinnbild der dänischen Herrschaft über Schleswig-Holstein.

Das untere Geschoß enthält das Artillerie-Museum und allerlei

Kriegsmaterial und Geschütze; das obere Hauptgeschoß die Waffenhalle, Hunderte von Fahnen und Standarten, Tausende von Gewehren aller Systeme, Fahnen und Waffen der französischen Republik und der Napoleonischen Zeit, Gewehrläufe von den Schlachtfeldern von Leipzig und Waterloo, Siegeszeichen von Düppel und Alsen — Alles in Pfeilern, Gruppen und Kränzen in der geschmackvollsten Weise zusammenstellt. In einer Seitenhalle befindet sich eine kostbare Modellsammlung, darunter das erste preußische Geschütz aus Gußstahl, in einer andern eine reiche Waffensammlung; in Glasschränken Waffen aller Zeiten und Völker: römische Helme aus Herkulanum und Pompeji; indianische Waffen, Bogen, vergiftete Pfeile und Dolche; Ritterwaffen, zweihändige Schwerter und Flamberge; Lanzen, Piken und Morgensterne; Lunten-, Rad- und Kettenschlösser, Höllenmaschinen, riesige Wallbüchsen, Feuerschloß- und Perkussiongewehre; auch das erste Zündnadelgewehr ist einer Fahnengruppe eingefügt. Unter den Trophäen erblicken wir auch die Fahne und den Schlüssel von Adrianopel, ein Geschenk des russischen Kaisers; türkische Siegeszeichen, Roßschweife und Pauken aus Menschenhaut, arabische und tscherkessische Panzerhemden. Eine der Trophäenreihen wird durch die Bildsäule Friedrich Wilhelms I. geschlossen. Unter einen Kranz von französischen Fahnen steht Blücher's Standbild, wie es von Rauch für die Stadt Breslau gefertigt wurde; in einer Vertiefung erblickt man Franz I. und Philipp von der Champagne nebst zwei anderen vollständigen Ritterrüstungen zu Pferde.

Gegenwärtig ist man damit beschäftigt, das Zeughaus in eine preußische Waffen- und Ruhmeshalle, von gleichem Werthe für Patrioten wie für Künstler und Historiker, umzugestalten und demgemäß das Waffen-Depot für das stehende Heer fortzuschaffen.

Das Palais des Kronprinzen, gegenüber dem Zeughause, wurde 1687 von Nering für den Feldmarschall von Schomberg aufgebaut. Später wurde das Gebäude dem jedesmaligen Gouverneur als Amtswohnung überwiesen. Friedrich II. wohnte hier als Kronprinz

Nach einer Photographie. G.M. Kurz sculp.

DAS PALAIS DES KRONPRINZEN IN BERLIN.

L. Ahrendts photogr. J. M. Kolb sculp.

BERLIN.

KÖNIGSWACHE & ZEUGHAUS.

von 1734 bis zu seinem Regierungsantritt; dann die Wittwe des Prinzen August Wilhelm. Friedrich Wilhelm III., der es schon als Kronprinz inne hatte, bewohnte es auch als König mit seiner geliebten Luise. Das Zimmer der Letzteren wollte Napoleon I. beziehen, aber der Consistorialrath Erman verhinderte dies durch sein freimüthiges Einschreiten. Friedrich Wilhelm III. starb hier am 7. Juni 1840. In den Jahren 1856—58 wurde das Gebäude unter der Leitung des Bauraths Strack zu einem Wohnsitz des künftigen Thronerben umgebaut.

Neben dem Zeughause befindet sich die Königs- oder Neue Wache, ein schönes Gebäude, im Jahre 1818 von Schinkel in Form eines römischen Castrums erbaut. Eine dorische Halle, darüber schwebende Siegesgöttinnen, ziert die Vorderseite. Der Giebel ist mit idealen Darstellungen des Kriegs gefüllt. Zu beiden Seiten stehen die Statuen der Helden aus den Freiheitskriegen, Scharnhorst und Bülow, 2½ Meter hoch auf 3 Meter hohen Piedestalen, 1822 von Rauch aus carrarischem Marmor gefertigt.

Zwischen dem Zeughause und der Königswache stehen drei Geschütze, welche den Franzosen im Kriege von 1813—1815 abgenommen wurden; das mittlere ist die Kanone, welche bei der Belagerung von Cadix benutzt wurde.

Der Königswache gegenüber, zwischen dem Opernhause und dem Prinzessinnen-Palais, welches durch einen Schwibbogen mit dem Kronprinzen-Palais in Verbindung steht, erblicken wir die Standbilder Blücher's, York's und Gneisenau's, treffliche Werke Rauch's, mit jenen Statuen vor der Neuen Wache eine Gruppe von Helden, deren jeder in seiner eigenthümlichen Größe und Tüchtigkeit eine bedeutende Epoche der deutschen Geschichte schaffen half.

Blücher's 3½ Meter hohe Statue wurde von Lequine in Bronze gegossen und am 18. Juni 1826, am Schlachttage von Belle-Alliance, aufgestellt. Auf der Vorderseite des Fußgestells zeigt sich die schwebende Siegesgöttin, die Reliefs stellen Scenen aus den Befreiungskriegen dar.

Neben diesem Standbilde wurden zu beiden Seiten die Statuen der Generale York und Gneisenau im Jahre 1855 aufgestellt. Der Bronceguß ist von Friebel. Die Reliefs enthalten Genien, Inschriften und Wappen.

Blücher, in kolossalem Maßstabe, steht auf höherem Piedestal, über seine beiden Gefährten in Kampf und Ruhm hervorgerückt, wie er auch in Wirklichkeit die hervorragende Größe war. Er ist als greise Heldengestalt dargestellt, denn er zählte bereits siebenzig Jahre, als man ihm den Befehl über die schlesische Armee gab; aber mit den vollen Armen und Schenkeln eines Jünglings, mit gesenktem Haupte und Schwerte, einen Fuß auf zerbrochenem Mörserlauf, — just als hörte man ihn sprechen: „Das Zaudern ist nicht meine Sache, vorwärts!" oder als ob er nach errungenem Siege einen Augenblick sinnend die eherne Stirn beuge, dann aber mit befehlenden Munde riefe: „Immer weiter!"

Zur Linken Blücher's steht Gneisenau, Blücher's „Kopf", wie Jener ihn selber nannte, der ausgezeichnete Soldat und scharfsinnige Diplomat, der ruhmreiche Vertheidiger Colbergs, der bewährte Gesandte in England und Schweden. Rauch gab seinem Antlitz den Ausdruck von Hochsinn, Schönheit und Kühnheit, den ihm die Natur verliehen hatte. Er hebt den rechten Arm gebieterisch und giebt mit der Hand ein Zeichen, als deutete er auf eine entschiedene Maßregel gegen den Feind, den er im Waffenkampfe wie in Unterhandlungen rastlos bekämpfte.

Auf der anderen Seite des alten Vorwärts erblicken wir die hagere Gestalt Ludwigs von York's, fest und gedrungen wie im Leben, ehrgeizig, stolz und exklusiv. Auge und Mund verrathen jenen düsteren Ernst, das kahle Vorderhaupt jene strenge Kälte, weswegen er von den Officieren „die Warnungstafel" und von den Truppen „Vater Isegrimm" genannt wurde. Er hält beide Arme vor sich auf das

Riegel & Kuhn photogr.t Baumann sculp.t

DAS BLÜCHER DENKMAL.

IN BERLIN.

DAS KÖNIGL. OPERNHAUS UND DIE St HEDWIGS-KIRCHE IN BERLIN

Schwert gestützt, als hätte er einen eisernen, gewagten Entschluß gefaßt — vielleicht zur Unterhandlung von Tauroggen.

Wenige Schritte weiter führen uns zum königlichen Opernhause.

Es wurde unter Friedrich II. in der kurzen Zeit von 1741—1748, nach dem Vorbilde des Pantheon zu Athen, durch den Freiherrn von Knobelsdorf erbaut. Es knüpfte die bedeutendsten Traditionen an seine Mauern. Alle Berühmtheiten der Welt ließen sich auf dieser Bühne hören. Hier wurden die Siege Friedrichs II. und die Geburt Friedrich Wilhelms III. verkündigt. Hier veranstalteten die Prinzen Ferdinand und August der Königin Luise ein glänzendes Fest. Hier wurden die Russen als Erretter Berlin's begrüßt. Hier las man den Versammelten die Berichte von den Siegen der Verbündeten vor. Hier feierten die Bürger Berlin's ein glänzendes Fest nach der Huldigung im Jahre 1840.

Drei Jahre später, am Abend des 19. August, nach der Vorstellung des Ballets „der Deserteur aus Liebe" wurde das schöne Haus von Flammen erfaßt; die Feuersäulen stiegen hoch zum Himmel empor und der kolossale Prachtbau sank mit furchtbarem Getöse in sich zusammen.

Mit Benutzung der alten Mauern wurde in kurzer Zeit der Neubau vollendet. Das Gebäude ist länglich viereckig. Die zweiseitige Treppe der Hauptfacade führt zu einer korinthischen Säulenhalle, deren Giebel mit einem Basrelief von Rietschel geschmückt ist. Die Säulenlaube enthält die Statuen von Sophokles, Aristophanes, Menander und Euripides. Auf der Spitze des Giebels thront Apollo, ihm zu beiden Seiten Euterpe und Terpsichore.

Im Innern wurde die frühere solide Pracht von Marmor und Gold nur durch Steinpappe und Tapeten ersetzt; dennoch war der Eindruck prächtig, als die Oper in Gegenwart des glänzenden Hofes mit dem „Feldlager in Schlesien" wieder eröffnet wurde. Der Raum ist oval gestaltet und umfasst vier Ränge. Symbolische Figuren von

Wichmann zieren die Prosceniumlogen, ein Deckengemälde von Klöber die bis zum 3. Range reichende königliche Loge. Die früheren engen Plätze sind durch schöne Fauteuils ersetzt. Die Decke, durch einen prachtvollen kolossalen Kronleuchter geziert, enthält Arabesken, Skulpturen und ein Plafondgemälde von Schoppe, Apollo's Eintritt in den Olymp vorstellend.

Mit dem Opernhause steht ein Concertsaal in Verbindung, welcher nur bei außerordentlichen Gelegenheiten, vorzugsweise zu Bällen und Concerten benutzt wird. Derselbe ist 31,38 Meter lang, 15,69 Meter breit und 9,41 Meter hoch. Die Wände, mit polirtem Marmor überzogen und reich vergoldet, tragen 8 hohe Spiegel aus je einem Stück. Der Raum wird durch 11 Kronleuchter erhellt. Die prächtige Gallerie wird von 32 Karyatiden getragen.

Der schöne Platz am Opernhause gehört zu den belebtesten Plätzen Berlins, und zeugt von den hervorragendsten Leistungen in Kunst und Wissenschaft. Die erzene mächtige Reiterstatue Friedrichs II., die angrenzenden Linden mit ihrem wogenden drängenden Verkehr, begrenzt durch das Brandenburger Thor; das Opernhaus; die Universität, an welche sich viele Namen von wissenschaftlicher Bedeutung knüpfen; die Akademie der Wissenschaften; die reichhaltige Bibliothek — dies sind die nächsten Umgebungen des Platzes, welcher im Hintergrunde durch die St. Hedwigskirche geschlossen wird.

Die katholische Kirche zu St. Hedwig wurde 1747 im Bau begonnen, aber erst 1773 vollendet. Ein Karmelitermönch gab die erste Anregung dazu, indem er in ganz Europa Beisteuern sammelte und den König für den Plan gewann. Friedrich II. entwarf selber die Zeichnung, im Styl des Pantheon oder der Maria rotonda zu Rom. Büring und le Gray führten das Werk aus. Papst Benedict XIV. ließ an alle katholischen Länder die Aufforderung ergehen, zum Bau der Kirche beizutragen und, nachdem die Geldmittel längere Zeit ausgeblieben waren, legte endlich Boumann der ältere die letzte Hand an

Gez. v. L. Rohbock — Stahlst. v. J. M. Kolb

DIE St. HEDWIGSKIRCHE IN BERLIN

das Werk und vollendete die mächtige Kuppel. Am 1. November 1773 wurde die Kirche der heiligen Hedwig geweiht. Der Bischof von Ermland war zu dieser feierlichen Handlung nach Berlin gekommen. Die Prinzen von Preußen, von Braunschweig und von Hessen-Darmstadt waren ebenfalls anwesend. Nach Beendigung der Messe spielte der königliche Kammermusikus Benda ein großes Violinconcert.

Die Kirche gehört zu den schönsten Berlins. Die sechs jonischen Säulen des Portals tragen einen Giebel mit drei Statuen. Die Reliefarbeit im Giebelfelde ist unvollendet geblieben. Die drei Eingänge zwischen den Säulen sind mit Reliefs aus der christlichen Geschichte geziert. Das Kuppelgewölbe im Innern wird von 24 korinthischen Säulen getragen. Ueber den 6 Bogenfenstern stehen die Bildsäulen der 12 Apostel von Ebenhecht. Eine Marmorgruppe auf dem Hochaltar stellt Christus vor, welcher von Maria Magdalena für den Gärtner gehalten wird. Ueber einem Seitenaltar erblickt man die Geburt Christi, von Pesne, über dem anderen die heilige Hedwig, von Galiari gemalt.

Die Fronte nach dem Opernplatze gerichtet, zeigt sich das Gebäude der königlichen Bibliothek.

Die äußere Gestalt des Gebäudes, welches 1770 bis 1780 durch den jüngeren Boumann aufgeführt wurde, bestimmte Friedrich II. nach einer Zeichnung, welche der Baumeister von Ehrenbach zu Wien für ein Eingangsgebäude der dortigen kaiserlichen Burg entworfen hatte.

Es hat eine halbkreisförmige Front, deren Enden zwei Pavillons mit je 6 korinthischen Säulen bilden.

Die Form ist nicht gerade schön und die spöttischen Berliner vergleichen das Gebäude mit einer alten Kommode. Die Inschrift „Nutrimentum spiritus über dem geradlinigen Vorbau steht bei den Klassikern in üblem Ruf. Die richtigere angemessenere Inschrift würde Pabulum animi heißen. Böttiger berichtet, Quintus Icilius hätte diesen Nothschuß aus Uebereilung gethan, als ihn der König fragte, wie der Ausdruck nourriture de l'esprit auf Lateinisch zu geben wäre. Der Franzose Thiébault (souvenirs d'un séjour de vingt ans à Berlin) erzählt dagegen, der König hätte die Inschrift selber gewählt und der gelehrte Quintus Icilius vergebliche Einwendungen gemacht. Die berüchtigte Inschrift verblieb, weil der Oberbibliothekar Wilken geltend gemacht haben soll, sie müsse für alle Zeiten stereotypirt bleiben.

Der Gedanke, eine Bibliothek zu gründen, gehört dem Kurfürsten Friedrich Wilhelm I. an und die Ausführung wurde nicht verschoben, sobald 1660 der Frieden zu Oliva den nordischen Krieg beendigt hatte. Die Bibliothek wurde in einem schönen Saal in einem Seitengebäude des Schlosses eröffnet. Es war derselbe Saal, in welchem früher der Hexenmeister Thurneißer sein Laboratorium gehabt hatte. Unter Friedrich II. machte jedoch die starke Vermehrung der Sammlung die Aufstellung an einem geräumigeren Orte nothwendig und der König kaufte den Platz, auf welchem die jetzige Bibliothek steht.

Das Gebäude wurde lange vernachlässigt. Noch unter Friedrich Wilhelm II. befanden sich im Erdgeschosse Montirungskammern; später wurden die Geräthschaften des Mars mit der Garderobe der Thalia vertauscht. Auf einer Seite des Gebäudes standen alte Trödelbuden, und auf dem schmutzigen Balkon wuchs allerlei Unkraut. Dieser unwürdige Zustand wurde jedoch beseitigt. Die Trödelbuden wurden niedergerissen und das Gebäude erhielt auf seiner ganzen Länge eine Gartenanlage, mit eisernem Gitter eingefaßt.

Die Berliner Bibliothek gehört jetzt zu den Anstalten für die Ausbildung des Geistes, welche den ersten Rang einnehmen, und wird von allen europäischen vielleicht am meisten benutzt. Gegenwärtig beabsichtigt man einen Neubau, ist aber über den Vorschlag des Cultusministeriums, das Gebäude der Akademie der Künste umzugestalten und die drei Seitenfronten für die Zwecke der Bibliothek zu benutzen, nicht einig geworden.

Auf der rechten Seite, dem Opernhause gegenüber, erblicken

wir das Gebäude der königlichen Friedrich Wilhelms-Universität.

Das schöne Gebäude war ursprünglich der Palast des Prinzen Heinrich, des Bruders Friedrichs II., und wurde 1754—1764 von Boumann in gemischt antikem und romanischem Style aufgeführt. In diesem Schlosse herrschte bis zum Tode des Prinzen, 1802, ein geistreiches und geselliges Leben. Dann stand das Gebäude leer, bis es für die von Friedrich Wilhelm III. in Berlin gestiftete Hochschule übergeben wurde. Die Universität wurde am 15. October 1810 eröffnet. Im Jahre 1844 wurde das Gebäude gänzlich renovirt. Es enthält drei Geschosse und zwei vorspringende Seitenflügel. Der Vorhof ist nach der Straße hin durch ein Eisengitter geschlossen und mit Blumenanlagen geschmückt. Der von sechs korinthischen Säulen getragene Vorbau enthält die Inschrift: Fridricus Guilelmus III. Rex universitati literariae 1809. Das Dach ist mit 14 Bildsäulen geziert.

Das Universitätsgebäude enthält die Hörsäle, einen Saal für akademische Feierlichkeiten, das anatomische Museum, das Mineralienkabinet, die zoologische Sammlung und das christliche Museum.

Den Eingang zu der Linden-Promenade eröffnet das Reiterdenkmal Friedrichs II., welches durch Rauch's großartige Ausführung unter allen Denkmälern hervorragt.

Der Grundstein wurde am 1. Juni 1840, wenige Tage vor dem Tode Friedrich Wilhelms III. gelegt. Unter Friedrich Wilhelm IV., am 31 Mai 1851, wurde das vollendete Denkmal enthüllt. Rauch's Gehülfen waren Wolff und Bläser; der Guß der Statue geschah durch Friebel. Die Figur mit dem Pferde beträgt 5,65 Meter, die ganze Höhe 13 1/3 Meter.

Im fernen Hintergrunde, über das frische Grün der Linden hinwegschauend, die Siegesgöttin, die ihm überall folgte; im Auge das altergraue Schloß, wo er geboren wurde; auf ruhigem, starken Rosse sitzt der König, in der Gestalt und Haltung, wie er allgemein in der

Erinnerung des Volkes lebt; nicht mit dem strahlenden Auge und dem stolzen Nacken der Jugend, sondern als erfahrener Greis, mit schräg geneigtem Kopfe, mit dem offenen, klugen und durchdringenden Blicke und dem lächelnden Munde, in schlichter Uniform, mit der auf den Schenkel gestützten rechten Hand den Stock, mit der linken die Zügel haltend: wie ihn die Bürger Berlin's im Schritt durch die Straßen reiten sahen; nur der über den Rücken zurück geschlagene Hermelinmantel weicht von dem Gewöhnlichen ab und streift an das Ideale. Die Stirn, welche — mit dem Ausdrucke seiner Ruhmverkündiger zu reden — Minerva geziert hatte, wird freilich durch den dreieckigen Hut verunziert, im Allgemeinen aber hat Rauch auch hier die störenden Momente der historischen Costümtreue durch den Gehalt der Kunst überwältigt. Dieses Denkmal ist bis jetzt noch das großartigste der Kaiserstadt.

Wir betreten jetzt die Linden-Promenade.

Unter den Linden!

Das Herz jedes Berliners klopft höher bei diesem Namen.

Mit dem Namen dieser Promenade ist es zwar wie mit dem des Hamburger Jungfernstiegs bestellt: Nomen et non omen! die Lindenbäume, welche, mit Kastanienbäumen untermischt, in vier Reihen die breite Straße in einer Länge von 1600 Schritten theilen, sind nicht gerade schön und gut gepflegt und stehen der prächtigen Allee von Herrenhausen bei Hannover und der Palle maille in Altona bei weitem nach. Aber dennoch gewährt diese Promenade der Kaiserstadt einen überaus reizenden Anblick.

Hier ist der Brennpunkt des vornehmen Verkehrs in Berlin. Zwischen den zwei Ufern von prachtvollen Häusern, Palästen und Hotels, auf der eigentlichen Promenade in der Mitte, auf den Reit- und Fahrwegen und den beiden Trottoirs treibt die heitere Muße der Bevölkerung in unaufhaltsamem Strome dahin. Hier verkehrt das ganze vornehme Berlin. Aber auch die Geschäftsleute machen wohl einen Umweg hierher, um die tausenderlei Neuigkeiten mit stets neuem Be-

L. Rohbock Photogr: G. Heisinger sculp.t

ECKE DER WILHELMSTRASSE UND UNTER DEN LINDEN.

IN BERLIN.

hagen zu betrachten: schöne Gebäude und strahlende Paläste, meisterhafte Statuen, Officiere, Reiter, Stutzer, geputzte Damen, glänzende Equipagen, reiche Livreen, hohe Spiegelschaufenster, Gemälde und Kupferstiche, Bibelots, kostbare Sammlungen von Bronze-Arbeiten, chinesischem Porzellan, Filigran, Elfenbein, Perlmutter, Cristall, Achat, Lapis, Malachit — den glänzenden Krimkram von Medaillons, Kleinodien und Spielereien.

Hier, vom Dunstkreise der Werkstätte, des Comptoirs, der Gesellschaften und der Theater befreit, finden sich die Menschen vereinigt, ohne sich zu suchen; hier ist Jeder müßig; hier ist Jeder gekommen, um zu beschauen und beschaut zu werden. Hier ist der Schauplatz, wo die Vornehmen ihren Glanz, ihre Eitelkeit zeigen und wo einst das souveräne Volk seine Straßen-Clubs an Kranzler's Ecke hielt.

Hier begegnet uns der alte Herr in blauem Uniformrock, mit der weißen Mütze, der populärste Mann Berlins. Er bleibt stehen und streichelt einem Bekannten die Backen. Jener stellt ihm seine Frau vor. Er verbeugt sich mit dem Worten: „Es freut mir!" Diese Excellenz war Preußens George Monk, aber er hat Keinen aufhängen lassen, — ein guter, lieber Herr! Wie populär er ist! Alle grüßen ihn und haben ihn gern; gute harmlose Leute, diese Berliner!

Aber seht dort die imposante Frauengestalt!

Zwei hohe weibliche Gestalten kommen uns entgegen; von Gesichtszügen sehr ähnlich; die Eine in violettem seidenen Kleide, die größere in prächtiger Robe aus dunkelgelber Seide mit langem schwarzen Kantenüberwurf. Letztere ist bleich, hat bedeutende Züge, die nicht gerade schön sind, aber Geist, Energie, fast männliche Entschlossenheit ausdrücken. Sie blickt mit den schwarzen Augen ernst und stolz um sich wie eine Medea.

Es ist die Ziegler, Münchens große Tragödin, die in Berlin gastirt. Alle Vorübergehenden bleiben einen Augenblick stehen und blicken sie an, wie man einem vorüberziehenden Meteor, einer Windsbraut, einer Naturkraft nachschaut.

Dort geht Döring und nimmt eine Prise.

Es giebt nichts Imponirenderes als Döring, wenn er eine Prise nimmt. Man muß niesen.

Nur zehn Schritte weiter begegnet uns eine literarische Celebrität. Er hat seine Tochter, ein junges Mädchen mit langem blonden Haar bei sich. Er selber hat sich in der letzten Zeit sehr verändert. Daß er dick geworden, sein nach hinten gekämmtes Haar mit Grau untermischt ist, wundert uns nicht; aber das kluge Auge ist tiefer eingesunken, als es die Jahre nöthig machen.

Bald darauf treffen wir Herrn von F., einen jungen Mann aus reicher adeliger Familie. Er trägt eine rothe Mütze. Wir fragen ihn, was er studire.

„Humaniora!" sagt er und versetzt dabei seinem Neufundländer einen Fußtritt.

Wir fragen ihn über die Corps und die jetzigen Professoren.

Er zuckt die Achseln und rückt sein Corpsband unter der Weste hervor; man kann nicht wissen, was er eigentlich damit sagen will.

„Ja, lieber Herr von F., es mag auf dem hiesigen Jahrmarkt der Wissenschaft nicht mehr so lustig zugehen wie in früherer Zeit. Was ist aus der Naturphilosophie geworden! Darin war noch Geist, darin war doch noch Etwas vom Rhodischen Genius! aber jetzt giebt es in dem modernen Jatrochemismus nur Kohlenstoff und Stickstoff."

„Und Stiefelwichse!" ergänzte der Jüngling; „dies Alles hat Alexander von Humboldt verschuldet."

Unsere Unterredung wird unterbrochen, denn alle Vorübergehende bleiben stehen und entblößen das Haupt.

Ein Zweispänner, von feurigen Trakehner-Rappen im schnellsten Trabe gezogen, rollt an uns vorüber. Darin sitzt ein alter Herr, leicht

Gez. v. C. Würbs

Stahlst. v. J. Riegel

DIE BIBLIOTHEK UND DAS PALAIS DES KAISERS IN BERLIN.

in einen Soldatenmantel gehüllt, das greise Haupt mit der Dienstmütze bedeckt. Hinten auf steht nur der Leibjäger.

Es ist der Kaiser, der von seiner regelmäßigen täglichen Nachmittagfahrt heimkehrt.

Der Wagen rollt die Rampe zum kaiserlichen Palais, am Eingange der Linden, hinauf.

Das Palais des Kaisers, welches die Front nach der Linden-Promenade kehrt, wurde 1834—36 unter Leitung des Bauraths Langhans erbaut. Es enthält eine Reihe prächtiger Säle und ein glänzendes Gesellschaftslokal von 69 Metern Länge. Wappenschilder und allegorische Figuren zieren das Gesims, eiserne Adler die Ecken.

Schräg gegenüber erblicken wir das Akademie-Gebäude, 1690 von Nering erbauet. Es war ursprünglich zum kurfürstlichen Marstall bestimmt. Bouman restaurirte 1749 das Gebäude und setzte ein neues Stockwerk auf. Es befinden sich darin die Sitzungs- und Bibliothekzimmer der Akademie der Wissenschaften, die Akademie der Maler- und Bildhauerkunst, die Räume für die Kunstausstellungen und die National-Gallerie, Letztere bis zu ihrer Uebersiedelung in das neue Gebäude.

An der Spitze der Akademie der Künste standen Werner und Schlüter; späterhin wurde sie beinahe aufgelöst, im Jahre 1786 aber wieder erneuert und der Staatsminister von Heinitz als Kurator ernannt. Die neuen Statuten vom Jahre 1790 bestimmten, daß alljährlich oder zweijährlich eine öffentliche Ausstellung von Gemälden und anderen Kunstsachen stattfinden sollte; auch wurde ein Unterricht für junge Künstler eingerichtet.

Der Ursprung der Akademie der Wissenschaften ist dem großen Leibnitz zu verdanken. Es gelang ihm erst nach zwei vergeblichen Bemühungen. Anfänglich stellte er den Gesichtspunkt der religiösen Toleranz in den Vordergrund, später, mit der durch Colbert gegründeten Pariser Akademie bekannt geworden, stellte er den erhabeneren Zweck auf: eine Societät für die praktischen Naturwissenschaften und eine deutsche Gesellschaft zu gründen, welche Wissenschaften und Künste in deutscher Sprache beschriebe und die Ehre des Vaterlandes dem Auslande gegenüber rettete. Von der Kurfürstin Sophie Charlotte unterstützt, gelang es ihm beim dritten Bemühen, den Plan zur Ausführung zu bringen. Am 10. Juli 1700 unterzeichnete Friedrich den Stiftungsbrief. Leibnitz bewirkte die besondere Einrichtung der Gesellschaft und mußte anfänglich die ganze Akademie allein vertreten. Im Jahre 1713 bestand die junge Vereinigung aus dem Protector von Printzen, Gottfried Wilhelm von Leibnitz, Krug von Nidda; den Aerzten: Nidda, Gohl, Jagwitz, Chauvin, Raue, Spener; den Mathematikern: Chuno, d'Angicour, Behr, Hoffmann, Naudé, von Stapf, de Vignolles; den Historikern und Philologen: Schott, Ancillon, Conradi, Frisch, Secreturius, Jablonski, von Stapf, Volkmann; den Geistlichen und Orientalisten: Achenbach, Frisch, Raue, Stercki, de la Croze.

Die kriegerische Zeit, später der unwissenschaftliche Sinn Friedrich Wilhelms waren der jungen Anstalt wenig günstig; die Societität wurde beinahe aufgelöst. Unter Friedrich II. wurde sie auf's Neue gegründet und wuchs gedeihlich, wenngleich der König nur bestrebt war, Ausländer dafür anzuwerben. Erst unter Friedrich Wilhelm II. erhielt die Akademie unter der Leitung des Grafen von Herzberg deutsche Mitglieder und das fremde Idiom wurde aus den Sitzungen verbannt.

Gegenwärtig steht eine Reorganisation der Akademie der Künste bevor und die erforderlichen Gelder sind bereits im Etat des Cultusministeriums aufgeführt. Das Gebäude soll ausgebauet und zugleich eine Räumlichkeit für die Hochschule der Musik errichtet werden.

Das Haus No. 36, das jetzige Palais des Prinzen der Niederlande, gehörte ehemals der Gräfin Lichtenau. Sie hatte es von ihrem Sohne Alexander geerbt und der König ließ ein Hintergebäude mit einem Theater bauen, um bei seiner Kränklichkeit den Vorstellungen in größerer Behaglichkeit beiwohnen zu können, als es im Opernhause möglich war. Es fanden jedoch nur drei Vostellungen auf dem kleinen

Theater statt. Zur Eröffnung desselben wurde ein Concert gegeben, in welchem die Lichtenau mit Conciliani ein Duett sang; die zweite Aufführung war das französische Schauspiel „die Wilden“, von Kindern einer Pensionsanstalt dargestellt; das dritte Stück war die große Oper „Kleopatra“, in welcher sämmtliche Mitglieder der königlichen Oper in Gegenwart des ganzen Hofes mitwirkten. Das Innere des Hauses war feenhaft erleuchtet. Man glaubte sich in den zauberhaften Wohnsitz Armida's versetzt. Das Auditorium war höchst glänzend. Unter den Gästen, welche neben dem Hofe und den höheren Beamten anwesend waren, befanden sich viele Ausländer, russische Prinzen, adelige Polen und Engländer, die ihrem Müßiggange nachgingen und eine große Rolle spielten. Eine besondere Gruppe erkannte man an ihrer schwarzen Galakleidung als französische Emigrirte. Fast noch mehr als durch die glänzende Ausstattung der Oper und durch die ausgezeichneten Leistungen der Kapelle, der Sänger, Sängerinnen und Solotänzer wurden die Sinne des Auditoriums durch den Flor des Hofes, die Blüte des Adels, den Pfauenschweif der Hofdamen und den goldenen Schwarm der Höflinge gefesselt. Der König, obgleich er stark beleibt war und die Spuren einer tödtlichen Krankheit auf dem Gesicht trug, war noch eine mächtige und schöne Erscheinung. Er war an diesem Abend in besonders heiterer Stimmung und betrachtete mit Wohlgefallen die glänzenden Männer seiner Umgebung und den blütenreichen Kranz von Damen. Die Lichtenau spielte die Kleopatra, die schöne verführerische Königin, und erschien mit ihrem köstlichen Wuchs, ihrem schönen Nacken, ihren herrlich geformten Armen, in allen ihren Reizen bezaubernd. Der größere Theil der Zuschauer war entzückt, aber die Höflinge rümpften die Nase über die „Roxolane“, wie sie die Favoritin nannten. Welch ein Vergleich! Die Lichtenau eine Roxolane! sie, die bescheidene menschenfreundliche Frau, die niemals Politik trieb und das Blut keines Menschen vergießen half!

Am Palais des Prinzen Friedrich der Niederlande vorüberschreitend, gelangen wir linker Hand zu der prächtigen Passage, welche die Kaisergallerie genannt wird, eine Verbindung mit der Behrenstraße. Der Actien-Verein „Passage" ließ in den Jahren 1871 bis 1873 dieses prachtvolle Bauwerk nach Kyllmann's und Heyden's Entwurfe ausführen. Im reichsten Renaissancestyl, der sich an die französische Kunst anlehnt, erscheinen die schönen Facaden unter den Linden und in der Behrenstraße mit originellen Giebeln und Thürmchen verziert, eine köstliche Copie der berühmten Mailänder Passage. Das Material besteht aus Sandstein mit Ziegelverblendung, das der inneren 128,68 Meter langen und 13,18 Meter hohen Halle aus Terracotta. Die innere Architectur ist nach den Compositionen der Bildhauer Afinger, Enke, Wittig und Calandrelli ausgeführt. Die ganze Gallerie ist mit Glas überdeckt. Dieser Tempel der Industrie übertrifft an Größe und Bedeutung alle übrigen Privatbauten. Im Brennpunkte des geschäftlichen Verkehrs gelegen, vereinigt er eine doppelte Reihe von Läden, Geschäftsräumen, Ausstellungsräumen, Festsälen und Restaurationsräumen. In dem achteckige Raum, welcher die beiden in einem stumpfen Winkel zusammentreffenden Flügel verbindet und 15,7 Meter im Durchmesser mißt, befindet sich ein elegantes Kaffeehaus in Wiener Styl. Reich geschmückte Läden zieren das untere Stockwerk, darunter Castan's Panopticum, welches in seinem Schaufenster stets für frappante Abbilder zeitgemäßer Persönlichkeiten sorgt, sei es Richard Wagner oder Bazaine oder die Gräfin von Voß oder Don Carlos oder Adolph Thiers. An die großartigen, luxuriös und künstlerisch schön ausgestatteten Restaurationslokale, welche die obere Etage bis zur Behrenstraße einnehmen, schließt sich ein wundervoller großer Concertsaal nach der Linden-Promenade hinaus. Derselbe enthält Gemälde von Begas, Hildebrand und Ewald; die Fenster bestehen aus Glasmalereien vom Münchener Swertskoff.

Das russische Gesandtschaftsgebäude mit dem kaiserlichen Doppeladler und das geistliche Ministerium zur Linken lassend, erreichen wir rechter Hand die Ecke der Schadowstraße.

L. Rohbock Photogr: J. Riegel sculpt.

DIE KAISERPASSAGE IN BERLIN.

Hier befindet sich das Aquarium, welches zutreffender Vivarium genannt werden müßte, eine Anstalt dieser Art, die in keiner anderen Hauptstadt der Welt ihres Gleichen hat.

Das Aquarium wurde von einer Actiengesellschaft gegründet welche im Juli 1867 zusammentrat. Zu den Mitgründern gehörte Dr. Brehm, der Leiter des Ganzen. Der Entwurf und die Ausführung des Plans ging von dem begabten Baumeister Lüer aus Hannover und dem Kasseler Maurermeister Seyfarth aus. Der Bau begann im Oktober 1867, verursachte aber so viele ungewöhnliche Schwierigkeiten, daß die Eröffnung erst im Mai 1869 geschehen konnte. Aus den verschiedensten Gebirgsgegenden Deutschlands waren die Baustoffe herbeigeschafft worden, um der Anstalt das entsprechende Gepräge zu verleihen.

Das Aquarium bedeckt einen Flächenraum von 13,550 Quadratfuß und nimmt 2 Stockwerke ein; ein besonderer Kellerraum enthält die kolossalen Wasserbehälter. Zur Aufnahme der Thiere sind 110 Käfige, Becken und andre Behälter bestimmt. Ein großer Vortheil besteht darin, daß das Wasser, welches man für die Seethiere verwendet, auf chemischem Wege hergestellt wird.

Es sind fast alle Klassen der hierher gehörigen Thiere vertreten. Da das Institut nicht bloß die Schaulust befriedigen, sondern auch dem Gemein-Interesse dienen soll, so werden einzelne tadelfreie Exemplare der Thiere jederzeit verkauft. Um das Publikum in den Angelegenheiten der Fischerei zu belehren, sind die Becken der Treppengrotte für die künstliche Fischzucht bestimmt und die betreffenden Bruttiegel und Züchtungsanstalten zu öffentlicher Ansicht ausgestellt.

Wir dürfen nicht versäumen, einzutreten und den Inhalt dieser Anstalt, welche einer Weltstadt würdig ist, wenigstens flüchtig in Augenschein zu nehmen.

Wir betreten zuerst den Schlangengang. Ein Schauer des Schreckens überläuft uns anfänglich, denn wir erblicken hier fast nur solche Thiere, die dem Menschen Furcht einflößen und zum großen

Theile ohne Grund und Ursache seine Idiosynkrasieen erwecken: Alligatoren in 3 Species, Krokodile, Riesenschlangen, Nattern und Vipern, ja sogar jene Ungethüme, welche der Sage und dem Märchen Stoff zu allerlei Schauergeschichten boten. Bald aber werden wir gewahr, daß sichere Glasscheiben uns von den Drachen und Tigerschlangen trennen und wir das reiche Gebiet der Kriechthiere in völliger Gefahrlosigkeit betrachten können. Neuerdings wimmelt es in dieser Halle von neu angekommenen Smaragdeidechsen; auch ist eine reichhaltige Sammlung kostbarer Schlangen aus Amerika eingetroffen. In einem besonderen Glaskästchen sehen wir die zarte, zierliche Sonnenfinger-Eidechse; auch eine afrikanische Stachelkragen-Eidechse ist ausgestellt.

An den Schlangengang schließt sich die geologische Grotte an, welche die Schichtlagen der Erde darstellt und mit Vögeln aus allen Erdtheilen bevölkert ist.

In dem Vogelhause, welches aus 23 Abtheilungen besteht, erblicken wir die befiederten Bewohner der Luft und des Waldes und in anderen Seitenkäfigen und Becken alle fünf Klassen der Wirbelthiere vertreten. Die Flugkäfige sind an Zweckmäßigkeit einzig in ihrer Art. Zu den Kuriositäten der Vogelzüchtung gehören zwei weiße Lerchen mit rothen Augen aus der Gegend von Bernau.

Unter den wirbellosen Thieren sind viele, welche das wissenschaftliche Interesse in hohem Grade in Anspruch nehmen, darunter die große Blondsche Würgspinne, die sich, ebenso wie die hier vorhandene amerikanische Vogelspinne, bereits mehrere Male in der Gefangenschaft gehäutet hat. Eine Skorpionspinne wurde von dem Maler Fuchs aus Tunis mitgebracht.

Ein mittleres Becken beherbergt eines der merkwürdigsten der zweilebigen Wirbelthiere: den mexikanischen Kiemenmolch.

Den Papageienkäfigen gegenüber liegt die Grotte, welche die Schildkröten enthält und wir finden hier eine große Menge der an-

Johannes Rabe delt.

Joh. Poppel sculpt.

DAS BRANDENBURGER THOR.

(IN BERLIN.)

ziehenden und geweckten Kriechthiere; vorzugsweise aber wird der Besucher durch die mächtige Riesenschildkröte gefesselt.

Eine besondere Gallerie enthält Becken für Lurche, Fische und Wasserthiere, ferner Käfige mit kleinen Vögeln, welche am Wasser leben.

In der Nordhalle des Aquariums sind die wichtigsten Gruppen der Seethiere vertreten, deren Bestand aber wegen ihrer Kurzlebigkeit abwechselnd und in fortwährender Ebbe und Fluth begriffen ist. Es treffen jedoch stets neue Sendungen von Seethieren und Seepflanzen ein. Wir finden viele Exemplare der prachtvollen Ultramarinbrasse, von Seeschleihen, von farbensprühenden Goldraupen, von Quappen, Einsiedlerkrebsen, absonderlichen Saumrochen, Sonnensternen, Aktinien, Seenadeln und auch jene Polypenart, welche seit dem grauen Alterthum Anlaß zu den abenteuerlichsten Fabeln gegeben hat. Das Hauptinteresse des Instituts nimmt aber der Chimpanse in Anspruch, der vierte, den das Aquarium seit fünf Jahren angeschafft hat.*)

Verlassen wir das Aquarium und setzen unsern Weg in der Lindenpromenade fort, so kommen wir vorüber an der Artillerie- und Ingenieurschule; an dem prächtigen, in florentinischem Style erbauten Palais des Grafen von Redern, welches die Ecke des Pariser Platzes einnimmt. Auf Letzterem erblicken wir rechts das Gebäude der französischen Gesandtschaft und die Palais des Grafen Arnim von Boytzenburg und des Fürsten Blücher von Wahlstatt, — vor uns aber das prachtvolle Brandenburger Thor, das einzige Thor Berlin's, welches seine Stätte behauptet hat, während die übrigen Portale der Berliner Ringmauer mit der Letzteren selber gefallen sind.

Es ist das Gebäude Berlin's, das großen Ruf erlangt hat und welches man unter den schönen Bauwerken Berlins zuerst aufzählt.

Es wurde unter der Regierung des Königs Friedrich Wilhelm II.

*) Unter den sechs vorhandenen Anthropomorphen ist der Gibbon-Affe der erste, der lebend in Berlin gezeigt wird.

in den Jahren 1789 bis 1793 von Langhans erbaut. Die Sculpturfiguren verfertigte der damalige Direktor der Kunstakademie, der Bildhauer Gottfried Schadow, ebenso das Modell zu dem Siegeswagen, der das Thor auf seinem Gipfelpunkte schmückt. Letzterer ist eine Quadriga in antiker Form, darin die Victoria mit dem Zeichen des Sieges: mit Stab und lorbeerbekränztem eisernen Kreuz und Adler; die vier Pferde sind $3{,}_{77}$ Meter hoch. Die ganze Gruppe wurde nach Schadow's Modell von Jury in Kupfer getrieben. Mit der Attika beträgt die Höhe des Thores 20 Meter, die Breite mißt $2\frac{1}{2}$ Meter. Der ganze Bau wurde mit einem Kostenaufwande von mehr als einer halben Million Thaler ausgeführt.

Nachdem die Franzosen 1807 die Quadriga nach Paris entführt hatten, wurde sie 1814 durch die Preußen wieder zurückgeholt. Die Victoria erhielt damals das Kreuz auf ihre Lanze, welches man jetzt weit über die Stadt emporragen sieht. Der Siegeswagen wurde bei Nacht auf seine alte Stelle gesetzt und an dem Tage enthüllt, als der König an der Spitze seiner siegreichen Truppen durch dieses Thor in seine Hauptstadt zurückkehrte.

Am 27. October 1806 zog Napoleon I. durch das Hauptportal; am 7. August 1814 hielt Friedrich Wilhelm III. seinen Siegeseinzug; am 20. September 1866 kehrte König Wilhelm an der Spitze der Truppen aus Oesterreich heim; am 16. Juni 1871 zog der deutsche Kaiser mit dem siegreichen Heere in die Hauptstadt.

Es heißt gewöhnlich, dieses Thor sei nach dem Vorbilde der Propyläen (Vorhallen) der Akropolis von Athen gebaut worden; es ist aber keineswegs eine eigentliche Copie. Namentlich macht sich beim Vergleiche beider Gebäude ein verschiedener Maßstab bemerklich: die Säulen der Propyläen sind nur halb so hoch als die des Brandenburger Thors; Letzteres zeigt auch weder Vor- noch Hinterhalle, wie Jenes, sondern nur fünf Durchfahrten, ist daher kein Vorthor, sondern ein eigentliches Thor; es besitzt ferner kein Giebeldach, sondern über dem Gebälk führt eine Doppeltreppe, in Gestalt eines Frontespices, zur Plattform einer Attika.

An dem Gebälk, zumal an den Triglyphen und Metopen des Frieses, sowie an den Säulen erkennt man den dorischen Styl. Die zwölf Säulen, von welchen sechs an der Stadtfront und sechs an der dem Thiergarten zugewendeten Front stehen, sind zwar, streng genommen, nicht dorische, da sie eine toskanische Basis haben; der Architekt wurde jedoch verhindert, ihnen die gemeinsame Basis der dorischen Säulen zu geben, da das Straßenpflaster durch die fünf Durchfahrten hindurchgeführt werden mußte.

Nach dem Abbruche der Stadtmauer hat das Thor auf jeder Seite eine Halle von 18 Säulen erhalten, welche mit dem nebenstehenden Telegraphengebäude und der Thorwache in Verbindung gesetzt sind.

Der Thiergarten.

Durch das Brandenburger Thor gelangen wir in die schönsten der öffentlichen Anlagen Berlin's: in den Thiergarten.

Der Thiergarten, ein herrlicher Park, ist das Paradies des Berliners. Wenn dieser in der Fremde auf die öde Umgebung seiner Vaterstadt schmähen hört, so beruft er sich mit Stolz auf den Thiergarten und macht nicht mit Unrecht geltend, daß diese Anlagen den schönsten in Europa gleichgestellt werden können.

Unter dem „Soldatenkönig" stand dieser Lustgarten in Gefahr, zu einem Exercierplatz umgeholzt zu werden und wurde nur mit Mühe gerettet. In neuester Zeit hat man ihn in rücksichtsloser Weise geschädigt, indem man von zwei Seiten, vom Brandenburger Thore und von der Bellevuestraße, lange und breite Strecken des Waldes niederschlagen ließ, um Alleen nach dem neuerrichteten Siegesdenkmal zu bahnen. Es entstand dadurch ein neuer Promenadenweg für Equipagen und Fußgänger, der jetzt, durch die Mode begünstigt, zu den glänzendsten und besuchtesten gehört; der Naturfreund aber vermißt schmerzlich die wundervollen alten Bäume, die ihm ehemals Schatten, Kühlung und Lebensluft spendeten und unter den Axthieben der Pioniere einer absonderlichen Cultur fallen mußten.

L. Rohbock Photogr: C. Rorich & Sohn sculpt.

DER THIERGARTEN IN BERLIN.

Der Thiergarten gehört vorzugsweise den höheren Ständen, obgleich er Jedermann offen steht. Das Volk fühlt sich dort nicht behaglich, wohnt auch zu weit davon entfernt; es fehlt auch hier an solchen Erholungslokalen, wie der Wiener Prater und der Thiergarten von Kopenhagen in Menge darbieten. Die wenigen vorhandenen Vergnügungslokale werden nur vom reicheren Bürgerstande besucht. Jede Uebertretung der Wege ist verboten, auch fehlt es an großen grünen Plätzen. Wer einen Zweig abpflückte, um seinen Hut zu schmücken, würde sich einer Strafe aussetzen. Eine steife Scheere des Anstandes und der Controlle hält das Volk zurück, das sich vor allen Dingen ungezwungen bewegen mag.

Dagegen fühlen sich die Reichen und Vornehmen hier ganz behaglich. Der Thiergarten gehört den Equipagen, den Reitern, den Spaziergängern aus den höheren Ständen.

Aber auch der Gebildete, der Denker, welcher die Einsamkeit liebt, dem abstumpfenden Getöse der Stadt entfliehen und einen Trunk am Quell der Natur thun, in Waldesschatten träumen, dem Gesange der Vögel lauschen, die flüsternde Stimme der Laubkronen vernehmen, das Himmelsblau durch schwankende Gipfel schimmern sehen will — auch der findet in diesem herrlichen Park — so Gott und die Thiergarten-Verwaltung es noch fernerhin gestatten — ein stilles trauliches Plätzchen, wo er ausruhen, eine schattige, abgelegene Allee, wo er wandeln und seinen Gedanken nachhangen kann.

Der Wald, aus welchem dieser Park — jetzt mit Unrecht „Thiergarten" genannt — entstanden ist, erstreckte sich im 16. Jahrhundert bis in die Gegend des Zeughauses. Er war mit einem Zaune umgeben und wurde zu Jagdzwecken benutzt, da er viel Wild enthielt. Noch am Anfange des 18. Jahrhunderts reichte er bis über den jetzigen Wilhelmsplatz. Der Graben, welcher den Thiergarten von den angrenzenden Stadttheilen trennte, zog sich bis an den Wall, welcher die heutige Friedrichsstadt von der Lindenpromenade schied. Damals ließ

Friedrich I. die ersten Alleen und Lustpartieen anlegen. Die Landstraße nach Charlottenburg war mit Laternen versehen, welche aber nur des Abends angezündet wurden, wenn der Hof sich in Charlottenburg aufhielt.

Friedrich II. war in seinen ersten Regierungsjahren darauf bedacht, den Thiergarten zu einem Erholungsort für die Einwohner der Hauptstadt umzugestalten und ließ unter der Leitung des Freiherrn von Knobelsdorf die Fasanerie, viele Alleen, Bassins und Blumenpartieen anlegen. Die ganze Breite des Thiergartens erstreckte sich damals vom Potsdamer Thore bis an den Unterbaum und die Länge vom Brandenburger Thore bis an die Brücke über den Floßgraben.

Unter Friedrich Wilhelm II. ging von dem Potsdamer Thor eine sehr lange Allee ab, welche unter einem schiefen Winkel in die große Charlottenburger Straße einlief und die sogenannte Jungfern-Allee durchschnitt, die durch die ganze Quere des Thiergartens, von dem Ende der Gärtnerwohnungen bis an das Ende des Exercierplatzes reichte. Diese Allee hieß die Potsdamer Allee. Der große runde Platz auf der Hälfte des Wegs nach Charlottenburg, welcher „der große Stern" heißt, war damals mit zwölf Statuen besetzt. Die acht Ausgänge, welche von ihm ausgehen und die große Landstraße und noch drei große Alleen durchschneiden, hießen damals: die große Stern-Allee, eine doppelte Reihe von Eichen und Buchen; Kleistens Allee, nach der vormaligen Bertram'schen Meierei führend; die Fasanen-Allee, die sich von der Bertram'schen Meierei nach dem königlichen Fasanengehege erstreckte. Eine Brücke führte über einen Bach, der jenseits der Fasanen-Allee entsprang, sich zu einem Graben erweiterte und sich unweit der damaligen Wulfi'schen Kattunbleiche in die Spree ergoß. Durch die Kanalbauten ist diese Oertlichkeit in neuerer Zeit verändert worden.

Links von der Landstraße, in der Nähe der nach dem Potsdamer Thore führenden Allee befand sich ein Labyrinth, der Sternbusch genannt.

Unter Friedrich Wilhelm III. und seinen Nachfolgern erhielt der Park durch die kunstreiche Hand des Gartenbau-Directors Lenné die mannigfaltigsten Verschönerungen.

Der Flächeninhalt des Thiergartens nimmt jetzt ungefähr 820 Morgen ein. Der Park erstreckt sich vom Brandenburger und Potsdamer Thore, längs der Spree, bis Charlottenburg und wird durch die Berlin-Charlottenburger Chaussee in eine kleinere rechte und eine größere linke Hälfte getheilt.

Wenden wir uns, vom Brandenburger Thore ausgehend, auf die rechte Seite, so gelangen wir auf den früheren Exercier-, jetzigen Königsplatz, dessen gegenüberliegende Enden durch das Raczynski'sche Palais und das Kroll'sche Etablissement begrenzt werden. In der Mitte des Platzes steht das Siegesdenkmal der Kriege 1864, 1866 und 1870/71. Dieses kolossale Denkmal, zum Gedächtniß an das größte und thatenreichste Drama der modernen Staaten- und Völkergeschichte errichtet, wurde am 2. September 1873 feierlich enthüllt. Der Kaiser, in Begleitung der Prinzen seines Hauses, der fremden Fürstlichkeiten und der kommandirenden Generäle, erschien zu Pferde auf dem Platze. Nach einer kurzen Festrede des Feldprobstes der Armee, unter den Klängen der Nationalhymne, dem Geläute der Glocken und dem Donner von 101 Kanonenschüssen, fielen die Hüllen des Denkmals.

Der ursprüngliche Plan, nach glücklicher Beendigung des dänischen Krieges auf dem Königsplatze einen Siegesobelisken zu errichten, wurde nach den großartigen Siegen der preußischen Armee erweitert. Der Plan zum jetzigen Denkmal, welches der Oberbaurath Strack dem Könige vorlegte, wurde genehmigt und erhielt nur einige Veränderungen nach den denkwürdigen Ereignissen der Jahre 1870 und 1871.

Auf einer 4 Fuß hohen, aus grauem schlesischen Granit gearbeiteten Terrasse, zu welcher 8 Stufen hinaufführen, erhebt sich der quadratische Unterbau des Denkmals, aus rothem schwedischen Granit gearbeitet, 62 Fuß lang und breit, 22 Fuß hoch. In diesem Unterbau befinden sich vier größere Reliefs, welche Hauptscenen aus den drei Feldzügen in gedrängten Zügen und in realistischer Form darstellen.

Das Relief der Nordseite, modellirt von Moritz Schultz, schildert den österreichischen Krieg. Der Schwerpunkt der Darstellung ruht in der Scene, wo der König dem Kronprinzen auf dem Schlachtfelde von Königsgrätz den Orden pour le mérite darreicht.

An der Westseite hat Keil die charakteristischen Hauptmomente des französischen Krieges dargestellt. Den Mittelpunkt bildet die Scene, wo dem Könige der Brief Napoleons überreicht wird.

Die Ostseite nehmen plastische Darstellungen aus dem dänischen Kriege ein: die Einsegnung und der Ausmarsch der Krieger, die Erstürmung der Düppeler Schanzen.

Auf der Südseite ist in großen lebendigen Zügen der Einzug der Sieger in Berlin von Albert Wolff dargestellt; darüber steht die Widmung: „das dankbare Vaterland dem siegreichen Heere.“

Anton Werner erhielt den Auftrag, dem Monument auch einen malerischen Schmuck auf der äußeren Wand des Säulencylinders zu geben. Eine riesige brillante Malerei auf Goldgrund veranschaulicht die Erhebung des Volkes, den Einfall in das feindliche Land, die Verbrüderung der deutschen Stämme, die Wiederaufrichtung des deutschen Reiches — in großartiger, sinniger Allegorie; Tracht und Waffen, abweichend von realistischer Auffassung, der malerischen Wirkung und den Erfordernissen der allegorischen Darstellung entsprechend. Diese Dekoration ist durch ein Glasmosaikbild aus dem venetianischen Institut Salviati's, nach dem Wernerschen Gemälde, ersetzt worden.

In ihren Cannelirungen enthält die Säule im unteren Theile 20 dänische, im mittleren 20 österreichische, im oberen 20 französische Geschütze, welche durch Broncekränze und Festons verbunden sind.

J. Riegel Photogr:

DAS SIEGESDENKMAL AUF DEM KÖNIGSPLATZE.

BERLIN

Man beabsichtigte mit dieser Dekoration den Ausdruck einer ernsten drohenden Symbolik; bei der gewaltigen Höhe der Säule geht dieser Eindruck aber verloren und jene Schaftverzierung erscheint beinahe kleinlich.

Ueber dem Kapitol, in einer Höhe von 147 Fuß, befindet sich die umgitterte Plattform, über welche sich der 11 Fuß hohe Sockel für die Victoriastatue erhebt. Letztere ist von Drake modellirt und von dem Berliner Bildgießer Gladenbeck in Bronze gegossen und, ebenso wie die am Denkmal befindlichen Kanonen, mit einer echten Blattvergoldung versehen. Bis zu den Flügeln des Helmadlers mißt die Figur 31 Fuß und bis zur äußersten Spitze der Standarte 40 Fuß. Der Bildhauer hat in dem Bilde die Vorstellung der Siegesgöttin mit der Germania verschmolzen. Das Gewand, von einem Gürtel gehalten, umwallt zurückflatternd den schwebend vorschreitenden Leib; die Brust ist ohne Harnisch; in den Händen trägt die schön gebildete Gestalt den Siegeskranz und die Panierstange mit dem Lorbeerkranz.

Im Innern führt eine Sandsteintreppe aus 246 Stufen, mit eisernem Geländer und mehreren Absätzen und Ruhesitzen, zur Plattform hinauf.

Von hier genießt man einer herrlichen Aussicht in die Ferne bis zu den Havelwäldern, der Pfaueninsel und den Thürmen von Potsdam. In der Nähe hat man das Brandenburger Thor und die Lindenpromenade mit dem angrenzenden Häusermeer; nach dem Potsdamer Thor hin die neu angelegte Siegesstraße; dicht zur Seite die oben genannten Paläste, welche den Königsplatz begrenzen, nebst dem neuen stattlichen Generalstabsgebäude, hinter welchem sich ein neuer großartiger Stadttheil mit dem Humboldthafen, der schönen Alsenbrücke und dem Lehrte=Bahnhofe ausdehnt.

An diesen jüngsten und schönen Stadttheil beabsichtigt die Baugesellschaft „am kleinen Thiergarten“ ein Gesellschafts=Terrain zwischen dem Norden und Westen Berlins anzulegen, welche großartige, statt=

liche Bauten enthalten und mittelst der Friedens-Allee, der Sommer-, Alsen-, Bismarck- und Moltkestraße mit dem Brandenburger Thore in Verbindung stehen soll.

Den Weg auf der rechten Seite des Thiergartens weiter verfolgend, gelangen wir zu den Zelten und dem Schlosse Bellevue.

Die Zelte sind vier Kaffee- und Bierhäuser, mit annuthigen Vorgärten und geräumigen Sälen versehen, welche von dem wohlhabenderen Bürgerstande besucht werden. Sie erhielten ihren Namen von den leinenen Zelten, welche im Jahre 1760 von dem Franzosen Maurier dort aufgeschlagen wurden und worin den Besuchern Getränke und Erfrischungen feilgeboten wurden.

Damals war der nahe gelegene Kurfürstenplatz, ein mit hohen Eichen eingefaßter Zirkel, der Sammelplatz der Spaziergänger, namentlich an Sonn- und Festtagen, wenn der Gouverneur von Berlin Militair-Concerte veranstaltete, welche auch von den Mitgliedern der königlichen Familie besucht wurden.

Von dem Kurfürstenplatze führt ein Weg nach der ehemaligen Knobelsdorf'schen Meierei, dem jetzigen königlichen Lustschlosse Bellevue, welches früher dem Prinzen August von Preußen gehörte und gegenwärtig vom Prinzen Wilhelm von Mecklenburg bewohnt wird. Hinter dem Schlosse breitet sich ein schöner Park bis Moabit aus.

Verfolgt man den breiten Fußweg vom Brandenburger Thore auf der linken Seite des Parks, so erreicht man einen in der Nähe des zweiten Rondels gelegenen schattenreichen Heckenplatz, welcher den Goldfischteich, ein von Goldfischen belebtes Wasserbecken, umschließt und mit einer in Zink ausgeführten Venus von Capua geziert ist. Am jenseitigen Ufer liegt der Flora-Platz, mit hübschen Blumenbeeten gefüllt, in der Mitte eine Flora-Statue, von welcher Alleen nach allen Seiten auslaufen.

Links den Park durchschneidend, gelangt man zu lieblichen Blumen-

STATUE FRIEDRICH WILHELM'S III

IM THIERGARTEN. BERLIN.

partieen, in deren Mitte sich das Denkmal Friedrich Wilhelm's III. erhebt, welches 1849 auf Kosten der Bewohner Berlins von Drake in weißem Marmor ausgeführt wurde. Es zeigt den König in einfachem Ueberrock und mit unbedecktem Haupte. Auf dem Postamente befinden sich in Basreliefs anmuthige Darstellungen des freudevollen Naturlebens. Ein freundlicher Greis, auf seinen Stab gestützt, schauet einem tanzenden, mit Blumen geschmückten Kinderpaar zu; andere schöne Kinder füttern Schwäne und beobachten Vogelnester; ein Eichkätzchen, einem Knaben entfliehend, flüchtet sich auf einen Baumast; eine Mutter, deren Hals ein Knabe umschlingt, blickt liebend auf die jüngeren Kinder in ihrem Schoße.

In unmittelbarer Nähe der Bellevue-Allee steht unter einer Eichengruppe Drake's anmuthige Pomona, einen Fruchtkorb auf dem Haupte tragend.

Dem Denkmale des Königs Friedrich Wilhelm gegenüber liegt die Luisen-Insel, eine kleine Insel, welche früher mit dem festen Lande durch eine Brücke in Verbindung stand. Hier war das Ziel für die Spaziergänge der Königin Luise. Die Thiergartenbewohner ließen im Jahre 1809 zur Erinnerung an die Rückkehr des Königs und seiner Gemalin ein einfaches Denkmal von Schadow, einen Altar, errichten. Der marmorne Altar ist stets mit Blumenschmuck umkränzt und wird am Geburtstage der Königin Luise besonders reich geschmückt.

Am jenseitigen Ufer führt der Weg an den reizenden Anlagen der Rousseau-Insel vorüber und biegt dann links ab nach den neuen Straßenanlagen beim ehemaligen Hofjäger. Die Thiergartenstraße, der sogenannte Königsweg vom Brandenburger Thore bis zum Hofjäger, ist reich an schönen Landhäusern und, nächst der neuen Siegesstraße, die zu allen Jahreszeiten besuchteste Promenade, von endlosen Reihen von Wagen, Reitern und Fußgängern belebt.

Zu den Prachtbauten, welche hier besonders in's Auge fallen, gehört das von Ebe und Benda ausgeführte Haus des Oberstlieutenants von Tiele-Winckler, in der Regentenstraße. Der Styl der Façade ist im Charakter der nordischen Renaissance; namentlich ist das Portal ausgezeichnet behandelt. Der ganze Palast ist übrigens in echt monumentalem Charakter componirt.

Ueber das ganze Erdgeschoß zieht sich ein vom Bildhauer Engelhard in Hannover in Sandstein ausgeführter Fries, welcher eine wahrhaft künstlerische Zierde der Façade bildet. Das Motiv ist der Edda-Sage entnommen: Odin, die Helden nach Walhalla rufend. Diesem Motiv entsprechen auch die übrigen figürlichen Dekorationen in den Nischen des Parterre-Geschosses und der Portalbekrönung.

Im Innern enthält der mit einem Tonnengewölbe überdeckte Speisesaal einen Wandfries in Bronze, heitere Kindergruppen darstellend. Das Empfangzimmer hat holzgeschnitzte vergoldete Wände; die übrigen Räume: der Tanzsaal, das Damenzimmer, so wie die breiten Marmortreppen entsprechen durch solide Pracht und freie Formen dem Eindruck, welchen das Aeußere des Palastes bewirkt. Die Umfassungsmauern von Hof und Garten sind mit perspektivischen Architekturen in Scrafittotechnik geschmückt, wodurch die Raumverhältnisse erweitert erscheinen. Diese Scrafitto, welche wir in der Façade des Semper'schen Hauses in Hamburg und in höchster Vollendung an dem Friese des Dresdner Schlosses bewundern, ist der zweckmäßigste Ersatz für die Frescomalerei, welche unserm nordischen Klima nicht angemessen scheint.

Beim Hofjäger beginnen die neuen Anlagen, die den freundlichen neuen See umschließen und sich an einer von Löwen getragenen Brücke vorüber ziehen.

Verfolgt man vom Brandenburger Thore die links führende Königsgrätzer Straße, an den Blumenanlagen, der Diana von Versailles und der Lennestraße entlang, so passirt man die Stätte des ehemaligen Schulgartens, eines früheren beliebten Vergnügungslokals, welches auch mehrere Celebritäten zu ihrem Sommeraufenthalte wählten. Rückert wohnte noch hier im Jahre 1841. Dieser Weg führt uns nach dem Potsdamer Thor und wir gelangen auf diese Weise wieder in die innere Stadt oder setzen unsern Weg durch die Königsgrätzer Straße fort, den Weg, welchen die im Juni 1871 einziehenden Truppen einschlugen.

Der zoologische Garten.

Von den neuen Anlagen des Thiergartens können wir durch die Fasanerie-Allee und über die Kanalbrücke nach dem südwestlichen Theile des Parks, dem zoologischen Garten, gelangen.

Als der zoologische Garten im Jahre 1844 in Berlin durch eine Aktiengesellschaft eröffnet wurde, erschien er in seinem Anfange ziemlich unbedeutend.

Der König hatte einen weiten Raum kostenfrei überwiesen und bewilligte aus Staatsfonds zinsfrei auf mehrere Jahre die Summe von 25,000 Thalern, welche späterhin noch vermehrt wurde. Die Einrichtung des Gartens geschah unter Leitung des Director Lenne, die Herstellung der Gebäude durch Strak und Cantian.

Die kleine, von Friedrich Wilhelm III. angelegte Sammlung ausländischer Thiere, welche sich bis dahin auf der Pfaueninsel bei Potsdam befunden hatte, wurde als Grundlage zum zoologischen Garten übersiedelt. Das Unternehmen wurde unter die Leitung des Professor Lichtenstein gestellt und sollte den Zweck haben, wissenschaftliche Beobachtungen zu fördern, populäre naturwissenschaftliche Kenntnisse zu verbreiten und dem Gebildeten Gelegenheit für eine anschauliche Betrachtung einer lebendigen Geographie darzubieten.

Nach Verlauf von zwanzig Jahren sah man ein, daß die Anstalt den Ansprüchen der Neuzeit nicht mehr genügte. Man erhöhte das

L. Rohbock Photogr: C. Rorich & Sohn sculpt

ZOOLOGISCHER GARTEN UND AQUARIUM,

IN BERLIN

Aktienkapital und gewann den Direktor Bodinus für die Umgestaltung des Gartens. Letztere geschah in dem kurzen Zeitraum von 1869 bis 1873 in glänzendster Weise.

Aus einer unfreundlichen Wildniß entstand ein Park mit anmuthigen Baumpartieen, mit Hügeln und malerischen Teichen. Der Gesammtwerth des Thierbestandes betrug am Ende des Jahres 125,697 Thaler. Die Sammlung der Thiere hat jetzt den höchsten wissenschaftlichen Werth.

Mit künstlerischer Hand schufen die Baumeister Ende und Böckmann wahrhafte Prachtbauten für die gefangenen Thiere, hohe Fluggebauer, borkebekleidete Hütten mit weit umzäunten Weideplätzen. So entstand ein prachtvolles Elephantenhaus in indischem Style, mit Mosaiken, welche allerlei Fabelthiere vorstellen, mit bunten Kuppelthürmen und glänzenden Sonnen, mit reich vergoldeten buntfarbigen Säulen — ein Luxusbau, welcher 100,000 Thaler kostet. So entstand das fast nicht weniger prächtige orientalische Antilopenhaus mit herrlichen Palmen, mit luftigen Kuppeln und Minarets. Diesen beiden Prachtbauten schließt sich das Affenhaus an, in orientalischem Style, mit stolzen Terrassen, die sich in dem malerischen, vielbuchtigen See spiegeln.

Was irgend geschehen konnte, um das Nützliche mit dem Angenehmen und Schönen zu verbinden, das sehen wir hier ausgeführt.

Tretet ein in den weiten herrlichen Park!

Und ihr werdet eintreten, wenn ihr von der Brücke, welche gerade auf den Eingang führet, nur einen Blick durch das Gitterthor geworfen habt auf die hohen schattigen Bäume und den saftigen grünen Rasen, wenn ihr die erfrischenden Wasserstrahlen bis in die Wipfel der Bäume steigen sehet, wenn die rauschenden Klänge des Orchesters an euer Ohr dringen.

Tretet ein und setzet euch unter einen Eichbaum in der Nähe des großen Teiches!

Alles lebt und webt von Wasservögeln, von schwimmenden Enten, kreischenden Gänsen, von Flamingos, Reihern und Stelzengeiern. Das Wasser rauscht schäumend von den Felsen herab; in die Klänge der Musik mischt sich zuweilen ein gewaltiges Räuspern, ein tiefer erschütternder Grunzton, der aus dem jenseitigen Gebüsch hervordringt.

Unvermuthet ist die Zeit der Fütterung gekommen; man hört die Wärter in die Hände klatschen; die mächtigen Raubthiere sind wie von einem elektrischen Schlage berührt; sie richten sich brüllend auf den Hinterpranken empor, mit den Schweifen um sich schlagend; die Ohren gespitzt, springen sie knurrend von einem Ende des Käfigs bis zum andern; Einer setzt über den Andern hinweg — ein wildes Jagen hinter den eisernen Gittern.

Mit Recht ist der Berliner stolz auf seinen zoologischen Garten.

Der unermüdliche Director weiß auch das lebendige Interesse, welches das Publikum für seine Schöpfung kund gibt, stets wach zu erhalten und bietet alle Mittel auf, nicht nur den wissenschaftlichen Zweck zu wahren, sondern auch allen ästhetischen Anforderungen zu genügen. Fast allwöchentlich melden die Zeitungen von neuen Einwanderern und der Berliner hat dann keine Ruhe, bevor er das berühmte Vieh mit eigenen Augen gesehen hat.

Der Besuch ist überaus zahlreich; bei herabgesetztem Eintrittspreise an einem Sonntage beläuft sich derselbe zuweilen bis auf 30,000. Von den 4200 Abonnenten abgesehen, wurde der Garten im Jahre 1874 von beinahe 700,000 Menschen besucht. Das wogt und wallt in den Gängen und Büschen, das drängt sich nach der großartigen Restauration. Durch das neue Restaurationslokal ist die Zahl der großen Festsäle der Hauptstadt um ein Meisterwerk der Baukunst vermehrt worden.

Wenn hier eine vortreffliche Militairkapelle ein Concert ausführt, dann bildet, in Folge des erhöhten Eintrittspreises, die elegante Welt die Mehrzahl der Besucher. Draußen dehnt sich eine lange Reihe Equipagen bis in das Walddunkel des Thiergartens; drinnen sind alle Plätze im weiten Umkreise des muschelförmig gebauten Orchesters besetzt; beim Klange der Instrumente, beim Geplätscher der Fontänen sitzt man, sich erfrischend, rauchend, plaudernd und scherzend unter den schattigen Bäumen und blickt in das abwechselnde stets rege Thierleben hinaus, wie es sich in den benachbarten Grotten, auf Aesten und Teichen kund giebt.

Eine andere, weniger elegante aber doch viel bewegtere Scene bietet der Garten am ersten Sonntage jeden Monats dar, wenn die Eintrittspreise ermäßigt sind. Dann wallfahrtet von früh bis spät eine unabsehliche Menge den Kanal entlang, dann drängen sich Tausende um die Käfige, in die Gänge, nach den Bierausschänken und Kaffeetischen: Männer, Frauen und Kinder — die ganzen Familien beisammen, reich mit Proviant versehen, in der Absicht, etwas Ordentliches für ihr Geld zu genießen und heute einmal den ganzen Tag im Freien zu verleben. Diese Leute aus dem kleinen Bürger- und Handwerkerstande, diese Familien und Liebespärchen, Greise und Kinder freuen sich harmlos und aufrichtig der schönen Gartenpracht, bewundern und bestaunen die fremden Thiere und finden immer neue Quellen der Unterhaltung und Lust, bis die Sonne sinkt und die Vögel ihre Köpfe unter die Flügel stecken, um vielleicht von ihrem fernen Heimatlande am Nil oder Ganges zu träumen.

Hier ist Alles versammelt, um die Mannigfaltigkeit der Schöpfung, die holde anmuthige, wie die grausenerregende Seite ihres Antlitzes zu zeigen. Was das Klima trennt und die Bodenbeschaffenheit der Länder von einander sondert, das finden wir hier vereinigt, und können es besehen, beobachten, auf unsere Erkenntniß und unser Gemüth wirken lassen. Was unter des Nordens eisiger Kälte oder auf dem heißen Sande der Wüste lebt, in Gebüschen oder Höhlen des tropischen Urwaldes, auf wankenden Zweigen, auf hohen Bergesgipfeln oder auf tiefem Meeresgrunde, im lichten Tage oder in nächtlicher Finsterniß,

Sinnbilder der Stärke, der Raubgier, der Sanftmuth, der Schnelligkeit, der Unbeholfenheit, kriechend, schwimmend, springend oder fliegend, mit Schwimmhäuten oder Flügeln versehen, mit Krallen oder Hörnern bewaffnet, mit Schuppen, bunten Fellen oder farbig-strahlenden Federn bekleidet — alle Thierklassen in ihren verschiedensten Charakteren, welche die weite Erdschöpfung erfüllen, finden wir hier zusammengebracht und nachbarlich bei einander wohnend.

Hier gleich im Vogelhause am Eingange erblicken wir Raritäten: ein Paar Geierperlhühner und Albert's-Hokkohühner; Tukane und Nashornvögel mit ihren grotesken Schnäbeln.

Unter den Charakterthieren Südamerika's sind nunmehr sämmtliche Arten des Lama-Geschlechts in dem Garten vertreten. Gar klug blicken diese kleinen Kameele der Anden durch die Spalten des Geheges; zuweilen aber schauen sie auch gar wild und schleudern, mit der Geschicklichkeit eines tabakkäuenden Yankee, ihren Speichel unter die harmlose menschliche Gesellschaft. Neben den vielen Guanaco's erblicken wir jetzt auch ein Vicunna-Pärchen und ein Alpaka.

Besondere Anziehungskraft übt das Burgverließ der Bären auf das Publikum. Die lieben Gevattern in diesem Zwinger erinnern uns an alle Bären, die wir als Knaben tanzen gesehen und als Jünglinge angebunden haben; ja, der Beutel, den der australische Beutelbär gleich mitgebracht hat, scheint ein sprechendes Symbol der Anleihe zu sein. Wenn sich Petz aufrichtet und die schönen Damen um Brot anbettelt, gleicht er genau dem Sinnbilde im Berliner Stadtwappen. Der Garten enthält sieben Species Bären: den europäischen, den Eisbären, den tibetanischen Kragenbären, den ostindischen Lippenbären, den amerikanischen Barribal, den Grisleybären, den syrischen und den malaischen Bären.

In drahtüberflochtenen Wasserbecken finden wir die interessanten Biber, schön bepelzte Thiere, die im Naturzustande, wie viele Berliner

Spekulanten, alle Jahre ein neues Haus bauen und dennoch, wie die Vagabunden, am liebsten in Gebüschen schlafen.

Der Waschbär, der, wie unsere Waschfrauen, des Nachts am munteresten ist, taucht alle Nahrungsmittel, ehe er sie genießt, in Wasser — ein ächter Prießnitzianer!

Eine große Voliere mit dreißig Käfigen, mit den großen Raubvögeln angefüllt, macht einen imposanten Eindruck und steht dem berühmten Raubvogelbauer zu Hamburg wenig nach. Wir erblicken hier eine Anzahl der größten und kühnsten Räuber, der gewaltigsten Herrscher der Lüfte beisammen, darunter schöne Exemplare vom Lämmergeier, den Haubenadler, den Pondichery-Geier, den mächtigen Kaiseradler, den schön gezeichneten afrikanischen Fluß-Schreiadler, den silbergrauen Ajuga, den Seeadler, den Steinadler, den afrikanischen Gaukleradler. Daneben die kühnen Jäger und frechen Räuber, Falken aller Art; darunter der Wanderfalke und der Rothfußfalke, mörderische Habichte und Sperber. Der hier befindliche Uhu zeichnet sich durch sein schön geflammtes Gefieder aus; neben ihm sitzt einer der furchtbarsten Räuber der Lüfte und der Erde: der virginische Uhu in seinem lichtgrauen, weiß und schwarz punktirten Kleide.

Die Vogelsammlung des Berliner Gartens gehört zu den reichhaltigsten und vereinigt fast alle Vertreter dieses am weitesten über die Erde verbreiteten Thierreichs. Am Teiche stolziren Kraniche, Reiher, weiße und schwarze Störche, die Bewohner orientalischer Ruinen und norddeutscher Bauerndächer. Mit dem straffen Halse, den hohen Schultern, dem zurückgestrichenen Haar, der Brille und den Suwarowstiefeln erinnern sie an die gravitätischen Stutzer, denen wir unter den Linden begegnen: der freßgierige Marabu, der Jabirustorch mit gelbem Hornschilde, der südafrikanische Paradieskranich mit dickem Kopf, stolze gekrönte Pfauenkraniche, der Ringkranich von Cochinchina, der bengalische Angora-Storch. Amsterdam ausgenommen, sind die Stelzer nirgends so zahlreich vertreten.

Am Ufer und auf den schilfbewachsenen Inseln watschelt ein Gewimmel von Gänsen und Enten, dumme und kluge Klarinettenspieler unter den Vögeln, Pinguine in barocker Haltung. Die Schwimmvögel wurden neuerdings durch die japanische Kriechente, die buntschnäblige Ente Ostindiens und die Glanzgans vermehrt. Neben herrlichen Flamingo's, die ihre prächtig rothen Flügel recken, schwimmen stolze Schwäne durch die kräuselnden Fluten, darunter der schwarze neuholländische mit hochrothem Schnabel. Langsam und stolz mit geschwungenem Halse, ziehen diese Schwimmer dahin, wie sie, nach der nordischen Sage, auf dem Quell der Zeit schwimmen, überschattet von den Zweigen des Weltbaumes.

Auf schattigem Wiesenfleck lustwandelt der größte Vertreter der gefiederten Welt: der Vogel Strauß mit seinem langen nackten Halse und den noch längern starkknochigen Beinen.

Von den Charaktervögeln Südamerika's finden wir die langgeschwänzten Aras, glänzend gefärbt wie alles Leben jener üppigen Zone, und eine bedeutende Anzahl Papageien, theils in geräumigen Fluggebauern, theils in einzelnen Käfigen.

In einem großen drahtüberspannten Garten mit Rasen, Sträuchern, Bäumen, Wasserbecken und Felsen tummeln sich allerlei Häher, Dohlen, Kiebitze und Schnepfen. Auch die Seevögel finden wir durch einige Arten vertreten; die Möven, die zahlreichen Bewohner der Seegestade, darunter den Albatroß, den riesigen Segler der Lüfte.

Eine lange Reihe Drahtgehege zwischen dem Affen- und dem Elephantenhause umschließt die Vögel, die sich durch ihre Farbenpracht auszeichnen: den Fasan mit seinen ausländischen Verwandten, eine reichhaltige Sammlung, welche durch die Zucht zu erstaunlichen Resultaten geführt wurde und kürzlich noch durch den Lady-Amherst-Fasanen, den siamesischen Prälaten und den Horsfield-Tragopan einen seltenen Zuwachs erhielt. Unter den im ganzen Garten verstreuten juwelenstrahlenden Pfauen, den kostbarsten Trophäen Alexander's des

Großen, zeichnen sich die weißen Pfauen und der javanische Aehrenträger aus. Zu den neuen Erwerbungen, welche zu den seltensten Gästen in Europa zählen, gehören der Kahnschnabel und das Klipphuhn.

Reichhaltig und ausgezeichnet ist die Sammlung von Hühnern und Tauben und wir finden hier alle Vertreter unserer Hausgenossenschaft, theils als Ahnen, theils als Mitglieder.

Die Stammeltern unsers ehrwürdigen Rindviehes treffen wir in einer langen Reihe Büffelparke, plumpe, vierschrötige, düster blickende Gestalten mit Buckeln, welche dem geschicktesten Orthopäden widerstehen würden: den Auerochsen, das größte Landsäugethier Europa's, nordamerikanische Bisons, die kräftigen Bewohner der Prairien, die europäischen Büffel der sumpfigen Gegenden Italiens, Ungarns und der Türkei, den wilden Grunzochsen aus Hindostan, mit dem Rößschweife, den mächtig gehörnten Kapbüffel. In dieser Sammlung von Wiederkäuern, der reichsten in Europa, zeichnen sich besonders aus: das schöne Banteng-Paar von den Suda-Inseln, die Kaffernbüffel, die Kerabaus und das Zwerg-Zebu mit seinem Kälbchen.

Die interessantesten Charakterbilder Asiens und der neuen Welt vollführen in ihrem Palast ein tolles Leben; es sind die Affen. Eine Welt von Affen der verschiedensten Art hockt hier bei einander, ruhig und langweilig, dann plötzlich wie electrisirt — auffahrend, geht es an ein Springen, Klettern, Jagen und Kämpfen — die kleinen zierlichen Gestalten mit dem schwermüthigen Blick stecken flehend ihre Händchen durch das Gitter; ein neidischer Störenfried raubt dem Nachbar die kleine Gabe, die er so eben empfing; ein Affenriese sitzt grübelnd in einer Ecke, während neben ihm ein Harlekin grinsend an seinem Schweife baumelt und schaukelt. Aus allen Winkeln gucken die kleinen Köpfe mit funkelnden Augen. Hier versteckt sich ein schüchterner Pavian; dort macht eine Meerkatze ihre verwegenen Sprünge; unten eröffnet ein dummdreister Schlankaffe gegen uns ein Bombardement mit faulen Aepfeln. Dort kauert ein zärtlicher Waisenvater und beleckt seine Pfleglinge. Ein besonders häßlicher Bursche macht der neben ihm sitzenden Tante so vertrauliche Geberden, als ob er in früherer Zeit ihr Geliebter gewesen wäre. Sollten Darwin und Vogt Recht haben? Stehen diese Thiere wirklich in einem verwandtschaftlichen Verhältniß zu uns? Dieser Gedanke ist weniger beschämend, wenn wir bedenken, daß sie uns in vielen Dingen überlegen sind; namentlich haben wir die „Kniehangswelle“, die „Todtensprünge“ und andere Uebungen unserer turnerischen Knaben und Jünglinge noch nirgends so regelrecht und gewandt ausführen sehen, wie von dieser Vierhänder-Riege, von diesen Mandrillen und Makokos, Meerkatzen, Stummel-, Brüll-, Seiden- und Mollaffen, zu welchen neuerdings noch andere gymnastische Künstler: drei Klammeraffen und vier Lemuren hinzugekommen sind.

Zu den afrikanischen Charakterthieren gehören die meisten Bewohner des Raubthierhauses, eines trefflich eingerichteten, leichten und luftigen Behälters, mit künstlichen Höhlen und Felsgrotten. Hier wandelt der stolze mähnenumwallte Löwe, Freiligrath's Wüstenkönig; der tyrannische, tückisch grimmige Tiger; die gestreifte Hyäne mit schielem Blick und krummem Rücken; die buntscheckigen Schleicher: Leoparden, Jaguar und Panther, darunter ein schwarzer; südamerikanische Puma's, Luchse, Füchse und afrikanische Fenneks mit spitzen Schnauzen und glühenden Augen.

Das Raubthierhaus, welches zu den ausgezeichnetsten gehörte, wurde im Frühjahre 1874 auf eine entsetzliche Weise decimirt. Auf eine geheimnißvolle Art, aber unverkennbar durch akute Vergiftung von ruchloser Hand, kamen in kurzer Zeit die herrlichsten Exemplare um das Leben. Vier der kräftigsten Raubthiere, drei Löwen und ein Tiger, verendeten plötzlich und gleichzeitig; vier Wochen später zwei alte und vier junge Waschbären, an demselben Nachmittage verendete ein kanadischer Luchs, abends der schwarze Panther, über Nacht zwei

Puma's und ein Jaguarweibchen. Der Director ist nach Kräften bemüht, Ersatz für diese schmerzlichen Verluste zu schaffen. Für den Löwenbestand wurden vor kurzem ein abessinisches Paar, eine isabellenfarbige persische Löwin, eine prachtvolle Löwin der Berberei und vier junge Löwen aus dem Kölner Garten, nächstdem ein langschwänziger Parder angekauft. Die schwarze Pantherin warf drei Junge von dem javanischen Leoparden.

Unweit des Raubthierzwingers hauset ein prachtvolles Trampelthier und zwei Dromedare.

Der riesige Elephant hat seit dem Attentat, das er gegen den Wärter verübte, das öffentliche Vertrauen verloren, aber dennoch ist man stolz auf dieses majestätische Thier von seltener Größe. In der gegenüberliegenden Halle befindet sich ein kleinerer afrikanischer Elephant; dem Eingange gegenüber ein Paar indische Nashörner und ein noch selteneres afrikanisches zweihörniges Rhinoceros. Zu den neuesten Ankäufen gehört ein abessinischer Wildesel, eine Bakers-Antilope und ein indischer Tapir, eine der größten Seltenheiten der zoologischen Gärten Europa's. Vor kurzem ist auch endlich ein echtes afrikanisches Nilpferd angekommen, vorläufig noch kein riesiger Dickhäuter, sondern nur ein ganz junges Thier, welches Hildebrand, der in Ostafrika botanisirte, zu seinem Reisebegleiter nach Europa machte. Da die europäischen Culturbarbaren die treue Mutter erbarmungslos erschossen, um sich des jungen Thiers zu bemächtigen, so muß dasselbe wie ein Kind mit der Päppelflasche erhalten werden.

Ueber die Hügel am vielbuchtigen See und vorüber an dem alten Raubthierhause mit seinen Wölfen, Hyänen und Dingos, gelangen wir zu dem prachtvollen Zellengefängniß der Antilopen. Neben den hochbeinigen, langhälsigen Giraffen finden sich in geräumigen Ställen und Gehägen die mannigfaltigen Spielarten von Antilopen, Gazellen und allen jenen flüchtigen Hörnerträgern, welche die Savannen und Steppen der heißen Zone heerdenweise überziehen: das lebensmuthige schnellste

Thier der südafrikanischen Ebenen, das wild aussehende, zwittergestaltete Gnu mit der schwarzen Mähne und den großen gekrümmten Hörnern, die flüchtigen Tigerpferde, die gestreiften Zebra's und Quagga's, die zierliche geschirrte Antiloppe mit dem weißen, auf den Leib gemalten Geschirr, die Säbelantilope mit den geschweiften Hörnern, die Hirschziegen und die Schraubenantilope — lauter edle, zierlich gebaute Geschöpfe von friedfertiger Natur, welche von den tropischen Katzenthieren und von allen Völkerstämmen gejagt und verfolgt werden.

Unter den Vertretern unsers europäischen Erdtheils finden wir in dem schattigen Hirschpark, welcher rechts vom Bärenzwinger liegt, die Hirsche und Rehe mit ihren klugen und sanften Augen; daneben das schnelle und zierliche Wild aus Venezuela, den Molucken- und Sikahirsch, den ostindischen Axishirsch und den kanadischen Wapiti.

Unter den Stellvertretern Australiens bilden die flinken Känguruhs eine kleine Heerde und vermehren sich im Garten reichlich durch Fortpflanzung.

Ein Rundgang durch die Friedrichstadt.

An jene Wanderung längs des schönen Prospects vom Schlosse bis zum Brandenburger Thore schließt sich ein Rundgang auf einem der interessantesten Wege: durch die Friedrichstadt.

Vor dem Pariser Platz wendet man sich zur linken Hand in die Wilhelmstraße. Der bis zum Wilhelmsplatze reichende Theil dieser Straße enthält mehrere Ministerien und vier prinzliche Paläste, außerdem die Wohnhäuser der höheren Aristokratie. Als eine originelle und glänzende Darstellung des Renaissancestyls zeichnet sich das Pringsheim'sche Haus aus, welches von den Architekten Ebe und Benda aufgeführt wurde.

Ueber einem mit diamantirten Quadern geschmückten Souterrain erhebt sich das Erdgeschoß in einer Frontentwickelung von sechs Rundbogenfenstern, die sich zu beiden Seiten des Haupteinganges gruppiren, von einem einfachen Eierstab umrahmt und oben mit charakteristisch erfundenen Masken geschlossen sind. Zwei colossale Rittergestalten, zu beiden Seiten des Eingangs auf Pilastern stehend, tragen den hervortretenden Erker des Obergeschosses, welches durch ein Zahnschnittgesims und consolenartige Knäufe von dem unteren Stockwerke getrennt ist. Die sechs Rundbogenfenster neben dem polygonen Erker sind von Pilastern rechtwinklig eingerahmt, welche, ebenso wie die Verzierungen in den Fensterbrüstungen, aus farbiger Terracotta ausgeführt sind.

Den Abschluß bildet ein Halbgeschoß, worin die Zwischenräume zwischen den kleinen Fenstern mit Gemälden auf Goldgrund bedeckt sind. Das Kranzgesims aus glasirter Terracotta, welches dieses Halbgeschoß krönt, ist auf rothen Consolen vorgekragt und mit gelben Palmetten auf grünem Grunde geschmückt.

Die Façadenmalerei am obersten Stockwerke, von Werner in schönster Farbenpracht auf Goldgrund ausgeführt, soll ein Bild des menschlichen Lebens in seinen charakteristischen Momenten geben. Eine lächelnde Sphinx hält zwei junge Kinder am Busen. Im nächsten Bilde erblicken wir diese Kinder im freudigen Jugendspiel. Im dritten Bilde erscheint der Jüngling im Kreise befreundeter Genossen. Einen Jägersmann im Arme der Geliebten stellt das vierte Bild vor. Im fünften treffen wir einen Baumeister bei seiner Planarbeit, im Kreise seiner Familie. Das sechste Bild führt uns in die Werkstatt des Künstlers, eines kunstreichen Goldschmiedes, und im letzten erblicken wir endlich einen gestorbenen Fürsten auf seinem Paradebette.

In dem ehemaligen Radziwill'schen Palais findet ein umfassender Umbau statt, um das Gebäude zu einer Wohnung für den Reichskanzler herzustellen und zugleich die politische Abtheilung des auswärtigen Amtes dort unterzubringen.

Der Wilhelmsplatz ist mit Gartenanlagen und mit den Statuen der Helden des siebenjährigen Krieges geschmückt: Fürst Leopold von Dessau, die Generale von Ziethen, von Keith, von Winterfeld, von Seydlitz, von Schwerin.

Die Statue Schwerins war von Adam angefangen, von Sigisbert Michel beendet, die des Generals Winterfeld von den Gebrüdern Ränz gefertigt worden. Friedrich II. berief den Bildhauer Taſſaert aus Paris und beschäftigte ihn nebst seinen acht besoldeten Gehülfen in dem Hause Alexanderstraße 71; aber erst unter seinem Nachfolger wurden die Statuen von Seydlitz und von Keith vollendet. Unter Tassaerts Gehülfen befand sich auch der damals 25jährige Schadow,

F.A. Borchel del^t. — G.M. Kurz sculp^t.

B E R L I N.

WILHELMSSTRASSE & WILHELMSPLATZ.

welcher später die Statuen vom Dessauer und von Ziethen selbstständig fertigte. Die charakteristischen Marmorbildsäulen sind in neuerer Zeit entfernt und durch erzene Standbilder im Zeitcostüm, nach Modellen von Kiß, ersetzt worden.

Zwischen Wilhelmsplatz und Mauerstraße, am Ziethenplatze, liegt der Kaiserhof, Berlins größtes Hotel, mit großen Sälen und 262 Zimmern, überaus reich ausgestattet.*)

Unter den Prachtgebäuden, welche den Wilhelmsplatz umgeben, ist das Palais des Prinzen Karl das wichtigste. Prinz Ferdinand ließ es 1737 durch de Bodt erbauen; es wurde jedoch 1828 unter Schinkels Leitung umgeschaffen und enthält jetzt im unteren Stockwerke die kostbare Waffenhalle des Prinzen.

Im südlichen Theile der Wilhelmsstraße, der Kochstraße gegenüber, befindet sich das durch eine Säulenreihe und einen Orangeriegarten von der Straße getrennte Palais des Prinzen Albrecht. Von einem französischen Emigranten, dem Baron von Vernezobre, 1738 erbaut, diente es der Prinzessin Amalie, Schwester Friedrichs II. und später dem Prinzen Friedrich Karl zur Wohnung. Die prächtige Umgestaltung führte Schinkel im Jahre 1832 aus.

Die Straße bis an das Ende verfolgend, gelangen wir auf den Belle-Alliance-Platz, dessen Hauptschmuck die Friedenssäule ist, mit Rauch's Irene, der Friedensgöttin mit dem Palmenzweig und Olivenkranz. Die Säule 18,83 Meter hoch, ist aus Granit mit weißem Marmor-Capitäl, die Irene aus Bronce, der Sockel aus schlesischem Marmor. Das Denkmal, welches am 3. August 1843 eingeweiht wurde, ist von einem mit Löwenköpfen verzierten Wasserbecken umgeben. Vier Mar-

*) Das Innere dieses Prachtbaues wurde vor kurzem durch eine Feuersbrunst völlig zerstört, wird aber bereits in der vorigen Gestalt wieder hergestellt. Es enthält 5 Stockwerke und war in moderner Renaissance nach dem Entwurfe der Architekten v. d. Hude und Hennicke ausgeführt.

morgruppen von Fischer, die Hauptmomente der Schlacht von Belle-Alliance darstellend, werden nach ihrer Vollendung auf diesem Platze ihre Stelle finden.

Durch die Lindenstraße gehend, kommen wir am Kammergericht, dem höchsten Gerichtshofe für die preußische Monarchie und an der königlichen Sternwarte vorüber. Letztere wurde auf Verwendung Alexander von Humboldt's durch Schinkel im Jahre 1835 erbaut. Unter den neueren, sehr zweckmäßig aufgestellten Instrumenten sind zwei Meridiankreise von Pistor und Martins in Berlin und der große Refractor von Fraunhofer in München namentlich bemerkenswerth.

Vom Kammergericht wenden wir uns links, den Rückweg einschlagend, in die Markgrafenstraße, die uns nach dem Gensd'armen-Markt, einem der schönsten Plätze Berlin's führt. Dieser Platz hat seit der Errichtung des Schillerdenkmals den Namen Schillerplatz erhalten, doch pflegen die Berliner ihn noch immer bei seinem alten Namen zu nennen. Gensdarmenmarkt hieß er nach den Ställen der berittenen Gensdarmen, welche Friedrich II. hierher verlegte.

In der Mitte desselben sehen wir das königliche Schauspielhaus, unter Friedrich Wilhelm III. durch Schinkel in den Jahren 1819—21 aufgeführt. Tieck modellirte die Statuen und Reliefs, welche die Außenseite schmücken, und, als seine letzten Arbeiten, die beiden Genien auf einem Panther und einem Löwen, für die vorspringenden Treppenwangen.

Eine breite Treppe führt an der Hauptseite zu dem Peristyl, welches von 6 jonischen Säulen getragen wird. Ueber dem vorderen Giebel erblickt man Apollo auf einem von Greifen gezogenen Wagen, über dem hinteren Giebel den Pegasus und auf den Akroterien und den anderen Giebeln die neun Musen; in dem Giebelfelde der Vorderfront Eros Uranios, begleitet von zwei Psychen, welche eine tragische und eine komische Maske bekränzen. Das Frontispice des Säuleneinganges zeigt die Gruppe der Niobe; der eine Seitengiebel Orpheus,

C. Würbs photogr. J. M. Kolb sculpt.

DER GENSDARMEN-MARKT IN BERLIN.

seine Gattin von Pluto erbittend, der andere den Triumphzug des Bachus und der Ariadne.

Außer dem Theater umschließt das Gebäude noch zwei Concertsäle, deren größerer äußerst prachtvoll und, nebst den Vorsälen, mit den Büsten berühmter Künstler und Dichter geschmückt ist. Die Nationalversammlung hielt hier ihre Sitzungen bis zu ihrer Auflösung am 15. November 1848.

Dieses Gebäude trat an die Stelle des schönen Schauspielhauses, welches Friedrich Wilhelm III. durch Langhans erbauen ließ. Auf dieser Bühne wurden die größten Meisterwerke deutscher Dichter von Unzelmann, Fleck, Iffland, von der Stich und Händel-Schütz vollendet dargestellt. Nachdem aber zuletzt Fouqué's Undine, von dem genialen Hoffmann componirt, 1817 in Scene gesetzt worden war, wurde das Haus durch eine große Feuersbrunst gänzlich zerstört.

Aber in wenigen Jahren erhob sich in Stelle des abgebrannten Kunsttempels ein neuer, prächtiger als der erste, in der Mitte zweier Kirchen, welche eine Hauptzierde Berlins bilden. In den Grundstein hatte man auch eine Medaille mit dem Bildnisse des verstorbenen Generaldirectors Iffland gelegt. In der Nacht vom 25. zum 26. Mai wurden alle Gehäge und Zäune weggerissen, und die Berliner staunten, als sie am Morgen das wundervolle Bauwerk vor Augen sahen. Das Innere des Hauses, mit Deckengemälden und einem Vorhange von Gropius' Meisterhand geziert, entsprach dem glänzenden Aeußeren.

Nach der Eröffnung des neuen Schauspielhauses, welche, in Anwesenheit des Königs und seiner Kinder, mit Goethe's Iphigenia in Tauris stattfand, wurde der Baumeister gerufen; — der Intendant Graf Brühl ließ ihm eine Serenade bringen.

Vor dem Schauspielhause, auf einem mit Gartenanlagen geschmückten Platze, steht das Schillerdenkmal von Reinhold Begas.

Das Standbild, in weißem Marmor ausgeführt, erhebt sich auf einem Unterbau, dessen Seitenwände Schalenbassins tragen. Der

Dichter trägt das mit dem Lorbeer geschmückte Haupt emporgerichtet; die Rechte hält den Mantel über der Brust gefaßt, die Linke eine Schriftrolle. Die vier Diagonalecken des Unterbaues werden von vier sitzenden allegorischen Figuren begrenzt: der Lyrik, Tragödie, Geschichte und Philosophie. Zwei kleine Reliefs an den Seiten stellen Schiller's Dichterweihe dar; die Musen bringen ihm die Lyra; Homer und Shakespeare begrüßen ihn.

Das Denkmal wurde am 10. November 1871 enthüllt. Nach den Musikaufführungen mehrerer Gesangvereine übergab der Künstler das Werk an die Stadt, worauf der Stadtsyndikus Duncker eine auf die Geschichte des Denkmals bezügliche Denkschrift verlas Unter Posaunenschall enthüllte Schiller's Enkel das Meisterwerk. Die Ausführung des Liedes an die Freude und des Schillermarsches von Meyerbeer beschloß die Feierlichkeit.

Das königliche Theater brachte am Abend die Wallenstein-Trilogie zur Aufführung; in sämmtlichen Theatern fanden Festvorstellungen statt; die Berliner Orts- und Arbeitervereine, sowie der Berliner Handwerkerverein veranstalteten Concerte und musikalische Fest-Aufführungen.

Zu beiden Seiten des Schauspielhauses befindet sich die sogenannte neue Kirche oder der deutsche Dom und die französische Kirche, völlig übereinstimmend gebaut. Die beiden imposanten Thürme wurden nach Gontard's Plane ausgeführt. Die erste Idee dazu soll der König Friedrich II. durch die beiden Kirchthürme auf dem Platze del Popolo in Rom erhalten haben; die Berliner Dome weichen jedoch so weit von jenen ab, daß sie als Originale gelten können.

An beiden Kirchen besteht das Thurmgebäude aus drei Theilen, von denen der untere mit Vorsprüngen und korinthischen Säulenlauben geschmückt ist. Der zweite Theil bildet den Dom selber und wird von 12 freistehenden Säulen getragen, deren Gebälk ein Geländer und eine Attika stützt. Die hölzerne mit Kupfer gedeckte Kuppel ist mit goldenen Rosetten geziert und trägt eine kolossale Figur, auf der französischen Kirche die Religion, auf der neuen Kirche die triumphirende Tugend vorstellend. Die Skulpturen in den Nischen der Säulenhallen wurden nach Rode's und Chodowiecki's Erfindung von Sartori und Föhr ausgeführt.

Der Bau der Dome wurde 1787 vollendet und zwar unter Unger's Leitung, nachdem der Thurm der neuen Kirche am Morgen des 28. Juli 1781 eingestürzt war. Die Eile, mit welcher der König das Unternehmen betrieb, mochte das Mißgeschick veranlaßt haben. Gerade als der Hornist von der Hauptwache des Regiments Gensd'armes die Reveille blies, wankte der Thurm und beugte sich, wie ein am Haupte verwundeter Riese, dem die Kraft der stützenden Glieder versagt. Erst zaudernd, dann mit zunehmender Geschwindigkeit brach der obere Theil des Bauwerkes herab — ein Ruck, und mit Donnergetöse stürzte er in die Taubenstraße hinüber. Die nach der Mohrenstraße hin gelegene Seite des Thurmes hielt sich noch eine Zeit lang erzitternd, dann lösten sich die größeren Stücke ebenfalls und stürzten mit entsetzlichem Gekrach zur Erde. Eine dicke dampfende Säule erhob sich von der Stätte des Unfalls und verbreitete sich dann, die Luft und den gerötheten Morgenhimmel verfinsternd, in unzähligen Wirbeln nach allen Seiten. Von den unteren Säulen waren einige stehen geblieben.

Die Bewohner der umliegenden Häuser waren durch den entsetzlichen Krach aus ihrem Schlafe aufgeschreckt worden. Die Thüren waren aufgesprungen, die Fensterscheiben klirrend zertrümmert, die Zimmergeräthe zum Theil umgeworfen worden. Die Fenster öffneten sich und bleiche, bestürzte Gesichter schauten hervor und gewahrten verwundert, daß ein stolzes Machwerk der Menschenhand vernichtet am Boden lag.

Der Baumeister soll geflohen sein. Der König, der sich gerade auf der Potsdamer Wachtparade befand, als er die Nachricht von dem Unglück erfuhr, fragte den Boten, ob Menschen dabei zu Schaden gekommen wären. Als dieser es verneinte, wendete er ihm den Rücken und sagte nur: „bon!“ Der Schutt wurde weggeräumt und am 22. October 1781 ein neuer Grundstein gelegt.

In den Straßen, welche an den Gensdarmen-Markt grenzen, finden wir einige historisch merkwürdige Gebäude: Markgrafenstraße 48 wohnte Spontini; in der Taubenstraße 17 wohnte Voltaire; Jägerstraße 22 ist Alexander von Humboldt's Geburtshaus; in der Behrenstraße 71 wohnte Heinrich Heine, der Dichter der humoristischen Zerrissenheit; französische Straße 20 war das Wohnhaus Rahel's, der berühmten Frau, welche vor 40 Jahren durch die Reize ihres Geistes den merkwürdigsten Geistes- und Lebensverkehr unterhielt.

Biegen wir in die Jägerstraße ein, so liegt rechts, an der Ecke der Markgrafenstraße, das Lotterie-Gebäude. Wer erinnert sich nicht an des alten Friedrich's Schöpfung? Der König hielt die Lotterie auf Staatskosten, gewährte aber dem Calsabigi 10 Procent von der Einnahme; als er jedoch binnen 2 Jahren ein Mal 20,000 Thaler dabei verlor, verlangte er, der Italiener sollte die Lotterie auf eigene Rechnung übernehmen. Viele verständige Leute betrachteten damals die Lotterie mit mißbilligendem Auge; sie besteht heute noch.

Das gegenüberliegende Eckhaus ist das Gebäude der königlichen Seehandlung, ein von Friedrich II. gegründetes Institut, welches unter der Leitung des Finanzministers steht und alle von der Staatsverwaltung ausgehenden kaufmännischen Geschäfte besorgt.

An der Oberwallstraßen-Ecke liegt die Hauptbank, die durch Friedrich II. gestiftete Leih- und Depositenbank.

Das Fürstenhaus, in der in die Jägerstraße einmündenden Kurstraße, wurde bereits in unserm geschichtlichen Abriß als Danckelmann's Wohnhaus bezeichnet; auch Prinz Eugen, der Herzog von Marlborough und Fürst Menzikoff wohnten als Gäste in diesem Hause.

Die Kurstraße mündet auf den Werder'schen Markt, wo wir zunächst rechter Hand die königliche Münze erblicken. Das Gebäude wurde 1794 nach Schadow's und Gilly's Plänen in dorischem Style aufgeführt und mit dem älteren Münzgebäude in der Unterwasserstraße in Verbindung gesetzt. Das Basrelief aus bronzirtem Sandstein, zum Theil nach Schadow's Angabe, welches sich um das Gebäude herum zog, ist abgenommen worden und ziert jetzt, durch Siemering ergänzt, das zur Münze gehörige neue Gebäude in der Unterwasserstraße Nr. 2.

In den Räumen des ersten Stockwerkes der alten Münze befindet sich jetzt das mikroskopische Aquarium, ein Institut, welches der höchsten Beachtung werth ist und unter der vortrefflichen Leitung des Dr. Zenker steht. Es enthält 40 Mikroskope, in welchen die Objecte in einer linearen Vergrößerung von 30—400 gezeigt werden. Die kleine Welt erscheint hier in ihren mannigfaltigen und ergötzlichen Gestaltungen, in der schärfsten Wiedergabe und zugleich den besten Total-Ueberblick gewährend.

Links am Werder'schen Markt prangt Gerson's Bazar, ein großartiges, geschmackvoll eingerichtetes Manufakturwaaren-Geschäft.

Welche Fülle von Pracht für den bevorzugten Sterblichen, der mit Sinn für die Genüsse des Lebens und mit reichlicher Rente gesegnet ist! Welche Fülle von Annehmlichkeit und Schönheit in diesem Plunderswei-lern der Geldaristokratie!

In diesem dreistöckigen, mit Glas gedeckten Magazine, in diesen mit Seide und Teppichen drapirten Räumen, in diesem Gebiete der Mode, Narrheit und Schönheit drängen sich Frauen und Jungfrauen, ihre goldenen Träume zu verwirklichen, dem neugeborenen Lenze Layettes aus Tüll und Spitzen zu kaufen oder ihre eigenen Frühlingsgeheimnisse mit Seide, Kaschmir und Jacona's zu verschleiern. Hinter die schlanken eisernen Pfeiler gedrängt, stehen die unglücklichen Liebhaber und Ehemänner, die sich im Schlachtgewühl nicht unbehaglicher fühlen würden, als unter diesen weichen und strahlenden Tartans und Pondichery's.

Schönheit und Narrheit, als äußerste Pole, begrenzen dieses Gebiet der Mode, welche alle Artikel des Wohllebens, der Behaglichkeit, Verfeinerung und Verweichlichung, zur Verschönerung und Entstellung des Körpers, zur diätetischen Pflege wie zur Zerrüttung der Gesundheit enthält.

Die Werder'sche Kirche, welche der Kurstraße gerade gegenüber liegt, wurde 1821 bis 1830 in mittelalterlichem Style nach Schinkel's Plan ausgeführt. Die Frontseite hat an jeder Seite einen abgeplatteten Thurm und zwischen beiden den Haupteingang, der aus zwei, durch schlanke Säulen getrennten Thüren besteht und mit Engelsfiguren von Tieck geziert ist. Zwischen den Spitzbögen, welche die Thüren oben schließen, steht die Statue des Erzengels Michael, die Schlange besiegend.

In der Nähe, an der Ecke der Oberwall- und französischen Straße, ist die Central-Telegraphen Station, ein stattliches Gebäude aus farbigen Ziegeln, welches 1861—62 aufgeführt wurde.

Es lohnt sich wohl, nach einer Anfrage bei der Inspection, die großartigen inneren Einrichtungen zu besichtigen.

Welch ein Fortschritt seit jener Zeit, wo der Telegraph seine großen Fühlhörner langsam in der Luft bewegte, gleich jener Reclame, welche bestimmt ist, die Habsüchtigen und Ehrgeizigen durch trügerische Versprechungen anzulocken! Welche Reihe von Entdeckungen und Erfindungen mußte stattfinden, seit Thales das Elektron entdeckte bis Oerstedt die Wirkung der Volta'schen Säule auf die Magnetnadel wahrnahm und Ampère den elektrischen Telegraphen erfand!

In dem großen Apparatsaal finden wir an zwei langen Tischen nahe an 100 Personen mit Depeschiren beschäftigt. Ein Hugher'scher Drucktelegraph liefert, mit größerer Geschwindigkeit als die übrigen Maschinen, die fertige Schrift mit lateinischen Buchstaben gedruckt. Vierrädrige kleine Wagen werden, mit Depeschen versehen, durch eine pneumatische Röhre nach dem Börsengebäude abgeschickt.

Gez. v. C. Würbs   Stahlst. v. F. Hablitscheck

DIE BAUSCHULE IN BERLIN

Diese augenblickliche Communication zwischen den entferntesten Punkten des Erdballs ist wohl im Stande, uns zu interessanten politischen, commerciellen, sogar astronomischen Betrachtungen anzuregen. Vorwiegend aber wird die Bewunderung bleiben, wie die menschliche Geisteskraft mit Hülfe der Wissenschaft und Industrie zu Erfolgen gelangte, welche die ausschweifendste Einbildungskraft nicht zu träumen gewagt hätte.

Rechts vom Werder'schen Markte befindet sich die königliche Bau-Akademie, 1835 nach Schinkel's Plan erbaut. Auf einer quadratischen Grundfläche erheben sich vier gleiche Façaden. Das Gebäude hat vier Stockwerke, jedes von acht Fenstern Front und mit Ornamenten geschmückt, welche die Entwickelungsgeschichte der Baukunst darstellen. Das Ganze ist aus Backsteinen, in ihrer natürlichen Farbe, aufgeführt. Im untersten Stockwerke befinden sich die Zimmer für Modelle und Geräthe und zwölf Kaufläden; im zweiten die Lehr- und Zeichensäle und die Bibliothek, im dritten die Bureaux und die Wohnung des Directors.

Diese Lehranstalt hat den Zweck, Privatbaumeister und Baubeamte für den preußischen Staat auszubilden. Schinkel, welchem Berlin so viele prächtige und geschmackvolle Bauten verdankt, hat durch dieses Institut seinen Geist und seinen Geschmack unvergänglich gemacht.

In neuester Zeit hat ein Umbau der Bau-Akademie stattgefunden. Es wurde ein prachtvoller Saal mit Oberlicht hergestellt. Der größte Theil der im Parterre befindlichen Läden wird in Abtheilungszimmer verwandelt, die im zweiten Stock gelegenen Hörsäle werden renovirt und die Sammlungen anderweitig untergebracht.

Das im dritten Stock befindliche Beuth-Schinkel-Museum enthält den künstlerischen Nachlaß des berühmten Baumeisters und die Sammlungen des um die Gewerbethätigkeit verdienten Geheimraths Beuth.

Auf dem anmuthigen Rasenplatze vor dem Gebäude stehen vier Erzdenkmäler.

Das in der Mitte stehende ist die Statue des Gründers der Bauschule, Schinkel's, des um die Bildhauerei, Malerkunst, namentlich um die Baukunst hoch verdienten Mannes. Das Denkmal wurde von Drake modellirt und 1869 aufgestellt. Ihm zur einen Seite steht das Denkmal des berühmten Landwirthes Thaer, das letzte Werk Rauch's, unter Mitwirkung von Hugo Hagen gefertigt und im Jahre 1860 enthüllt; zur andern Seite Beuth, der berühmte Förderer der Industrie und Gründer der Berliner Gewerbe-Akademie, von Kiß gefertigt und 1861 enthüllt. Die Reliefs, welche sich auf die Hebung der Künste und Gewerbe beziehen, sind von Drake.

Von der Bauschule aus gelangen wir über die Schleusenbrücke wieder nach dem kaiserlichen Schloß und beschließen damit unsern Rundgang.

*Johannes Rabe del.*t *J. M. Kolb sculp.*t

DIE St PETRI-KIRCHE IN BERLIN.

Drei Haupt-Touren.

Unsere geneigten Leser werden begreifen, daß sich die Orientirung in dieser Weltstadt nicht, wie in kleineren Hauptstädten, mit einem Rundgange erwerben läßt, sondern daß mehrere Wanderungen durch die ausgedehnte Stadt nothwendig sind. Wir wählen, außer jenem bereits zurückgelegten Wege vom Schlosse längs der Lindenpromenade durch die Friedrichstadt, noch drei Hauptwege, zunächst den, welcher von den Linden beim Brandenburger Thor rechts durch die Neue Wilhelmstraße führt.

Rechter Hand von diesem Hauptwege führt die Dorotheenstraße, an der Freimaurer-Loge Royal York vorüber, nach der Dorotheenkirche, von der Kurfürstin Dorothea 1678 gegründet, von Keil erbaut, 1863 aber nach einem Plane von Otto völlig umgebaut. Unter den sehenswerthen Denkmälern, welche das Innere umschließt, ist das Grabdenkmal des Staatskanzlers Hardenberg, eine Urne, welche die Ruhestätte des englischen Gesandten Mitchell bezeichnet, namentlich aber das Denkmal des Grafen von der Mark, eines Sohnes Friedrich Wilhelms II. und der Gräfin Lichtenau. Der Knabe fand in seinem neunten Jahre einen räthselhaft schnellen Tod und der tief erschütterte König ließ dem Lieblinge jenes bewundernswerthe Grabmal errichten.

Der Knabe, in kolossaler Größe, mit kurzer Tunica bekleidet und die Füße in Sandalen geschnürt, liegt schlummernd auf einem Sarkophage; seinem Haupte ist der Helm entfallen und seiner Rechten das Schwert entsunken.

Die Idee zu diesem Grabdenkmal rührt von dem Gallerie-Inspector Puhlmann her und die Ausführung wurde Tassaert übertragen. Letzterer hatte das Modell bereits in Thon ausgeführt, als er starb. Die Ausführung wurde darauf dem Bildhauer Schadow übertragen.

Als die Gräfin Lichtenau das Monument besah, legte sie ihren Mund auf den Mund des Knaben im steinernen Schlafe und, sich fest saugend, theilte sie dem Marmormunde den Abdruck der Lebenswärme mit, daß ihr däuchte, sie küsse den Geliebten wirklich, wie in jenen Tagen, wo sie sich über sein Bett geneigt und den Schlummernden mit Liebkosungen gesegnet hatte.

In der Dorotheenstraße Nr. 7 wohnte Schiller bei seinem letzten Besuche in Berlin.

In der Dorotheenstraße 26 befindet sich die Maison d'Orange, ein Hospiz für französische Emigranten aus der Stadt Orange im südlichen Frankreich. Friedrich I. von Preußen, der auf die Erbschaft des Fürstenthums Orange Verzicht geleistet hatte, öffnete den Bürgern desselben im Jahre 1704 eine Freistätte in Brandenburg und wendete sich auch an die Königin Anna von England um eine Unterstützung der Refugiés. Die Königin ließ bald darauf eine beträchtliche Summe durch den englischen Gesandten in Berlin überreichen und Letzterer bewog den König, das Hospiz in der Dorotheenstraße zu gründen. Dies geschah am 16. Juli 1705. Im Jahre 1792 wurde das baufällige Haus niedergerissen und durch ein stattliches Gebäude ersetzt.

Weiter nordwärts, rechts von der Luisenstraße, liegt die neue großartig angelegte Markthalle, in Rohbau mit Eisen- und Glas-Construction 1867 aufgeführt. Sie wurde später von Dr. Strousberg gemiethet, ist aber ganz unbenutzt geblieben. An der Ecke der neuen Wilhelm- und der Dorotheenstraße erhebt sich bereits im Rohbau das großartig angelegte Institut für Physik und Physiologie.

In der Luisenstraße befindet sich die 1840 von Hesse aufgeführte **Thierarznei-Schule** und im Park derselben

das **Anatomie-Gebäude**. Dasselbe wurde 1864 nach einem Entwurfe von Albert Cremer gebaut. Die Hauptfaçade ist in reicher Gruppirung in Rohbau ausgeführt. Der Mittelbau des Hauptgebäudes ist durch zwei Skudellen aus gebranntem Thon geschmückt, welche die Köpfe berühmter Anatomen in Medaillons zeigen. Außer dem Hauptgebäude sind noch zwei vorspringende Flügel, an deren hinteren Enden sich die Treppenthürme befinden. Das Erdgeschoß des Mittelbaues enthält das Vestibulum, die Garderobe und einen mit einem Sterngewölbe überdeckten Präparirsaal; das erste Stockwerk: das große Auditorium mit kassetirter Holzdecke. Im Erdgeschoß des Hauptgebäudes befinden sich rechts die Zimmer für Examina und für die akademischen Arbeiten der Cursisten, im ersten Stock das chemische und physikalische Cabinet und der Raum für die Präparate. Die linke Seite des Erdgeschosses im Hauptgebäude enthält einen zweiten Präparirsaal, dessen Kreuzgewölbe durch 10 eiserne Säulen getragen werden. In den übrigen Räumlichkeiten liegen die Zimmer für die mikroskopischen Arbeiten, für Vorlesungen und Operationen und die Zimmer der Prosektoren. Die Kellerwände enthalten die Leichen- und Eiskeller, die anatomische Küche und die Waschküche, eine Heiz- und Utensilienkammer.

Auf Reinlichkeit und durchgreifende Ventilirung ist ganz besondere Rücksicht genommen. Alle Räume haben gewölbte Decken, Oelfarbenanstrich, asphaltirte Fußböden und das erforderliche Gefälle für die Wasserleitung, welche das ganze Gebäude durchzieht. In den Mauern befinden sich glasirte Thonröhren mit Gasabzugsbrennern, wodurch die verdorbene Luft abgeführt wird. Der Transport der Leichen aus den Kellern in die Präparirsäle wird durch eine hydraulische Hebemaschine vermittelt.

Wenden wir uns vom Ausgange der Luisenstraße, dem ehemaligen neuen Thore, zur linken Hand, so führt uns der Weg an der Ulanen-kaserne, dem Zellengefängniß und dem Invalidenhause vorüber, nach Moabit.

Das Zellengefängniß, vom Baurath Busse ausgeführt, ist eine Strafanstalt für männliche Verbrecher, nach dem pennsylvanischen System eingerichtet. Das Institut, welches für 500 Sträflinge bestimmt ist, besteht aus 4 Flügeln, die sich an eine kuppelbedeckte Centralhalle strahlenartig anschließen und drei Geschosse mit Isolirzellen enthalten. Im Hofe werden die zum Tode verurtheilten Verbrecher hingerichtet.

Das Invalidenhaus, zur Wohnung für die verstümmelten und gealterten Krieger bestimmt, wurde 1748 von Friedrich II. für die Invaliden aus dem schlesischen Kriege erbauet. Es ist ein weitläufiges zweistöckiges Gebäude mit 2 Flügeln und einem Vorhofe; an jeder Ecke befindet sich eine Kirche, die eine für die Protestanten, die andere für die Katholiken bestimmt.

Der Invalidenpark enthält zwei Denkmäler. Das National-Krieger-Denkmal, zum Gedächtniß der in den Kämpfen von 1848 und 1849 gefallenen preußischen Soldaten, ist von Brunckow entworfen und wurde am 18. October 1854 eingeweiht, — eine sehr schöne eiserne Säule mit kannelirtem Schaft in korinthischem Styl. Das andere, das Amazonen-Denkmal, ein Obelisk aus schlesischem Marmor, wurde 1861 zum Gedächtniß der mit der preußischen Corvette Amazone untergegangenen Mannschaften errichtet.

Moabit ist der äußerste Stadttheil Berlins auf dem rechten Spreeufer, auf dem Boden der ehemaligen Jungfernhaide, die ihren Namen von dem Benediktinerinnen-Kloster zu Spandau erhielt, welchem sie zugehörte. Es war ein unfruchtbarer Strich Landes, den Friedrich I. den französischen Flüchtlingeu als Colonie zuwies. Diese nannten ihn, seiner Unfruchtbarkeit wegen, la terre de Moab; aber es gelang ihrem eisernen Fleiße, den Boden urbar zu machen. Unter

Johannes Rabe del.t G. M. Kurz sculp.t

DENKMAL IM INVALIDENPARK.
(BEI BERLIN)

J. Rabe delt. J. M. Kolb sculpt.

DAS BORSIG'SCHE ETABLISSEMENT.

ZU MOABIT

Friedrich Wilhelm I. wurden Maulbeerplantagen und Seidenzuchtanstalten angelegt und unter Friedrich II. war das Moabiterland bereits so anlockend, daß reiche Privatpersonen dort Landhäuser bauen ließen und die höheren Stände es zu ihrem Vergnügungsorte wählten.

Allmälig nahm der Charakter dieses Vergnügungsortes einen volksmäßigeren Ton an. Moabit wurde ein Anziehungspunkt, ein ständiger Belustigungsort des Volks, namentlich der dienenden Klasse. „Das Köchinnen-Vergnügen in Moabit“ wurde sprüchwörtlich und man dachte dabei an die geputzten Köchinnen und ihre Liebhaber, die Grenadiere, welche sich dort des Sonntags zu erlustigen pflegten. Wenngleich Trunk und Prügelei sich auch hier eindrängten, so herrschte doch im Allgemeinen ein harmloser Geist, der noch veredelt wurde, als der Berliner Handwerkerverein an Sommersonntagen die grünen Auen, welche die französischen Gärtner vormals mit großer Mühe geschaffen, zu seiner Erholungsstätte wählte.

In der Mitte dieses Jahrhunderts siedelte die Industrie nach Moabit über. Durch Borsig's Eisenwerke und die Schumann'sche Porzellan-Fabrik ist Moabit die gewerbliche Vorstadt Berlins geworden. Die Besucher des Ortes werden namentlich durch die Borsig'schen Gärten angezogen. Die Communalbehörde hat jetzt in der Nähe ein umfangreiches Baracken-Lazareth angelegt, mit Wirthschaftsgebäuden und 29 Baracken, welche 900 Kranke aufnehmen können.*) Die dazu gehörigen Gartenanlagen auf dem ehemals öden Platze gewähren einen erfreulichen Anblick und gereichen der Gegend zur Zierde. In neuester Zeit wurde die ganze Umgebung durch den Hamburger- und Lehrte-Bahnhof, den Humboldtshafen und die prachtvolle Alsen-Brücke zu einem der interessantesten Stadttheile, welche mit der neuen großartigen Entwicklung der Metropole entstanden sind.

Den Rückweg nehmen wir durch die Invaliden- und Chaussee-

*) Es ist jetzt beinahe eine Krankenstadt, 40 Gebäude umfassend.

straße und gelangen in die Friedrichstraße, eine prächtige, überaus belebte Straße, welche, die ganze Stadt von Norden nach Süden in gerader Richtung durchziehend, einen Hauptnerv des regen Verkehrs bildet. Bevor wir diesen Hauptweg weiter verfolgen, können wir einen Abstecher linker Hand in die Oranienburgerstraße machen, um die prachtvolle neue Haupt-Synagoge in Augenschein zu nehmen. Wir kommen an dem Hause Nr. 67 vorüber, welches eine Votivtafel als die letzte Wohnstätte des größten Gelehrten der Neuzeit, Alexander von Humboldt's, bezeichnet.

Die neue Synagoge, ein äußerst prachtvolles Gebäude in edlem maurisch byzantinischen Styl, wurde nach Knoblauch's Plänen unter Leitung des Bauraths Stüler in den Jahren 1859—1867 aufgeführt. Dieser Tempel ist eine der ersten Zierden Berlins und giebt zugleich Zeugniß von der Bildung der Berliner Judenschaft.

Ueber dem Ganzen thront eine vergoldete Hauptkuppel von 160 Fuß Höhe; daneben erheben sich zwei kleinere vergoldete Kuppeln, unter welchen sich ein reich verziertes Gesims ausdehnt. Die ganze Façade erscheint in reinen Formen, die Verzierungen in geschmackvoller Anordnung und, trotz der erstaunlichsten Mannigfaltigkeit in Form und Farbe, ohne jede Ueberladung. Höchst originell ist im Gesims die Verwendung von gelben Verblendsteinen mit braunen Streifen. Bogen und Kuppeln sind aus Nebrasandstein, der untere Theil der Façade aus schlesischem Granit, die Thüreinfassungen und Portalsäulen aus polirtem märkischem Granit. Drei prächtige Bronzethüren führen in das Innere.

Eine kleinere Synagoge und eine Rotunde mit einem Springbrunnen für die religiösen Waschungen scheidet den Haupttempel von dem störenden Lärm der Straße. Derselbe hat eine Länge von 145 Fuß, eine Breite von 102 Fuß und eine Höhe von 85 Fuß und umfaßt 3000 Sitzplätze. An den Längsseiten erheben sich zwei Reihen eiserner Säulen, worauf die kuppelartigen Decken und die Emporgewölbe ruhen.

L. Rohbock Photogr: Sculp: J. Kolb.

BERLIN.

DER ISRAELITISCHE CULTUSTEMPEL. LA SYNAGOGUE.

Die in den Kuppeln und an den Seiten befindlichen Fenster sind mit prachtvollen Glasmalereien versehen. Die heilige Lade, zu welcher eine Marmortreppe führt, steht unter einem von 12 weißen Marmorsäulen getragenen Tabernakel. Ein magisches gedämpftes Licht wird abends dadurch erzielt, daß die Gasflammen zwischen den bunten Doppelfenstern angebracht sind; zugleich wird hierdurch die Erhitzung des Luftraums vermieden und eine genügende Ventilation bewirkt.

Ueber die Ebertsbrücke an der Artillerie-Kaserne vorübergehend, erreichen wir bei der Weidendammerbrücke wieder die Friedrichstraße.

In der Friedrichstraße 147 befindet sich der neue Stadtpark, ein von dem industriellen Magus Hermann Geber erschaffener Armida-Garten mit sprudelnden Brunnen und Blumenbeeten, welcher des Abends in einem Lichtmeer von 75,000 Glasflammen strahlt.

Wir folgen nun der Friedrichstraße, die Lindenpromenade kreuzend, bis zur Leipzigerstraße.

Der zur rechten Hand gelegene Theil der Leipzigerstraße, welcher nach dem ehemaligen Potsdamer Thore und dem uns bereits bekannten Thiergarten führt, ist der glänzendste Theil der Friedrichstadt, reich an schönen Privathäusern und prachtvollen Verkaufsläden. Hier befinden sich auch die Sitzungsgebäude für das Herrenhaus und für den deutschen Reichstag, welches Letztere neben dem stattlichen Palast des Kriegsministeriums auch nach dem letzten Reparaturbau nicht sehr imposant erscheint, allerdings auch nur provisorisch ist. Im ersten Stock des Vordergebäudes befinden sich die Bibliothek und die Lesezimmer; im zweiten Stock 6 luxuriös ausgestattete Säle für die Abtheilungen. Der nicht massive Theil des Gebäudes enthält den Sitzungssaal mit Foyer, den Saal des Bundesrathes und das Zimmer für den Reichskanzler.

Eine wahrhaft prächtige architektonische Zierde der Kaiserstadt ist aber

das Reichspostamtsgebäude, welches 1871 vom Regierungsbaurath Schwatlo begonnen wurde und jetzt vollendet ist. Es ist das Gebäude für die Oberleitung der gesammten Reichspostangelegenheiten und enthält alle dazu gehörigen Lokale und Bureaux — eine neue Welt der Verwaltung, welche erst mit der Neugestaltung Deutschlands geschaffen wurde.

Der ganze Bau besteht aus einem Vorderhause und zwei durch Flügelbauten mit ihm zusammenhangenden Quergebäuden. Das Hauptgebäude enthält drei Stockwerke, mit je 9 Fenstern in der Fronte. Die zurücktretende Portalwand in der Mitte bildet eine Vorhalle. Zwei kolossale Säulen aus dunkelgrünem Syenit stützen die oberen Geschosse. Zu Seiten des Eingang stehen auf hervortretenden Pfeilern Bronzeadler, welche die Laternen zur abendlichen Beleuchtung tragen. Die Wände der Vorhalle sind geziert mit dem Relief einer schreibenden weiblichen Figur und mit den Medaillonreliefs des Kurfürsten Friedrich Wilhelm I. und des jetzigen Kaisers, der Begründer der preußischen und der Reichspost. Das zweite Stockwerk ist, den Säulen und Fenstereinfassungen nach, in jonischem, das oberste Stockwerk in korinthischem Styl gehalten. Darüber tritt ein Gesims hervor, welches mit den farnesinischen Löwenköpfen geschmückt und von einer Attika gekrönt ist. Die Eckpostamente der Letzteren tragen vier mythologische und allegorische Figuren aus Sandstein.

Die ganze Façade ruht auf Granitgrundlage und ist aus prächtigem verschiedenfarbigem Sandstein ausgeführt.

Die Haupttreppe im Innern ist aus schwarzem punktirten Marmor gefertigt und mit vergoldetem Geländer versehen. Alle Flurfußböden sind mit gemusterten Fliesen bedeckt. Der große Sitzungssaal wird an den Schmalwänden mit den Büsten preußischer Regenten und Prinzen, in den Nischen mit den Büsten von Männern, die sich um das Postwesen verdient gemacht haben, geziert. Ein Fries unter der Decke, von Schütze gemalt, stellt in symbolischen Compositionen die geschichtliche Entwicklung des Postwesens dar.

Die Leipzigerstraße führt zur rechten Hand weiter nach dem mit Gartenanlagen geschmückten Leipziger Platz, in dessen Mitte das erzene Standbild des Grafen von Brandenburg steht.

Links vom Potsdamer Thore hatte sich Quanz, der Kammermusiker Friedrichs II., sein Daheim gegründet. Neben dem Garten seines Wohnhauses dehnte sich ein Hopfengarten aus. Dies war bis Ende des vorigen Jahrhunderts die einzige Bebauung der heutigen Königsgrätzer Straße, welche erst mit dem Entstehen der Potsdamer und Anhalter Eisenbahn aus ihrer Abgeschiedenheit in das großartige Treiben der Weltstadt hineingezogen wurde.

In dieser Straße, Nr. 120, befindet sich das deutsche Gewerbe-Museum, eine Sammlung kunstgewerblicher Arbeiten aller Zeiten und Länder, mit welcher zugleich eine Unterrichtsanstalt und eine Bibliothek verbunden sind. Die Anstalt, welche in nächster Zeit einen Theil der projectirten Gewerbe-Akademie ausmachen wird, ist durch die Aufnahme der Minutoli- und Hahnemann'schen Sammlung und durch die von der Staatsregierung auf der Wiener Weltausstellung gemachten Einkäufe wesentlich bereichert worden und enthält bereits eine Sammlung von 11,670 Stücken im Werthe von 372,000 Thalern. Die kostbarste Bereicherung erhielt die Sammlung durch das für 220,000 Thaler angekaufte Rathssilberzeug von Lüneburg, Kunstwerke ersten Ranges aus dem 15. und 16. Jahrhundert, meistens aus Tafelgeräth bestehend, welche dem heimischen Kunstgewerbe als Vorbilder dienen können und eine hervorragende kulturgeschichtliche Bedeutung haben.*)

In derselben Straße befindet sich auch das Lettehaus, ein bisher einzig dastehendes Institut für die Erwerbsfähigkeit des weiblichen

---

*) Neuerdings sind 6000 Gegenstände aus dem Kunstgewerbe, bisher in der königlichen Kunstkammer, in das Gewerbe-Museum übertragen worden. Der Bau der Akademie zwischen der Königsgrätzer und einer projectirten neuen Straße ist bereits begonnen.

Geschlechts, in welchem die Frauen gewissermaßen durch Arbeit, Bildung und Sittlichkeit emancipirt werden sollen. Aeußerlich zeichnet sich das Haus durch eine Büste aus, welche über dem Eingange angebracht ist: es ist die des Präsidenten Lette, des humanen Gründers der Anstalt. Die im Erdgeschosse gelegene Restauration liefert einen guten billigen Mittagstisch für die Pensionärinnen des Victoriastiftes, aber auch für andere Frauen gebildeter Stände. Im ersten Stockwerke befindet sich neben einem telegraphischen und typographischen Institut eine Handels- und Gewerbeschule, worin jährlich 100 Schülerinnen in den verschiedensten kaufmännischen und gewerblichen Fächern ausgebildet werden. Das in der dritten und vierten Etage befindliche Victoriastift, eine Schöpfung der Frau Kronprinzessin, bietet Erzieherinnen oder solchen Damen, welche sich behufs ihrer Ausbildung in Berlin aufhalten, für einen mäßigen Preis ein sicheres Asyl und eine gute Verpflegung.

Wir wenden uns jedoch von der Friedrichstraße aus zu linker Hand und erreichen den Dönhofsplatz, an welchem sich das Haus der Abgeordneten, der ehemaligen, am 5. Dezember 1848 zuerst einberufenen zweiten Kammer befindet. Dem Hause gegenüber, auf dem Platze, steht das Denkmal, welches dem Freiherrn von Stein errichtet und am 26. October 1875 enthüllt wurde.*)

Höchst sehenswerth sind die neuen Reichshallen am Dönhofsplatz, das Werk des Baumeisters Wesenberg, ein großes Restaurationslokal im unteren und einen prächtigen Concertsaal im oberen Stockwerk enthaltend.

Die Hauptbauten befinden sich im glasüberdeckten Hofraum, zu welchem ein in reichem Renaissançestyl ausgestatteter Eingang leitet.

---

*) Das Denkmal ist ein Werk des verstorbenen Schievelbein. Stein, der Schöpfer eines freien Bürger- und Bauernstandes, ist stehend, im Ueberrock dargestellt, die Rechte segenwirkend ausstreckend.

L. Rohbock del.ᵗ J. Ubmach sculpt.

DAS DEUTSCHE REICHSTAGSGEBÄUDE IN BERLIN.

Ein Spitzbogeneingang führt in das Restaurationslokal, einen großen hallenartigen Raum, der durch Pfeiler und Spitzbogen in gothisch gewölbte Quadrate getheilt wird. Die mangelhafte Tagesbeleuchtung wird durch 27 gothische Kronleuchter, welche in den Mittelpunkten der Kreuzgewölbe angebracht sind, ergänzt. Der Raum erscheint einfach aber imposant, monumental; dem angemessen ist die einfache Malerei der Flächen und die ganze dekorative Ausstattung gehalten.

Dagegen zeigt sich der Concertsaal, zu welchem eine elegante breite Marmortreppe hinauf führt, im heitersten und prächtigsten Renaissançestyl. Derselbe zerfällt in ein großes flach gedecktes Mittelschiff und zwei mit Kreuzgewölben überdeckte Seitenschiffe, welche Theile durch massive Pfeiler und zwischengespannte Rundbogen getrennt sind. Die Seitenschiffe enthalten offene Logen. Das Orchesterpodium im Mittelschiff wird durch eine mächtige Orgel abgeschlossen. Vier Oeffnungen in der Decke des Mittelschiffes geben dem großartigen Raume das Oberlicht. Des Abends ergießen 1000 Glasflammen ein strahlendes Lichtmeer. Die architektonischen Verhältnisse erscheinen außerordentlich klar, stolz und, trotz ihrer Großartigkeit und Pracht, leicht und heiter. Mit ihnen steht die künstlerische Dekoration in völliger Uebereinstimmung.

Die plastische Ausschmückung, von den Gebrüdern Dankberg, erscheint in aller Fülle und Pracht und dabei in den reinsten Formen. Die Decke des Mittelschiffs wird durch geometrische Figuren gegliedert. An der Vorderseite der nach dem Mittelraum gewendeten Pfeiler stehen zwölf kolossale Statuen großer Musiker.

Die figürlichen Gemälde, nach den Entwürfen des Historienmalers Scheller ausgeführt, sind leicht und anmuthig, wahrhaft künstlerisch componirt und vom schönsten Colorit. Auf einem warmen Grundton von mattem Hellgelb sondern sich die meergrünen, in Silberbronze ornirten Felder, welche durch reich vergoldete Blättergruppen und Perlstäbe gegliedert sind. Ein breiter Goldfries umrahmt die Gewölbefelder. Ueber den Gebälken erblickt man halbrunde Oelgemälde, welche die verschiedenen Arten der Musik symbolisiren.

Durch diesen Saal, welcher bei aller Pracht nicht ungünstig für die idealen Genüsse stimmt, und — wie sich bei den stattgehabten Concerten erwiesen hat — allen akustischen Anforderungen entspricht, hat die deutsche Kaiserresidenz einen Musiksaal erhalten, welcher den luxuriösen wie den künstlerischen Ansprüchen unserer Zeit in gleichem Maße entspricht.

Vom Dönhofsplatz wendet sich unser Weg über den Spittelmarkt durch die Gertraudtenstraße bis zur

Petrikirche. Diese war das erste Gotteshaus in Köln, wie die Nikolaikirche in Berlin. Im Jahre 1730 wurde sie durch einen Wetterstrahl entzündet, den unvollendet gebliebenen Neubau legte 1809 ein furchtbarer Brand in Trümmer. Der jetzige Bau, aus den Mitteln der Gemeinde hervorgegangen, ist nach den Rissen von Strack unter Dieckhoff's Leitung ausgeführt und 1853 vollendet worden.

An der Ecke der Gertraudtenstraße und des Kölnischen Fischmarktes befindet sich das kölnische Gymnasium, das älteste in der Residenz. Das Haus am kölnischen Fischmarkt Nr. 4 gehörte 1683 dem Feldmarschall Derfflinger. In der nahe gelegenen Fischerstraße Nr. 26, dem jetzigen Gasthofe zum weißen Roß, war die Wohnung des Hans Kolhase, der mit dem Kurfürsten von Sachsen und mit dem brandenburgischen Kurfürsten Joachim in Fehde stand, im März 1540 aber in Berlin gefangen und zur Strafe des Rades verurtheilt wurde. Er starb wie ein Mann, der sein Leben daran gesetzt hatte, sein Recht, dessen er sich bewußt war, mit trotziger Kraft geltend zu machen.

Der Mühlendamm, die Verbindung der beiden ältesten Stadttheile, würde uns nach dem Molkenmarkte, dem Hauptplatz des alten Berlin leiten; wir wählen jedoch den Weg durch die Brüderstraße, der uns zum Schloßplatze und dem kaiserlichen Schlosse zurückführt.

In dem Hause Brüderstraße Nr. 33 wohnte der in Berlin's Geschichte unvergeßliche Baumeister Schlüter.

Zu den historisch merkwürdigen Gebäuden gehört das Haus Nr. 10 in der Brüderstraße, welches lange Zeit als Galgenhaus in Verruf stand. Im Jahre 1736, in jener naiven Zeit, als noch die Fürsten ihre Gesetze allein machten, hatte der biderbe König Friedrich Wilhelm I. ein Edikt erlassen, wonach jeder Hausdieb binnen 8 Tagen gehängt, wenn er aber Waffen bei sich geführt, gerädert werden sollte. Bald darauf erweckte ein Dienstmädchen des Ministers von Happe in jenem Hause den Verdacht, einen silbernen Löffel gestohlen zu haben, und fiel, obgleich sie ihre Unschuld betheuerte, jenem strengen Edikt und einer übereilten Justiz zum Opfer. Der Herr Minister ließ vor seinem Hause einen Galgen errichten und der Spruch des Criminal-Collegiums wurde vollzogen. Als man nach längerer Zeit in demselben Hause eine Ziege schlachtete, fand man im Magen derselben den vermißten Löffel. Beim Volke erregte der Justizmord, welcher damit offenkundig wurde, so großen Abscheu, daß sich kein Käufer fand, als der Minister das Haus verkaufen wollte.

Die jetzige Maurer'sche Weinhandlung in der Brüderstraße, noch heute einen alterthümlichen Keller enthaltend, gehörte in der Mitte des vorigen Jahrhunderts dem Weinhändler Wille und war ein Versammlungsort für Lessing und seine Freunde. Ramler nannte den Keller die „Baumannshöhle", weil der Kiefer Baumann hieß.

Auf dem Schloßplatze, Stechbahn 3, wohnte im Jahre 1800 Jean Paul. Letzteres Haus ist mit dem größeren Theil der ehemaligen Stechbahn niedergerissen und an der Stelle ein schönes Gebäude aus Sandstein aufgeführt worden, welches nach den Füllungen von rothen Backsteinen das rothe Schloß genannt wird.

Ein zweiter Hauptweg führt vom kaiserlichen Schlosse durch die

Breitestraße, an dem kaiserlichen Marstall und dem Kölnischen Rathhause vorüber, durch die Roßstraße, neue Jakob- und Köpnickerstraße. Wir befinden uns hier in der Luisenstadt, von welcher ein Theil, das frühere Köpnickerfeld, erst in neuerer Zeit bebaut ist und deren älterer Theil sich um die Luisenkirche gruppirt.

Seit etwa 15 Jahren ist dort die Prinzenstraße entstanden, eine der längsten und schönsten Straßen des neuen Berlin, aus hohen vierstöckigen Häusern bestehend. Wo früher Trockenplätze und sumpfige Holzplätze lagen, erhebt sich jetzt in der Nähe der Dresdenerstraße die neue städtische Turnhalle, ein großartiges Gebäude in gelbem Rohziegelbau, nach dem Plane des Stadtbaurathes Gerstenberg aufgeführt. Die stattliche Front von 260 Fuß Länge ist der Straße zugewandt. Beinahe das ganze Mittelgebäude wird von einem großen Saale eingenommen, welcher 150 Fuß lang, 70 Fuß breit und bis an die eisernen Träger, welche das Dach stützen, 40 Fuß hoch ist. Rings an den Wänden herum, 15 Fuß über dem Boden, laufen Gallerien für Zuschauer. Zwei hervortretende Seitenflügel enthalten Nebensäle, Garderobezimmer und Wohnungen für den Dirigenten und die Beamten. Hinter dem Gebäude befindet sich ein geräumiger Turnplatz mit vollständigen Geräthen. Auf diesem wie im Saale selber können gegen 600 Turner gleichzeitig geübt werden, wozu nur 8 Lehrer in Thätigkeit sind, da jede Gattung von Geräthen in mindestens acht Exemplaren vorhanden ist und die verschiedenen Abtheilungen an gleichen Geräthen sich üben können, wodurch eine leichtere Uebersicht ermöglicht wird.

Die Turnhalle, deren Herstellung 120,000 Thaler in Anspruch nahm, wurde 1864, am Jahrestage der Leipziger Schlacht, feierlich geweiht und dem Betriebe übergeben.

An dem Verbindungskanal, welcher sich links von der Spree abzweigt und unterhalb der Wasserthorbrücke in den südlichen Kanal mündet, liegt die stattliche, in gothischem Style erbaute katholische

F.A. Borchel Photogr. L. Oeder sculpˢᶜ

BERLIN.

DIE MICHAELISKIRCHE.

(SÜD-OST-SEITE)

Michaeliskirche, welche 1856 nach dem Plane des Baurathes Soller mit einer prächtigen, 150 Fuß hohen Kuppel aufgeführt wurde; ferner das Diakonissenhaus Bethanien, eine 1847 vom Könige gegründete Musteranstalt, welche eine große Wirksamkeit erlangt hat.

Wir könnten von der Köpnickerstraße einen Abstecher über die Jannowitzbrücke oder über die Schillingsbrücke in die Stralauer Vorstadt machen, um dort die Andreaskirche und die in Rundbogenstyl aufgeführte St. Markuskirche in Augenschein zu nehmen.

Unser Rückweg leitet jedoch am Kanal entlang bis zur Ritterstraße, durch die alte Jakob- und Oranienstraße, an der in Basilikenstyl erbauten Jakobikirche vorüber, bis zur Jerusalemskirche. Von hier gehen wir die Jerusalemerstraße hinauf, bis zum Platz an der Hausvogtei, einem Gebäude, welches für Gerichtsverhandlungen bestimmt ist und zugleich die Gefängnisse des Kreisgerichts enthält. Neben Letzterem, an der Stelle des ehemaligen Hof-Jagdamtes, erhebt sich jetzt ein prachtvoller Seitenflügel der Bank.

Vom Hausvogtei-Platze wenden wir uns durch die Oberwallstraße und durch den Schwibbogen des Kronprinzen-Palais nach dem Zeughause und dem kaiserlichen Schloß zurück.

Ein dritter Rundgang führt uns vom kaiserlichen Schloß über die Kurfürstenbrücke, die Königsstraße entlang, zunächst nach dem Alexanderplatz.

Die lange Brücke, später Kurfürstenbrücke genannt, verband schon im 14. Jahrhundert die beiden Städte Köln und Berlin, war damals aus Holz, aber viel länger als jetzt und führte über eine Spreeinsel, auf welcher das gemeinschaftliche Rathhaus stand. Im Jahre 1690 wurde die neue Brücke aus Quadersteinen vom Baumeister Nering begonnen, aber erst 1695 unter Beihülfe des Ingenieurs Cayart vollendet. Das darauf befindliche Reiterstandbild des Kurfürsten Friedrich Wilhelm wurde nach Schlüter's Modell von Jacobs in Erz gegossen und 1703, am Geburtstage des Königs Friedrich I., enthüllt.

Das Bild stellt den Kurfürsten als Imperator dar; zu seinen Füßen befinden sich vier gefesselte Krieger, welche die von ihm bekämpften Feinde andeuten. Die lateinische Inschrift und die allegorischen Reliefs verherrlichen die Tapferkeit, den Ruhm und die Humanität des Fürsten.

Diese Statue steht in gleichem Range mit den beiden anderen Reiterstatuen der neueren Zeit: mit der Reiterstatue des Königs Heinrich IV. auf dem Pontneuf in Paris und mit der Reiterstatue Peters I. zu Petersburg.

Jene beiden anderen Statuen stehen mit merkwürdigen Umständen in Verbindung.

Das Pferd, welches bestimmt war, das Bildniß des galanten Königs von Frankreich zu tragen, war mit dem scheiternden Schiffe auf den Meeresgrund gesunken und hatte dort ein Jahr lang geruht, ehe man es mit großen Kosten heraufzog.

Das Fußgestell der Petersstatue bildet ein Fels, den die Natur mitten in einen Sumpf gelegt und in welchem sie, wie durch ein Wunder, alle Arten von Edelsteinen aufgehäuft hatte.

An die Berliner Reiterstatue knüpft sich eine Sage, die aber keine historische Wahrheit hat. Folgende Sage erzählt das Volk:

Nachdem der Guß wohl gelungen und Meister Schlüter mit anerkennendem Lobe überhäuft worden war, wurde ihm eines Tages von seinem Diener ein versiegeltes Schreiben überreicht. Er öffnete es, las es und sank dann ohnmächtig in die Arme seiner Freunde. Diese hoben den Brief auf und lasen, daß dem Meister in höhnischen Worten der Vorwurf gemacht wurde, er habe die Eisen an des Rosses Hufen darzustellen vergessen. Der Künstler überzeugte sich von seinem Versehen, welches Neid und Scheelsucht schonungslos aufgedeckt hatte. Er glaubte seinen Ruhm eingebüßt zu haben und verfiel in düstere Schwermuth, die sich noch vermehrte, als ihn der König seines Amtes als Ober-Baudirektor entsetzte und dasselbe sei-

Gez. v. L. Rohbock

Stahlst. v. Joh. Poppel

PROSPECT VON DER LANGEN BRÜCKE AUS IN BERLIN

nem Feinde, dem Freiherrn von Goethe, übertrug. Endlich gab er sich selber den Tod, indem er von der Stelle des Standbildes in die Spree sprang.

Diese Erzählung entbehrt jedoch aller historischen Wahrheit. Schlüter besaß mehr ästhetischen Geschmack als die meisten Künstler unserer Zeit, welche die Helden verewigen, nicht wie sie Gott, sondern wie sie der Regimentsschneider geschaffen hatte, und die den Streitrossen auch die Hufeisen nicht versagen. Schlüter führte noch bis zum Jahre 1713 manches schöne Werk in Berlin aus und ging dann nach Rußland, wo er im Auftrage Peter's I. zahlreiche Bauten leitete, aber schon nach kurzer Zeit starb.

Eine andere Sage, welche lange Zeit an dem Kurfürsten-Monumente haftete, hat jetzt bei den aufgeklärten Berlinern alle Glaubhaftigkeit verloren. Der Kurfürst — hieß es — verließe in der Neujahrsnacht sein Postament und, von nebelhaften Bauern- und Kriegergestalten gefolgt, ritte er durch die Straßen der Stadt, um sich zu überzeugen, ob die Ehre des Hauses Hohenzollern gewahrt geblieben und ob Freiheit und Recht gediehen.

Mit wenigen Schritten von der Kurfürstenbrücke aus, erreichen wir an der Ecke der Poststraße das Gebäude der alten Post, das ehemalige Hof-Postgebäude, welches in nächster Zeit durch einen prachtvollen Passagenbau ersetzt werden soll. Das Haus wurde ursprünglich für des ersten Königs allmächtigen Minister Wartenberg nach Schlüter's Plan erbaut. Es hat noch die reichen Deckenverzierungen, im ersten Stock aber auch die Narben von den Schüssen, die es in der Nacht vom 18. März 1848 erhielt, behalten. Neuerdings wurde daselbst ein feines Restaurant von Lauter eröffnet.

In dem Hause, Poststraße Nr. 4, welches dem kurfürstlichen Kammerdiener Freytag gehörte, starb am 23. December 1619 der Kurfürst Johann Sigismund. Eine Messingtafel mit einer Inschrift bezeichnet die Stelle in einem Hinterzimmer des unteren Stockwerkes. —

In dem Hause Nr. 16 gründete Zehender 1488 die erste Apotheke. Im Hause des Hofpredigers Lipke befand sich Nikolai's Buchhandlung.

Die Nikolaikirche, zwischen der Post- und Spandauerstraße, ist das älteste Gotteshaus Berlins. Nach einem Brande im Jahre 1380 wurde sie wieder hergestellt und 1514 mit einer hohen Thurmspitze versehen. Seitdem ist die äußere Gestalt nicht verändert, das Innere aber 1817 durch Schinkel verschönert worden; 1846 erhielt die Kirche eine prachtvolle Orgel von Buchholz. Einige Gemälde von Bernhard Rohde sind schätzenswerth. Der alte zinnerne Taufstein von Stephan Lichtenhagen kann als Kunstwerk gelten. In der Nähe des Altars befinden sich die Grabmäler Puffendorf's und Schindler's und des berühmten Distelmeyer; an der äußeren Kirchenmauer die von Spener und Spalding.

In dem Hause Nikolai-Kirchhof Nr. 10 wohnte Lessing in den Jahren 1752 und 1753; dicht dabei in der Probststraße Nr. 7 ist das Wohnhaus Paul Gerhard's.

In der Heiligengeist-Straße, linker Hand von der Königsstraße, wohnte Lessing 1759 bei seinem dritten Aufenthalte in Berlin. Das Haus ist nicht mehr zu ermitteln; wahrscheinlich war es Nr. 52. Der in der Nähe wohnende Ramler hängte ein rothes Bändchen aus, als Signal für Lessing, wenn sie in die Wille'sche Weinhandlung gehen wollten. Ramler wohnte damals in der Nähe des Heiligengeistkirchhofes im Hause des Controleur Dennstädt. Die Gattin des Letzteren, eine geistreiche Frau, war der Mittelpunkt eines kleinen Kreises sehr berühmter Männer, die sich in dem engen Wohnraume versammelten. Die Straße und die nächste Umgebung war damals still und eignete sich zu Wohnstätten für denkende Männer wie Lessing, Ramler, Nicolai, Mendelssohn, Krause und Gumpertz.

Das Haus Heiligengeist-Straße Nr. 38 heißt der Neidkopf und der Volksmund knüpft daran eine Sage: In diesem Hause hätte ein Goldschmied gewohnt, welchem König Friedrich Wilhelm I., da er wegen

C.Würbs photogr. J.M.Kolb sculpt

DIE NIKOLAIKIRCHE IN BERLIN.

seines Fleißes Gefallen an ihm gefunden, bedeutende Aufträge ertheilte. Darüber wurde die Frau eines gegenüber wohnenden Goldschmiedes neidisch und schnitt dem fleißigen Nachbar, so oft er sich am Fenster zeigte, die sonderbarsten Fratzen. Dies erfuhr der König und befahl, zur Beschämung des neidischen Weibes, an dem Hause seines Günstlings, welches er neu aufbauen ließ, einen weiblichen Kopf mit Schlangenhaar und scheußlich verzerrten Zügen anzubringen, — ein Bild, welches die Alten: Invidia, die Berliner: Neidkopf nannten.

Das kaiserliche Haupt-Postgebäude in der Königsstraße, welches die Ober-Post-Direction für Berlin, das Hof-Post-Amt und das Zeitungs-Comptoir enthält, umschließt fünf Höfe, erstreckt sich bis in die Spandauerstraße und umfaßt die ehemaligen Wohngebäude des Feldmarschalls Sparr, welcher, der Sage nach, einst den brennenden Marienthurm niederschießen ließ, um die Kirche zu retten. Ein großer Theil des Postgebäudes wird jetzt niedergelegt; die dabei entfernte Gedenktafel Sparr's soll im Postamtsgebäude in der Leipzigerstraße untergebracht werden.

Das Viereck zwischen der Spandauerstraße, Königsstraße, Jüdenstraße und Rathhausstraße nimmt das neue Rathhaus ein, ein kolossaler Prachtbau, der zu den schönsten Monumentalbauten der Kaiserstadt gehört. Man kann sagen, daß die Stadt mit diesem Bau dem Staate mit einem Beispiel, ein Dienstgebäude in kunstgeschmückter Architektur herzustellen, voraufgegangen ist.

Das Rathhaus wurde 1860 bis 1869 vom Baurath Waesemann aufgeführt. Die Masse des Gebäudes, in Rundbogenstyl, ruht auf einem Unterbau von grauem Granit und wird in der Mitte von einem hohen viereckigen, mit Säulen und Erkern verzierten Thurme überragt. Der Grundriß des Gebäudes bildet ein Rechteck von vier Fronten, dessen innerer Raum von einem Querbau durchschnitten wird. Die Hauptfront liegt in der Königsstraße. Granitgesimse und Fenster-Maßwerke aus röthlichem Sandstein gliedern die mit Hochreliefs in Terracotta geschmückten dunkelrothen Mauerflächen. Zur Zierde dienen, außer 8 Bären, welche die brandenburgisch-preußischen Wappenschilder tragen, noch die mannigfaltigen Verzierungen nach Modellen von Dankberg, Schiffelmann, Wolff, Drake, Siemering, Hagen und Fischer. Die äußere Ausschmückung der Balkon-Brüstungen wird in Figuren-Reliefs 10 Darstellungen der Cultur-Entwickelung der Stadt umfassen.*) Die Bogennischen zu beiden Seiten des Hauptportals werden die Statuen des Kaisers und des Kurfürsten Friedrich I. schmücken.

Das Hauptportal befindet sich im Körper des Thurmes und bildet eine mit einer Balkenbrüstung abschließende Nische, welche mit der Wölbung bis in das erste Stockwerk reicht.

Die Prachttreppe im Innern, mit Oberlicht versehen, führt in die verschiedenen Bureaux, in den mit Bildnissen der preußischen Herrscher geschmückten Magistratssaal, in einen mit Märchenbildern illustrirten Lesesaal und in eine Bibliothek, deren Kreuzgewölbe von schlanken ornamentirten Eisensäulen getragen wird. Ein Festsaal, der durch alle Geschosse reicht, glänzt in reicher Arkaden-Architektur, mit Pfeilern, Halbsäulen und gekuppelten Säulen. Die Corridore, im Erdgeschosse von Granit, in den übrigen Stockwerken von getäfeltem grauen und weißen Marmor, sind mit Sinnsprüchen geschmückt.

In den Kellerräumen ist ein großartiger Rathskeller enthalten, der sich durch die ganze Front der Königsstraße erstreckt und dessen Wände mit geistvollen Trink- und Sinnsprüchen bedeckt sind. Es fehlt zwar hier jene neblige Luft und Dämmerung, wie man in alten Rathskellern zu finden gewohnt ist, es giebt auch hier keine Rose wie im Bremer, auch keine Lilie wie im Hildesheimer Rathskeller; aber man findet ein gutes bairisch Gebräu und den Saft der köstlichen Trauben — wie der Dichter sagt: — zart und licht wie der goldene Saum

*) Die Ausschmückung der Friese über dem ersten Stockwerke soll die historische Reihenfolge von der urgeschichtlichen Periode bis zu Berlins Erhebung zur Kaiserstadt darstellen.

Delt. Ludw. Rohbock. Sculpt. J. Keller.

BERLIN.

DAS NEUE RATHHAUS. L'HÔTEL DE VILLE.

des Morgens auf den Hügeln, wie das goldene Haar der schönen Frauen im Rheingau. Die Berliner Rathsherren verwalten den Rathskeller nicht selber, wie dies vor Zeiten Sitte war; sie haben ihn verpachtet und der Wirth muß ein gutes Geschäft machen, denn die Räume sind tags und abends von zahlreicher Gesellschaft gefüllt. Die Veranlassung zu derlei Gesellschaften ist vornehmlich das Wohlgefallen an der edlen Spende des Bachus und Gambrinus, da die uralte Sitte nicht mehr besteht, wonach alle Käufe und Geschäfte beim Weine abgeschlossen wurden, der Keller demnach ein Geschäftslokal war, in welchem man den Kauf von Häusern und Grundstücken beschloß und die Kaufleute ihre Rechnungen mit den Schiffskapitänen abmachten. Wohl aber ist man der Sitte, welche gegen Ende des 17. Jahrhunderts aufkam, treu geblieben: im Rathskeller auch Tabak zu rauchen oder — wie man sich ausdrückte — zu trinken. „O herrliche, leider entschwundene Zeit", — wird mancher gute Bürger denken — „herrliche Zeit, als jedes wohlhabende Mitglied der Stadtgemeinde noch sein Kerbholz im Rathskeller hatte und jede amtliche Person, auch Maurer und Schulherren, ja sogar zuweilen der Scharfrichter, zu Officialweinen berechtigt war!" Trösten wir uns aber mit der Thatsache, daß der berühmteste Weinkeller Deutschlands, der Rathskeller zu Bremen, dem Senate allmälig eine kostspielige Last wurde. Diesem kam der Sieg bei Leipzig sehr theuer zu stehen, denn er verbrauchte für 10,000 Thaler an feinen Rheinweinen zu Ehrengeschenken an Wellington, Cockburn und die zu Wien versammelten Diplomaten. Würden die Siege von Sedan und Gravelotte dem Berliner Keller nicht noch größere freiwillige Opfer auferlegt haben?

Die Hallen des Berliner Rathskeller sind mit Bildern von August von Heyden und mit launigen Trinksprüchen geschmückt. Ueber dem Eingang zum Weinlokal liest man den einladenden Spruch:

Heil euch, so ihr an Bachus glaubt!
Er macht mit seinen Gaben

Den Jüngling zum bemoosten Haupt,
Den Greis zum frohen Knaben.
Zum Bier-Lokal lautet die bündige Einladung:
Kommet herein!
Hier ist's gut sein.

Nach dem Abbruche des alten Rathhauses verschwand auch endlich 1871 der dazu gehörige Theil an der Ecke der Königs- und Spandauer-Straße, die sogenannte Gerichtslaube, mit dem Kolk über dem Eckpfeiler, einem Vogel mit Menschenantlitz und Eselsohren, dem mittelaltrigen Sinnbild der schnellflügligen und feinhörigen Gerechtigkeit. Neben diesem Kolk wurden ehemals die Missethäter, namentlich die eingefangenen Raubritter unter Joachim an den Pranger gestellt. — Die Alterthümler wollten die Gerichtslaube an ihrer Stelle behalten; die Majorität der Bürger stimmte dagegen, sich die Straße durch ein trümmerhaftes Gebäude versperren zu lassen und die Angelegenheit wurde in der erwünschtesten Weise erledigt, als der Kaiser die noch verwendbaren Materialien käuflich erwarb und das denkwürdige Bauwerk im Park zu Babelsberg wieder aufrichten ließ. Dort erhebt sich jetzt auf der sogenannten Lenne-Höhe die alte Berliner Gerichtslaube mit dem Kolk.

Für den Literatur- und Kulturgeschichtsfreund sind zwei Häuser in der Spandauerstraße von besonderer Merkwürdigkeit.

In dem Hause Nr. 68 haben nach einander Ramler, Mylius, Lessing, Nicolai und Moses Mendelssohn gewohnt. Lessing wohnte hier bei seinem ersten Aufenthalte in Berlin, zusammen mit Mylius, welcher bald darauf an der von Haller eingeleiteten großen Entdeckungsreise theilnahm. Das Haus kaufte später Mendelssohn und bewohnte es bis an sein Ende; in jüngerer Zeit ist dasselbe zur dauernden Erinnerung an ihn mit einer marmornen Inschriftstafel geschmückt worden. — Das Haus Nr. 72, welches zu Anfang des vorigen Jahrhunderts der Etatsminister von Bartholdy durch Nehring hatte erbauen lassen, war das Eigenthum Karl Heinrich Graun's, des ersten Sängers am Hofe zu Rheinsberg und später am Hofe Königs Friedrich II. Man spricht nicht mehr von den 28 Opern, die er componirte, nicht mehr von seinen herrlichen Kirchenmusiken und Cantaten; aber sein „Tod Jesu", dieses wunderbare Oratorium voll Kindlichkeit und Glauben, hat sich unvergänglich erhalten und mit ihm ist der Name des Componisten ehrenvoll im Buche der deutschen Kunstgeschichte verzeichnet. — In demselben Hause Nr. 72 erblickte Meyerbeer das Licht der Welt.

Durch den hohen Steinweg, zur linken Hand von der Königsstraße gelangen wir nach dem neuen Markt, wo wir eines der ältesten Gebäude Berlin's, die Marienkirche, erblicken, deren Inneres 1818 renovirt und mit zwei schönen Glasgemälden von Eich geschmückt wurde. Die Gemälde von Rhode, die alabasterne Kanzel von Schlüter, der erzene Taufstein aus dem fünfzehnten Jahrhundert, das Grabmal des brandenburgischen Feldmarschalls Sparr — gehören zu den Sehenswürdigkeiten und Alterthümern dieses ehrwürdigen Gotteshauses. Den gothischen Thurm erhielt die Kirche im Jahre 1790, nachdem die frühere 1514 und 1661 durch Feuer zerstört worden war. Bei der letzteren Feuersbrunst ließ der Feldmarschall Graf Sparr den brennenden Thurm mit Geschützkugeln niederschießen, um die Kirche selber vor den Flammen zu bewahren.

Wir folgen jetzt unserm Hauptwege durch die Königsstraße weiter.

An dem Stadtgerichtsgebäude an der Ecke der Jüdenstraße vorübergehend, erreichen wir die nächste Querstraße, die Klosterstraße. Rechts in derselben Nr. 75/76 ist das Lagerhaus, das ehemalige hohe Haus oder kurfürstliche Schloß, dann ein Niederlaghaus für Wolle. Jetzt befinden sich darin auch mehrere Künstlerwerkstätten und das Rauch-Museum. Gegenüber liegt die Gewerbe-Akademie, ein schönes Gebäude, welches von Friedrich Wilhelm III. im Jahre 1820 dem Gewerbefleiße gewidmet wurde. Es ist der Sitz der technischen

Gewerbe-Deputation, des Vereins zur Beförderung des Gewerbefleißes und der technischen Gewerbeschule und enthält einen großen Zeichensaal und reiche Sammlungen von Maschinen, Modellen und Gypsabgüssen.

An der Stelle der Gewerbe-Akademie lag der markgräfliche Hof, der erste Sitz der brandenburgischen Markgrafen, welche zur Hofhaltung benutzt wurde, so lange die Herrscher im gegenüberliegenden hohen Hause residirten.

Rechts neben dem Lagerhause die Klosterkirche, nächst der Nikolaikirche die älteste Kirche Berlin's, deren Bau wahrscheinlich 1271 begonnen wurde. Das Innere dieses Gebäudes, welches mit seinen mittelalterlichen Erinnerungen eine höchst merkwürdige Stelle in der modernen Kaiserstadt einnimmt, enthält einige wegen ihres Alterthums schätzbare Holzgemälde und ist 1844 mit Fresken von Herrmann aus Dresden geziert worden. Die Ueberreste des Markgrafen Ludwig des Römers, mehrerer Mitglieder der anhaltinischen und wittelsbacher Dynastie, märkischer Adels- und Patricierfamilien, sowie mehrerer Lehrer des Berlinischen Gymnasiums ruhen in der Gruft. Der äußere Bau wurde 1719 erneuert und ist im Jahre 1844 nach der Straße hin mit einem gothischen Säulengange versehen worden. Die Kirche gehörte zu einem Franziskanerkloster, wovon noch ein altes Gebäude linker Hand zum Theil in seinen ursprünglichen Formen erhalten ist, welches den Convictsaal, die Wohnräume und Zellen der Mönche enthielt. Im Hintergrunde erhebt sich das alte Kapitelhaus mit dem restaurirten Saal, an welchem noch die Pracht der mittelalterlichen Architektur des fünfzehnten Jahrhunderts zu bewundern ist. Zwischen der Kirche und dem alten Gebäude zur linken Hand erblickt man das im Jahre 1786 erbaute Wohnhaus des Directors und des ersten Lehrers des Gymnasiums zum grauen Kloster.

Bei der Einführung der Reformation in der Mark Brandenburg wurde das graue Kloster aufgehoben und Kurfürst Johann Georg überwies die nördliche Hälfte der eingegangenen Klostergebäude seinem Leibarzte und Alchymisten Leonhard Thurneißer; die südliche Hälfte räumte er einer großen Landesschule ein, welche aus der Vereinigung der beiden Schulen zu St. Nikolai und St. Marien entstand und nach dem ehemaligen Franziskanerkloster das Gymnasium zum grauen Kloster genannt wurde.

Die junge Anstalt wurde von dem kurfürstlichen Lehnssecretair Joachim Steinbrecher mit reicher Beisteuer unterstützt. Derselbe leitete auch den Umbau der Klostergebäude und vereitelte alle Machinationen der Berliner Geistlichen, die Lehranstalt wieder aufzuheben. Die Zahl der Schüler belief sich auf 600, verminderte sich aber unter den Drangsalen des dreißigjährigen Krieges. Allmälig blieb die Anstalt aber hinter den Anforderungen des Fortschrittes zurück, wenngleich ihr sehr gelehrte Rectoren vorstanden, darunter Gottfried Weber, der die Anstalt dreißig Jahre leitete; Christian Friedrich Bodenburg, ein eifriger und kenntnißreicher Pädagog; Anton Friedrich Büsching, welcher das Kölnische Gymnasium mit dem Berlinischen vereinigte und die Organisation der Schule reformirte. Die Nachfolger: Gedicke, Joachim, Bellermann, Ribbeck und Johann Friedrich Bellermann, brachten die Anstalt zu immer höherer Entwickelung, so daß 1824 das Kölnische Gymnasium wieder abgetrennt und die Zahl der Klassen auf 15 vermehrt wurden. Unter Friedrich Wilhelm III. wurde die Anstalt räumlich erweitert und erhielt eine bedeutende Förderung durch das Vermächtniß eines früheren Schülers, des Kaufmanns Sigismund Streit, der sich mit seinem Handlungshause zu Venedig ein bedeutendes Vermögen erworben hatte und das Gymnasium zum Haupterben desselben einsetzte.

Während dreier Jahrhunderte waren bei dem Gymnasium 33 Rectoren angestellt, doch lösten sich im ersten Jahrhundert 20 Rectoren schnell nach einander ab; 9 Lehrer waren beständig in Funktion; 1824 wurde die Zahl der Letzteren auf 20 erhöht. Unter den ordentlichen

Lehrern haben sich viele durch ihre literarischen Leistungen in weiten Kreisen ausgezeichnet, wie: der Liederdichter Michael Schirmer; der Componist Johann Crüger; der Aesthetiker Karl Philipp Moritz; der Mathematiker Gottfried Fischer, der Lehrer des Königs Friedrich Wilhelm IV. und der Gebrüder Humboldt; die Geographen Stein und Hörschelmann; die Literatoren Theodor Heinsius und Delbrück; die Philologen Spalding, Giesebrecht und Georg Wilhelm Pape.

Gegenwärtig steht die Anstalt unter der fördernden Leitung des Director Bonitz und beging im Juli 1874 ihre dritte Säcularfeier.

Das Haus Klosterstraße Nr. 92, jetzt in Privatbesitz, gehörte zum ehemaligen Kalands'hofe und wurde später ein Stadtgefängniß. Nr. 90 war der bischöfliche Hof und Sitz des Bischofs von Brandenburg; die daneben liegenden Häuser Nr. 87—89 gehörten dem Bischofe von Lebus.

Das Grundstück Nr. 68 ist von der Commune angekauft worden, um die Sammlungen des Märkischen Provinzial-Museums unterzubringen. Dieselben sind in letzter Zeit durch die Cottbuser Gymnasialsammlung, durch einen merkwürdigen Bernsteinfund, eine vom Kronprinzen geschenkte Sammlung von Waffen und Geräthen, durch Todtenurnen aus der Gegend von Lenzen und Kirchengeräthe aus dem Niederbarnimschen Kreise vermehrt worden.*)

Die reformirte Parochialkirche in der Klosterstraße wegen ihres Glockenspieles von den Berlinern „die Singuhr" genannt, wurde 1695 nach Nering's Plan begonnen und 1703 durch Grüneberg vollendet. Der Thurm, welcher erst 1715 im Bau beendigt wurde, erhielt durch Friedrich Wilhelm I. ein holländisches Glockenspiel.

---

*) Vor kurzem hat der Kaiser diesem Museum noch die bisher in Charlottenhof bei Potsdam verwahrte Sammlung überwiesen. Es enthält bereits 18000 Stücke, namentlich die vorgeschichtlichen Funde aus der Mark und die Sammlungen aus außerdeutschen Ländern; altklassische Gefäßformen, die ältesten Geschosse Preußens, eine reiche Zahl Feuersteingeräthe und Gegenstände aus der reinen Steinzeit.

C. Würbs photogr. J.M. Kolb sculpt.

DIE KÖNIGSBRÜCKE UND EIN THEIL DES ALEXANDERPLATZES IN BERLIN.

Durch die Parochialstraße, welche neben dieser Kirche liegt, gelangen wir in die Neue Friedrichsstraße, wo sich das Gebäude des Cadettencorps befindet. Diese Anstalt, die Schule der Helden des siebenjährigen Krieges, vom Kurfürsten Friedrich Wilhelm I. gegründet und von Friedrich Wilhelm I. erweitert, wurde von Friedrich II. in größerem Maßstabe neu erbaut und reich mit Lehrmitteln versehen.

Weiterhin nach rechts gelangen wir zur Waisenkirche.

Unser Hauptweg führt uns jedoch die Königsstraße entlang nach dem Alexander-Platze.

Der zunehmende Verkehr auf der Königsbrücke machte es nothwendig, die alte Brücke durch eine verbreiterte zu ersetzen. Letztere ist jetzt bereits großartig und solide hergestellt und wird mit künstlerischen Skulpturwerken aus Sandstein, deren Motive sich auf den letzten Krieg gegen Frankreich beziehen, geschmückt werden. Diese Arbeiten, acht größere und vier Kindergruppen, werden von Schweinitz, Wittig, Calandrelli und Brodwolf gefertigt und sind bereits im Modell vollendet.

Unweit der Königsbrücke, im Hause des Brauers Hahmann, jetzt Neue Friedrichsstraße Nr. 25, wohnte Ramler, nachdem er seine alte Wohnung im Dennstädt'schen Hause verlassen und seine Professur beim Cadettenhause angetreten hatte. Am Königsgraben Nr. 10 wählte Lessing seine vierte und letzte Wohnung in Berlin im Jahre 1765 und dichtete hier „Minna von Barnhelm". Das dreistöckige Haus, welches dem Rentier Silber gehört und seit hundert Jahren unverändert geblieben ist, wurde am 9. April 1870 von dem Verein für die Geschichte Berlins mit einer Büste Lessing's und einer marmornen Gedenktafel geschmückt. Die Büste, nach der Rietschel's am Braunschweiger Denkmal modellirt, ist von Gilli gefertigt und von Hauschild gegossen; die Console, nach Adler's Zeichnung, wurde von Knoll in Bronze gegossen und von Ciseleur Wilke vollendet.

Jenseits des Alexanderplatzes ist die Georgenkirche und die 1854—58 in gothischem Style erbaute Bartholomäuskirche zu nennen.

Dehnen wir unsern Weg bis jenseits des ehemaligen Landsberger Thores aus, so erreichen wir den Friedrichshain, einen freundlichen Park, welcher von Friedrich Wilhelm IV. angelegt wurde und eine hübsche Aussicht über einen Theil der Stadt gewährt. In diesem Hain befindet sich das gemeinsame Grab der im Kampfe gegen das Militair, am 18. und 19. März 1848, Gebliebenen, mehr als 300 an der Zahl. Auf einem steinernen Postament erblicken wir die Bronzebüste Friedrichs II., nach dem Rauch'schen Reiterbild gegossen, ein Geschenk des Bürgers Freitag, welches am 17. August 1848 enthüllt wurde.

In der Büschingstraße Nr. 4 befindet sich eine praktische und menschenfreundliche Einrichtung: das Asyl für obdachlose Männer (ein entsprechendes für Frauen ist in der Füsilierstraße 3). Dieses Asyl entstand auf Anregung einiger Mitglieder des Friedrichwerderschen Bezirksvereins durch milde Gaben, Beiträge und Legate und wurde mit Beginn des Jahres 1869 eröffnet. Beide Häuser dienen den Obdachlosen als Zufluchtsort für eine Nacht und enthalten Schlafsäle für 245 Männer und 120 Frauen, gut ventilirte und geheizte Räume, Badezimmer und eine Bibliothek. Die Aufgenommenen brauchen sich nicht, wie im Polizeigewahrsam, über ihre Verhältnisse auszuweisen und erhalten, nachdem sie sich gereinigt haben, Brot und Mehlsuppe. Im Jahre 1875 nahm das Männerasyl 42,900, das Frauenasyl 15,263 Obdachlose auf; die Frequenz im Männer-Asyl betrug durchschnittlich täglich im Juni 139, im September 3304. In beiden Asylen zusammen wurden im Januar 1875: 6928, im Januar 1876 dagegen: 9876 Personen aufgenommen.*)

Vom Alexanderplatz wendet man sich links durch die Münz- und

*) Außer diesen beiden Anstalten, welche vom Sinn hoher Mildthätigkeit zeugen, hält das wohlthätige Berlin noch 15 Asyle für Obdachlose, die sich jetzt jährlich auf eine erschreckliche Zahl belaufen. Unter diesen Asylen sind 2 Hospize für wandernde Handwerker mit je 150 und 109 Betten; für weibliche Personen: das Heimathhaus für Töchter — das deutsche Hülfhaus — Frauenheim — Martha's Hof — Mädchenheim.

Neue Schönhauser Straße, an der Sophienkirche vorbei, über den Haak'schen Markt, nach dem Schlosse Monbijou.

Dieses Schloß, ursprünglich eine Meierei der Kurfürstin Luise, kam am Anfange des vorigen Jahrhunderts in Besitz des Staatsministers von Wartenberg, welcher das Gartengebäude durch Eosander von Goethe erbauen ließ. Die nachherige Besitzerin, Königin Sophie Charlotte, ließ die vorderen Gebäude aufführen und gab der Besitzung den Namen Monbijou. Peter der Große erhielt es während seines Aufenthalts in Berlin zum Wohnsitz. Später residirte hier die Gemalin Friedrich Wilhelm's II. In neuester Zeit ist das Schloß der Wohnsitz der Landgräfin von Hessen-Philippsthal-Barchfeld geworden. Es enthält jetzt eine englische Kapelle und das historische Museum, eine Sammlung von Alterthümern und Erinnerungen aus der brandenburgisch-preußischen Geschichte.

Ein großer Theil des bis an die Spree reichenden schönen englischen Gartens, welcher dem Publikum offen stand, ist vor kurzem unter der Axt der häuserbauenden Culturpioniere gefallen.

Vom Monbijou-Platze gehen wir über die Herkulesbrücke und die Burgstraße entlang. Die Herkulesbrücke, aus zwei Bogen bestehend, trägt auf jedem Geländer eine kolossale steinerne Gruppe, auf der einen Seite Herkules im Kampfe mit dem Nemäischen Löwen, auf der anderen ihn im Streite mit dem Centauren Nessus darstellend.

Unweit der Burgstraße liegt die Garnisonkirche, welche Friedrich Wilhelm I. 1722 erbauen ließ, nachdem das vorige Gotteshaus bei der Explosion eines Pulverthurms bis auf den Grund zerstört worden war.

Weiter führt uns der Weg durch die Burgstraße längs der Spree zum Schlosse zurück.

An der Friedrichsbrücke, welche Köln mit der Neuen Friedrichstraße verbindet und, 140 Fuß lang, als die längste Brücke Berlins gelten muß, steht eines der großartigsten Bauwerke Berlins: die neue Börse.

Die Börse.

Die Börse!

„Daß Du mir niemals den Fuß in diese Spielhölle setzest!" sagt ein vorübergehender Mann, der ehrlich, aber ein wenig altfränkisch aussieht, zu seinem Sohne.

Diese Hölle? Sieht die Hölle so imposant aus? Seht nur diesen Palast mit seiner mächtigen Front, seinem Perron, seinen Flügelthüren und Spiegelscheiben, seinen stolzen Säulen und Balkonen, seinen monumentalen Gruppen und Statuen!

Und erkundiget euch auch, woraus dieser entstanden! erkundiget euch, was die Börse früher war?

Am Anfange des achtzehnten Jahrhunderts gab es in Berlin nur fünf Banquiers, größtentheils Franzosen, welche den bescheidenen Namen „Wechseler" führten.

Als der Cultus des Merkur sich aber hob und der Versammlungssaal unter dem Mühlendamm und die Grotte im Lustgarten nicht mehr ausreichte, gab der König die Genehmigung zum Bau eines Börsengebäudes neben der Domkirche.

Es steht heute noch, aber verlassen; nur die Eleven des Bergamtes betreiben dort ihre alchymistischen Studien.

Damals aber, als die alte Börse neben der Domkirche noch aus=

L. Rohbock Photogr. C. Rorich sculpt.

BERLIN.

DIE BÖRSE LA BOURSE.

reichte für die Versammlungssäle, Registraturen und Geschäfslokale der Berliner Kaufmannschaft, war das Getriebe des Handels noch solide und bescheiden; das Bank- und Wechselwesen lebte noch im Stande der Unschuld. Es war ein gemüthlicher Kram. Der Kassen-Verein war erst im Entstehen, der Disconto-Verein gar nicht vorhanden. Die Kassenangelegenheiten der königlichen Bank wurden von wenigen Beamten und an einem mäßig großen Tische erledigt. Das ganze Handelsgeschäft drängte sich wöchentlich auf drei Posttage zusammen, an welchen einige vereidigte Makler in Miethswagen ihre Rundreise durch die Stadt machten.

Gegen die Mitte dieses Jahrhunderts, also etwa vor zwanzig Jahren, hatten sich die Banquiers, Capitalisten und Fabrikanten in Berlin bereits eine charakteristische Stellung erobert und setzten ihre wachsende Geldmacht nicht ohne Prahlerei der Geburts-Aristokratie entgegen.

Neben den guten alten Häusern erhob sich aus einem obscuren Comptoir eine Rothschild'sche Agentur, aus Embryonen wurden glänzende und klimpernde Millionäre und Juste-Millionäre. Die offenen Wechselgeschäfte erhielten Schaufenster, mit Tausenddollars-Noten und doppelten Napoleons ausstaffirt. Der bescheidene Tempel des Merkur, des Beschützers der Reisenden, Kaufleute und Spitzbuben — die Börse im Lustgarten genügte nicht mehr; die Actien-, Disconto- und Agiotage-Aristokratie bedurfte eines Jobber-Palastes, ebenbürtig denen von Paris, London und Wien.

Schauet das neue Börsengebäude der neuen Kaiserstadt an und dann tretet ein und sehet die Leute an, die darin verkehren!

Dieses großartige Gebäude, nach Hitzig's Entwurf ausgeführt, besteht aus einem Mittelbau mit einer offenen Säulenhalle und zwei vorspringenden Flügeln. Ueber der Mitte der Hauptfront in der Burgstraße erhebt sich Borussia, die Gestalten des Ackerbaues und des Handels segnend; auf den Ecken des Mittelbaues die allegorischen Figuren

Hamburg und Bremen; über dem südlichen Flügel vier alte Provinzen des preußischen Staates und auf den Ecken Amerika und England; über dem nördlichen vier andere preußische Provinzen und auf den Ecken Deutschland und Frankreich. Ueber der Seitenfront in der neuen Friedrichstraße erblickt man die Schweiz, Italien, Frankfurt und Leipzig. Sämmtliche Figuren und Gruppen, von Begas, Tondeur, Fischer, Stürmer und Möller, sind in rothem Sandstein ausgeführt.

Wir treten durch die Säulenhalle und eine Vorhalle in den prachtvollen Börsensaal, den größten geschlossenen Raum Berlin's, welcher durch einen Mittelbau in zwei Hälften getheilt ist. Die eine ist für die Kornbörse bestimmt, die andere für Fonds- und Effecten-Geschäfte, in welchen die Berliner Börse den größten europäischen Handelsplätzen gleichkommt. Beide Saaltheile sind mit entsprechenden Fresco-Gemälden von Kloeber geschmückt.

Es ist gerade Mittags zwischen 12 und 2 Uhr und in diesen Räumen tobt es wie eine Meeresbrandung, kribbelt und wimmelt es wie in einem Ameisenhaufen.

Was ist geschehen? hat irgend ein maßgebender Diplomat mit seiner Fußspitze in diesen Ameisenhaufen gestoßen?

Nein, es ist das gewöhnliche Treiben und, so unruhig und hastig auch dieses Gewirre auf den ersten Blick erscheint, so herrscht doch die größte Ordnung und Methode darin und Jeder hat seinen bestimmten Platz, wo er von jedem Anderen gefunden werden kann.

Hier ist der Mittelpunkt der Ideen der neuen Zeit, das Herz der spekulirenden Klasse von Berlin. Sehet nur diese ungeduldige gespannte Erwartung in den Physiognomien! Wovon sprechen diese Gruppen, die sich so lebhaft unterhalten? Von Politik, von Stadtgeklätsch, von Theatern und Bällen, von Renten und Actien. Höret doch, ihr dort oben auf der Gallerie, die ihr so verwundert darein schaut, — höret nur dieses Murmeln und Brausen, ähnlich dem Getöse der Meereswogen, wenn sie an das felsige Ufer schlagen!

Jener schwarze Krauskopf umarmt den bleichen Blonden mit einer Heftigkeit und Inbrunst, als ob er ihm das letzte Lebewohl sagte. Er flüstert ihm aber nur einen Geschäfsauftrag in's Ohr. Der Blonde nickt zustimmend mit dem Kopfe und stürzt sich dann mit Todesverachtung in die wühlende Menge. — Dieser Mensch gehört zu der zahlreicheren Rasse der Börsenmänner: zu der ausgebeuteten, die immer blindlings ihr Heil sucht und fast immer auf ungünstige Chancen stößt.

Jener leberfarbene Jünglingsmann, der mit geöffnetem Notizbuche da sitzt und zuweilen Bemerkungen einschreibt, geht dagegen vorsichtig zu Werke. Er macht in Arbitragen und Reparten, kauft die im Course sinkenden Papiere ein und begnügt sich mit bescheidener Dividende, bis die Hausse eintritt.

Dort geht ein wirklicher Jobber! Der dort mit der Glatze auf dem Kopfe und der Brille auf der Habichtsnase. Er gehört zu den „Bullen" oder „Bären", welche durch ihre Scheinverkäufe keinen wirklichen Fonds-Inhaber auf den Markt lassen. Diese Jobber stecken unter einer Decke; sie halten die Staatspapiere, die ihnen nicht gehören, in ihren quabbligen Händen, sichern sich ihren Einfluß auf die Politik und saugen das Volk aus.

Der lange Hecktische dort, mit dem Klemmer auf der Nase und dem Hut auf dem Hinterkopf — ist einer der gewandtesten Börsenhelden, eine rechte Hand von den Marschällen der hohen Bank. Er hat keinen Groschen im Vermögen, aber lebt wie ein Millionär. Vorgestern hat er ein abgestorbenes Schwindelgeschäft zu Grabe getragen, gestern ein neues erfunden; heute Morgen konntet ihr ihn im Vorzimmer des Ministers finden, wo er auf politische Neuigkeiten horchte; jetzt steht er in Begriff, irgend eine politische Lüge zu verbreiten, die ihm von Nutzen sein kann.

Dort geht ein recht aufgeblasener alter Herr, in blauem Ueberrock und weißer Weste, den alten runzlichen Hals nur von einer schmalen Cravatte à la Byron umschlungen. Es ist ein Wechselmakler, mit

Patent versehen und vereidigt. Am Börsenspiel darf er sich nicht betheiligen: das verbieten ihm die Gesetze. Aber die Gesetzverwalter können es ihm nicht nachweisen, daß er dennoch spekulirt und die Course drückt, um sich zu bereichern.

Aber hier kommt eine jener berühmten oder berüchtigten Persönlichkeiten, die man in neuester Zeit mit dem schlichten Namen „Gründer" bezeichnet. Dieser Mann sieht so ehrlich aus, daß er Zutrauen erweckt, und ist so einfach gekleidet, daß man sich bei seinem Anblick der Rührung nicht erwehren kann. Und bei Vielen gilt er für ein Wohlthäter. Niemand versteht das „Petern" so gut wie er: Statuten aufzusetzen, Subscriptionen zu eröffnen, Promessen unter die Leute zu bringen, das Publikum in eitle Hoffnungen zu wiegen. Dieser Gründer ist noch bei keinem Unternehmen betheiligt gewesen, welches den Mitgründern und Verwaltern nicht wenigstens 50 Prozent und den Commanditairen mehr als 3 Prozent abgeworfen hätte. Wurde die Schuld für die betheiligten Actionäre drückend, so schafft der Menschenfreund neue Actien.

Der geschäftige Graukopf, der scheinbar hin und her rennt — denn im Grunde verläßt er seine Stelle nicht, wo ihn die Mitverschworenen immer antreffen — dieser unstäte Graukopf ist wie ein spekulativer Philosoph, wie Spinoza, Kant und Fichte: nur mit Gedankendingen beschäftigt. Diese Gedankendinge sind die Fonds und Effecten, die er kauft und verkauft, ohne sie nur zu Gesicht zu bekommen.

Aber man darf nicht glauben, daß man in dieser Menge schon alle Börsenbesucher vor Augen habe. Es giebt noch Hunderte von Leuten, welche die Börse nicht leiblich, sondern nur im Geiste besuchen. Die eigentlichen Grafen der Börse, die Millionäre und die patentirten Schwindler setzen keinen Fuß hierher, aber sie machen hier ihre großartigen Geschäfte. Es giebt auch gewisse Leute, die sich hier niemals sehen lassen und unter der Hand bedeutende Börsengeschäfte machen, indem sie von den Geheimnissen, welche ihnen zuerst anvertraut werden, ihren Nutzen ziehen.

So ist es denn wahr, — wird man fragen — so ist es denn wahr, daß das Börsentreiben nichts mit redlichem Handel und Wandel zu thun hat, daß alle Gewinne nur durch Bestechung, Gewalt und List erlangt werden? Ist es wahr, daß es nicht mehr der Zeit, der Mühe und Rechtlichkeit bedarf, um zu Wohlstand zu gelangen, sondern daß heutzutage der geachtetste Mann derjenige ist, der sich in kürzester Zeit eine Million erworben hat? Die Börse ist also nur ein Tempel des Zufalls, in welchem die Priesterschaft ihre unermeßlichen Opfer und Gebühren einsackt? Man verbietet die öffentlichen Spielhäuser, wo doch nur gegen baaren Einsatz gespielt wird, und duldet die Börse, wo man auf Credit sein Glück versucht, wo man Sachen kauft und verkauft, die niemals existirt haben?

Allerdings — werden Viele antworten — allerdings ist es so. Und ihr brauchet euch nur im gemeinen Leben und in der Gesellschaft umzusehen, um zu begreifen, daß Alles mit diesem Treiben in Verbindung steht, daß alle Gesinnungen, Ideen und Grundsätze getreue Abbilder des Börsenorakels sind; die Schriftsteller beschreiben ihre schändliche Umgebung; das Theater ist possenhaft und unsittlich; überall erblicket ihr Käuflichkeit, Gewinnsucht, Faulheit und Verschwendung. Gleichviel, ob mit Actien oder Rente gehandelt wird — der Staat hat dadurch reiche Einnahmen, Berlin wird ein Sammelplatz der Fremden, eine Hauptstadt der Mode und des Luxus; denn alle diese Spieler sind Verschwender und durch sie bestehen die kostspieligen Restaurants, die gefüllten Theater, die hübschen Damen, die sich ihr reizendes Lächeln mit Gold und Edelsteinen bezahlen lassen. Und was ihr hier auf der Berliner Börse sehet, findet ihr jetzt im Großen im ganzen Welthandel. Ueberall nur Eigennutz und Privatspekulation; Concurrenz zwischen den einzelnen Staaten; eine gierige Sucht, sich Märkte zu erobern. Die Spekulation ist dem Zufall verfallen, weil sie zum Agiotagespiel, zu einer Pest der Gesellschaft geworden ist, welche die Welt der Geschäfte regiert und allen trügerischen Combinationen die Hand bietet. Der

Börse verdanken wir die Krankheit unseres moralischen Gefühls; sie ist ein öffentliches Spielhaus, wo Kunstgriffe für Geschäfte gelten, wo man auf Hausse oder Baisse spekulirt. Aber diese industrielle Aristokratie geht noch weiter. Sie beherrscht die eigentliche Industrie und trachtet auch danach, den Ackerbau zu beherrschen und die ganze Arbeit der Nation zum Nutzen einer Klasse von Schmarotzern auszubeuten.

Ihr seid Pessimisten und sehet die Sache zu schwarz an, — entgegnen Andre. Was sprechet ihr von Ausbeutung der Nationalarbeit? Liegt es nicht nothwendig in unsern Zeitverhältnissen, im Großen und mithin wohlfeil zu produciren? Bedarf diese Production nicht des Kapitals, das sich nur vermehren kann, wenn sich die Kapitalien mit einander verbinden? Die Börse ist nichts weiter als der Markt für Waaren und Werthpapiere. Warum wollet ihr die Spekulation verdammen? Sobald sie selber produzirt, kann sie auch an dem Gewinn theilnehmen. Kann die Börse wider den Lauf der Welt schwimmen? Kann sie dafür, daß der Welthandel bis jetzt noch nicht auf der öffentlichen Wohlfahrt, auf der National-Oekonomie und der Solidarität der Völker beruht? Kann die Börse nicht den Credit demokratisiren und die Spekulation sittlich machen? Das Kapital ist nicht mehr an bestimmte Unternehmungen gefesselt; der Waarenmarkt ist zu einem Weltmarkt geworden; das Kapital ist gezwungen, in unaufhörlichem Wechsel seines Werthes von Ort zu Ort, von Hand zu Hand zu wandern. Die Börse hat den Nutzen, die Wanderungen des Kapitals festzustellen, den Umsatz des Geldes im Dienste der Produktion und neuer industrieller Unternehmungen zu konstatiren; sie drückt die Entwickelung des Zeitgeistes aus; sie ist die Grundlage unsers gesellschaftlichen Haushaltes.

Aber . . . . werfen Jene wieder ein.

Aber . . . . die Glocke ertönt; es ist zwei Uhr; die Börse ist geschlossen; verlassen wir den Pluto-Palast der neuen Kaiserstadt!

Feuerwehr und Wasserleitung.

Feuer und Wasser! die mächtigsten und wichtigsten Elemente in unserm privaten und staatsbürgerlichen Haushalte, in unserm organischen Leben und unserm industriellen Treiben — welche wichtige Faktoren in einer Weltstadt! Es gilt da nicht nur, diese Lebensbedingungen zu beschaffen, zu sichern und ihre Anwendung zu ordnen, sondern auch stets bereit zu sein, den Kampf mit diesen energischen Elementen aufzunehmen, sobald sie, durch Mißbrauch, Unverstand oder Ungeschick begünstigt, ihre Grenzen überschreiten.

Das Feuer ist bekanntlich ein gar nützliches und herrliches Element, dem wir die schönsten Erzeugnisse der Kunst, die nothwendigsten der Industrie, die Behaglichkeit des häuslichen Lebens und die Genüsse der Küche verdanken. Oft geht es uns aber mit diesem dienenden Elemente wie jenem Zauberlehrlinge, der den dienenden Geist nicht wieder zu bannen wußte. Der befreite Knecht kehrt dann seine Tücke heraus, usurpirt die Herrschaft des Tyrannen und verhöhnt uns mit seinem entsetzlichen Lächeln. Ganz plötzlich ist der Funke aus dunkler Wolke herabgefahren, einer Cigarre entfallen, einer Dampfmaschine oder dem Kohlentopfe einer alten Frau entsprungen oder hat sich aus einem Zündhölzchen, womit ein unmündiges Kind spielte, entzündet — in wenigen Minuten entwickelt sich ein verheerendes Flamenmeer, das unsere Wohnungen zu zerstören, unser Leben zu gefährden und die Erzeugnisse jahrelanger Arbeit in wenigen Stunden zu verwüsten droht.

Ein solches Ereigniß setzt uns noch immer in Schrecken und Verwirrung, aber jetzt in viel geringerem Grade als früher. In Berlin gerathen bei der Nachricht von einer Feuersbrunst jetzt nur noch die zunächst Betroffenen in Besorgniß.

Früher gehörte zu jeder Feuerbrunst der Feuerlärm: der dumpfe Ton des Nachtwächterhornes, das schmetternde Signal des Hornisten, das schauerliche Läuten der Thurmglocken. Lärm war die Hauptsache, wurde zum Gesetz gemacht und versetzte die ganze bürgerliche Gesellschaft in Aufregung. Wer auswärts war, eilte nach Hause; die geselligen Kreise stoben aus einander; die Promenaden und Theater lichteten sich; die nervösen Damen fielen in Ohnmacht und ihre Schoßhunde bekamen Krämpfe; — überall Erbleichen, Zittern, Angstgeschrei.

Dann setzten sich die schlecht eingerichteten Spritzen mit ihren mangelhaften Mannschaften und langsamen Pferden in Bewegung. Ohne zu wissen, wo das Feuer eigentlich ausgebrochen war, irrte man auf bloße Vermuthung in die Kreuz und Quere und gelangte endlich zur Feuerstelle, wenn die Glut ihr Opfer schon gefressen und das halbe Gebäude in qualmenden Schutt verwandelt hatte.

Es fehlte nicht an rühmlichem Eifer, an Thätigkeit, Anstrengung, Ausdauer und Aufopferung, aber das Institut war veraltet, mangelhaft; es fehlte der Lösch-Anstalt das wichtigste Erforderniß: die Organisation.

Jetzt ist die Berliner Feuerwehr eine vortrefflichst organisirte Brigade und seit ihrer Einrichtung findet jede Feuersbrunst eine gerüstete Mannschaft. Alarm findet gar nicht statt und wir werden weder in unserer Arbeit noch in unserem Vergnügen gestört, wenngleich das Unglück in unserer Nähe droht. Ein Theil des Drahtnetzes, welches das ganze Fundament von Berlin durchzieht, wird von magnetischer Kraft durchströmt: das ist die Alarmirung. Bald darauf sehen und hören wir Spritzen, Leitern und Wagen an uns vorüber rollen und jagen, Lärm genug! aber wir wissen dann auch, daß die Gefahr vorüber ist, denn die erfahrenen und kampfgeübten Beschützer treten dem feindlichen Elemente gegenüber.

Diese organisirte Feuerwehr für Berlin wurde im Jahre 1851 in's Leben gerufen, nachdem eine achtjährige Verhandlung zwischen Polizei und Magistrat stattgefunden hatte. Der Brand-Director Scabell, welchem die Reorganisation des Feuerlöschwesens übertragen worden war, stellte das Institut in solcher Vollkommenheit her, daß kein anderes dieser Art mit demselben in die Schranken treten kann. Der anscheinend hohe Etat von mehr als 200,000 Thalern jährlich ist doch nicht bedeutend, in Betracht, daß sich dafür die Assekuranzkosten vermindern und das Eigenthum wie das Menschenleben sicher gestellt sind.

Sobald eine Feuersbrunst ausbricht, erhält die nächste Feuerwache durch eine Meldung Kenntniß davon und 1½ Minuten später rückt die Mannschaft mit den bespannten Fahrzeugen aus. Zu gleicher Zeit giebt das mit der Feuerwache in Verbindung stehende Polizei-Büreau durch den unterirdischen electro-magnetischen Telegraphen die Meldung nach der Central-Telegraphenstation und sogleich werden durch den dortigen Beamten die Lärmglocken auf der Hauptwache, auf sämmtlichen 18 Feuerwachen und 5 Depotwachen Berlins zu gleicher Zeit in Bewegung gesetzt. Auf allen Wachthöfen erschallt der Wachtruf: Feuer! und es entwickelt sich die schnellste Thätigkeit bei der größten Ordnung, am regsten auf der Hauptwache, Lindenstraße 50, wo gegen 70 Mann in beständigem Dienst sind.

Während sich sämmtliche Feuerwachen zum Ausrücken fertig machen, hat der Beamte auf der Centralstation die vollständige Depesche erhalten und theilt sie sämmtlichen Büreaux mit und in wenigen Minuten weiß jede Feuerwache genau, wo sich die Brandstelle befindet.

Im Falle „Großfeuer" signalisirt ist, so daß also nicht bloß die Entstehungsstätte, sondern auch die angrenzenden Gebäude gefährdet sind, rücken sämmtliche Wachen aus, selbst diejenigen Wachtspritzen und Utensilien-Wagen, welche bei mittleren und kleineren Feuersbrünsten nicht in Thätigkeit kommen.

Bei dem Läuten der Signalglocke fahren alle übrigen Fuhrwerke in den Straßen auf die Seite und im Galopp sausen die Löschgeräthe vorüber: die glänzenden Wachtspritzen, die langen Maschinenleitern, die großen kastenartigen Utensilienwagen, die bereits gefüllten Wasserwagen, welchen die schwankenden Rädertienen angehängt sind, endlich die großen offenen Personenwagen, deren jeder 30 Mann auf drei Längenbänken aufgenommen hat.

Sobald die Mannschaften die Brandstätte erreicht haben, wird der Sitz des Feuers und die Beschaffenheit des Lokals wahrgenommen und der Angriff beginnt.

Die Bedienung jeder Spritze geschieht durch nur 4 Mann, während 10 Spritzenleute die Wasserzufuhr besorgen, die Spritzen in Bewegung setzen und beim Handhaben des Schlauchs behülflich sind. Die meisten Signale werden behufs rascher und weit hörbarer Verbreitung mit der Pfeife gegeben.

Mächtige Wasserstrahlen stürzen in die unteren Theile der Glut. Falls die Länge der Schläuche nicht zureicht, so können dieselben verlängert werden. Ist es dennoch nöthig, die Stockwerke von außen zu ersteigen und die Hacke zu gebrauchen, so erschallt das Kommando: „An die Leitern — marsch!“

Die Feuermänner ergreifen die Leitern, stellen sie senkrecht gegen die Wand, schlagen den eisernen Haken derselben in die Fenster, steigen bis zur obersten Sprosse auf, haken sich mittelst des Gurthakens fest und legen mit den frei gewordenen Händen eine zweite Leiter nach dem höheren Stockwerke oder steigen über das Lateibrett in die Fenster ein. Sobald die Mannschaft in den verschiedenen Stockwerken angekommen ist, beginnen die Arbeiten mit allem möglichen Geräth, welches der Kasten des Utensilienwagens und der Behälter des Personenwagens spenden. Ist es nöthig, den höchsten Punkt des Gebäudes zu erreichen, so wird die Maschinenleiter in Gebrauch gesetzt und von nur 4 Mann frei aufgestellt. Der daran befestigte Schlauch wird unten mit einer Spritze in Verbindung gesetzt und der oben stehende Feuermann leitet den Wasserstrahl nach seinem Belieben.

Bald bringt die zweckmäßige und unermüdliche Anstrengung das Feuer zum Erlöschen. Nur dort oben blicken neue Flammen hervor und erreichen jetzt ein Giebelfenster. An dem Fenster erscheint händeringend eine alte Frau. Allgemeines Entsetzen! — Hülfe! ruft die Alte. Hülfe! rufen die erschrockenen Zuschauer aus den benachbarten Häusern. Schnell hängt der Feuermann, welcher auf der obersten Hakenleiter steht, eine Rolle, über welcher das Rettungstau mit dem Drilligsack läuft, in eine Oese der Leiter, zerschlägt das Fenster, steckt das Mütterchen in den Sack und läßt es mittelst der Direktionsleine sanft hernieder.

Binnen einer halben Stunde hat man eine große Feuersbrunst getilgt, das Eigenthum vor Zerstörung bewahrt und ein Menschenleben gerettet. Jetzt werden Holz und Schutt von der Brandstätte hinabgeworfen und die Straße gereinigt. Eine Brandwache bleibt zurück; die übrige Mannschaft rüstet sich zur Abfahrt.

Betrachten wir jetzt die Berliner Feuerwehr, nachdem wir sie in ihren amtlichen Funktionen gesehen haben, auch bei ihren gymnastischen Uebungen und Exercitien!

In dem Gebäude der Brand-Direction, in der Lindenstraße, befindet sich der Turn- und Exercierplatz, welcher von Gebäuden begrenzt ist, worin sich die Zimmer der Dienstmannschaft, die Wachtstube und das Telegraphenbüreau befinden. Hier macht die Mannschaft ihre Exercitien. Der Parademarsch, von den gedienten Leuten straff und geschickt ausgeführt, geschieht unter dem Klange der Blaseinstrumente. Das Musikcorps ist mit der Tonleiter wie mit der Feuerleiter vertraut und spielt Wieprecht'sche Märsche al fuoco und Potpourris aus Bellinischen Opern. Beim Exerciren geschehen alle Uebungen, welche die ernste Praxis erfordert, nach Kommando und Tempo. Die technischen Uebungen bestehen im Handhaben der Axt, im Bedienen der Spritze und allen zum Löschen erforderlichen Handleistungen. Der Wasserstrahl wird nach einer Skala in die Höhe geschleudert und ein hölzernes Gebäude, welches als fiktives Rettungs-Objekt dient, muß täglich in Flammen gerathen und täglich gelöscht werden, wobei man die Leitern ersteigt, hämmert, hackt, sägt — im Glimpf wie im Schimpf. Erstaunliches leisten die Leute im Turnen nach der Eiselenschen Schule, am Reck, Barren, Klettergerüst, Schwebereck und Schwingel; es scheint hier praktisch bewiesen, daß das Jünglingsalter des Menschen — wie Flourens erforscht hat — bis zum vierzigsten und seine Lebensdauer bis zum zweihundertsten Jahre währt. Dennoch möchte man meinen, daß das einfachere schwedische System der Gymnastik, welches auch beim Militair zur Anwendung kommt, hier viel geeigneter und zweckdienlicher sein würde, als jene halsbrechende Virtuosität. Jedenfalls aber ist ersichtlich, daß diese geweckte, körperlich durchbildete und gekräftigte Mannschaft von Eifer und Muth, von Lust nnd Liebe für ihren Beruf erfüllt ist und daß diese selbständige Tüchtigkeit von dem Direktor aus allen Kräften gefördert wird.

Die Feuerwehr besteht gegenwärtig aus 1 Branddirektor, 1 Brandinspektor, 4 Brandmeistern, 48 Oberfeuermännern, 196 Feuermännern, 470 Spritzenmännern und 335 Hülfsarbeitern.*) Die Löschapparate bilden ein Arsenal von 222 verschiedenen Gegenständen, darunter 39 Spritzen, 7 Prahmspritzen, 9 Wasserwagen, 52 Rädertienen, 10 Personenwagen, 13 Schlauchwagen, 48 Hakenleitern, 20 Rettungssäcke. Eine große Dampfspritze ist neuerdings angeschafft worden.

Der Dienst der Mannschaft ist schwierig. Die Feuermänner, welche gelernte Bauhandwerker und gediente Soldaten sein müssen, haben den Uebungs-, den Feuer- und den 48stündigen Wachtdienst zu

*) Die Reorganisation von 1851 bestimmt als etatsmäßige Höhe: 1 Brand-Inspektor, 4 Brandmeister, 40 Oberfeuermänner, 180 Feuermänner, 771 Spritzenmänner.

leisten, worauf eine 24stündige Ruhe folgt. Die Spritzenleute besorgen nebenbei noch die Straßenreinigung. Die unmittelbaren Vorgesetzten der Mannschaften sind die Oberfeuermänner. Letzteren sind die aus den Brandmeistern und dem Brandinspektor bestehenden Officiere übergeordnet. Der oberste Vorgesetzte ist der Branddirektor.*)

Die Feuermänner tragen eine blaue, kurzschößige Tuchjacke, eine blaue Mütze mit zwei rothen Streifen oder eine Feuerkappe von schwarzlackirtem Leder mit einem Nackenleder, einen Rettungsgurt mit Karabinerhaken, woran sich eine Fangleine und ein Handbeil in lederner Tasche befinden. Die Uniform der Oberfeuermänner besteht in einem blauen Waffenrock, blauer Mütze mit silbergefaßtem Sammetbande oder Helm; ein kurzes Schwert hängt an schwarzer Kuppel und am ersten Knopf des Waffenrocks eine Signalpfeife mit silberner Kette. Die Officiere tragen einen blauen Waffenrock mit blauem silbergestickten Kragen, silberne Civil-Epaulettes, graue Beinkleider mit karmoisinrother Biese, Officierhelm der Schutzmannschaft und einen kurzen Dolchdegen.

Seit der Organisation der Feuerwehr gehören große Feuersbrünste in Berlin zu den seltenen Unglücksfällen. Von 900 Bränden, welche durchschnittlich jährlich vorkommen, gelangen etwa 40 zum Großfeuer. Letzteres geschieht nur bei zu später Anzeige, bei Aufhäufung von brennbaren Stoffen, bei windigem Wetter oder wenn mehrere ungünstige Umstände zusammentreffen. In dem abgelaufenen Feuersocietäts-Jahre fanden 352 Brände statt, wovon nur 284 Entschädigungsgelder erforderten, zu deren Deckung bloß ein Beitrag von Acht Pfennigen pro Cent nöthig wurde.

Ueber die Berliner Feuerwehr herrscht nur das einstimmige Urtheil: daß sie für unsere Zeit auf dem Punkte der Vollendung steht.

In ihrem Dienste ist eine andere Institution mitwirkend, die von nicht geringerer Wichtigkeit und Bedeutung für das Gemeinwesen ist:

*) nach Scabells Abgange: der Hauptmann Witte.

die Wasserleitung, welche in ihrer großartigen Ausdehnung Erstaunen erweckt.

Bei unsern Vorfahren lag dieser Theil der Technik noch in der Kindheit. Selbst die Römer, deren großartige Wasserleitungen wir noch in ihren Trümmern bewundern, brachten es mit Kosten und Mühe nur zur Erbauung künstlicher Kanäle, welche oft über lange und tiefe Thäler hinweggeleitet wurden; sie vermochten aber nicht, den Lauf des Wassers von einem niedrigeren Punkte auf einen höheren zu leiten. Auch noch in der neuen Zeit verstand man es nicht, dem Wasser seinen Weg vorzuschreiben und Friedrich II. mußte auf die Ausführung der Wasserkünste in Sanssouci Verzicht leisten. Erst nach der Erfindung der Dampfmaschine bewältigte die Wasserbaukunst die schwierigsten Verhältnisse und London ging mit riesenhaft ausgeführten Wasserwerken voran, indem es 8 Anstalten in Thätigkeit setzte, um 10,000 Straßen und 260,000 Häuser mit wohlschmeckendem Wasser zu versorgen.

Die Berliner Wasserleitung nimmt unter den großartigen Bauwerken der letzten zwanzig Jahre einen hervorragenden Rang ein. Der Plan, die Residenzstadt mit Wasserwerken zu versehen, beschäftigte Friedrich Wilhelm IV. schon vor seinem Regierungsantritt, wurde nach diesem Zeitpunkte wieder aufgenommen, führte aber lange zu keinem praktischen Ergebniß, bis endlich die Polizeidirektion die Sache in die Hand nahm. Der königliche Branddirektor Scabell machte zu diesem Zwecke eigens eine Reise nach England und kam in kurzer Zeit zum Ziele, indem er mit englischen Unternehmern einen Contrakt auf vorläufig 25 Jahre vermittelte. Die Unternehmer Fox und Crampton zeigten sich zur Ausführung bereit und betrauten damit den Ingenieur John Moore. Trotz vielen Hindernissen durch ungünstige Witterungsverhältnisse wurde das Werk binnen kaum zwei Jahren vollendet und das Institut im Juli 1855 in Thätigkeit gesetzt.

Die Hauptanlage der Leitung liegt vor dem Stralauer Thore am rechten Spreeufer. Das Maschinenhaus nebst dem Kesselhause, den nebengelegenen Dienstwohnungen und Bassins nehmen einen Flächenraum von 16 Morgen ein. Im Maschinenhause befindet sich im Kellergeschoß ein gemauerter Tunnel, durch welchen das Wasser der Spree in das Gebäude einfließt. Das Erdgeschoß enthält die Pumpen und Windkessel und das erste Stockwerk die kolossalen Dampfmaschinen, jede zu 300 Pferdekraft, welche aus der Borsig'schen Fabrik hervorgegangen und bewundernswerth gearbeitet sind. Das Kesselhaus enthält zwölf Kessel von 30 Fuß Länge und steht mit dem angrenzenden Kohlenhause in Verbindung.

Nachdem das Spreewasser durch den unterirdischen Kanal in das Maschinenhaus geleitet worden, wird es mittelst der Pumpen durch einen Röhrenstrang nach dem entferntesten Teiche, dem Spreewasser-Bassin, geführt, welcher von den Filtrirbassins durch einen Erdwall geschieden ist und einen gemauerten Boden hat. Die vier Filtrirbassins liegen 16 Fuß über der Spree und haben die Form von rechtwinkligen viereckigen Kasten, mit einer Neigung gegen die hintere Breitseite und einer doppelten Neigung nach der Mitte, welcher der Länge nach von einem durchlöcherten Kanal durchzogen wird. Die Bassins sind mit roh behauenen Kalksteinen ummauert; der Boden besteht aus einer Thonlage mit einer dünnen Decke von Beton. Auf dem Thonboden der Filtrirteiche lagert eine Schicht Ziegelsteine und das Filtrirmaterial, bestehend aus vier Lagen Steine, welche von den unteren groben Feldsteinen allmälig zu den oberen kleinen Kieselsteinen übergehen und mit feinem weißen Sande überdeckt sind.

Sobald die Bassins bis zum Normalstande gefüllt sind, so wird der fernere Wasserzufluß mittelst eines Drosselventils abgeschlossen; Letzteres hebt sich, wenn sich die Filtrirbassins allmälig entleeren, und es findet ein neuer Zufluß von Wasser statt. Da der Boden des Spreewasser-Bassins mit dem Wasserspiegel in den Filtern gleich hoch ist, so übt das in dem ersteren befindliche Wasser einen hinreichenden Druck aus, um die Teiche gefüllt zu halten.

Das in den Filtrirbecken gereinigte Wasser ist, mit Ausnahme von chemischen Auflösungen, von allen unreinen Bestandtheilen gesäubert, hat eine Temperatur von etwa 8 Graden und entspricht allen Erfordernissen eines guten Quellwassers. Dasselbe fließt mittelst eines Einmündungsrohres von selber in ein Reinwasser-Bassin, welches sich hinter dem Maschinenhause befindet, und wird in Letzteres durch einen Kanal geleitet. Hier wird es durch die Pumpen in die Windkessel gehoben und mittelst kleiner Zweigröhren in das Hauptrohr gefördert.

Nachdem das gereinigte Wasser mittelst der Maschinen in das Hauptrohr gedrückt worden, gelangt es in die Stadt. Jener Hauptstrang theilt sich in zwei Arme, welche durch die Mühlenstraße bis zum Stralauer Platze neben einander laufen; dann aber trennt sich der eine Hauptarm, welcher bestimmt ist, das linke Spreeufer zu versorgen, bei der Schillingsbrücke ab, geht durch die Spree, die Köpnikerund Kommandantenstraße bis zum Dönhofsplatz, wo er sich verzweigt, während der andere Strang, behufs der Versorgung des rechten Ufers sich durch die Holzmarkt-, Alexander- und Münzstraße fortsetzt.

Von der Münzstraße geht eine zweite Abzweigung nach dem Windmühlenberge. Auf dieser bedeutenden Anhöhe in der Nähe der Stadt, 186 Fuß hoch, hat man ein kreisrundes Hochdruckbassin angelegt, welches 200,000 Kubikfuß Wasser faßt und einen Druck von 70 Fuß ausübt. Dasselbe dient dazu, des Nachts, wenn die Maschinen nicht arbeiten, das ganze Röhrsystem gefüllt zu halten, und das bereits filtrirte Wasser, welches in den Häusern nicht zum Verbrauch gekommen ist, als Reservevorrath aufzunehmen, damit es bei mangelnder Arbeit der Maschinen für die Speisungsröhren, so wie auch zur Verwendung auf Straßen und Plätzen, zur Spülung der Rinnen und Speisung der Springbrunnen verwandt werden könne.

In Verbindung mit diesem Bassin steht der Hochdruckthurm, welcher sich 190 Fuß über den mittleren Wasserstand der Spree erhebt und den Zweck hat, den Druck in dem Röhrensysteme zu reguliren.

Durch die erwähnten beiden Hauptleitungen des Röhrensystems werden zwei große Distrikte der Stadt, etwa 100 Meilen in gerader Linie gerechnet, mit Wasser versehen; von ihnen zweigen sich kleinere Leitungen für die kleineren Distrikte ab, und von diesen das Geäder der Speisungsröhren, aus welchen das Wasser für die Hausleitungen entnommen wird. Letztere bestehen aus Bleiröhren, welche mittelst Messinghähne verschließbar sind.

Die Wasserleitung ist vor kurzem aus den Händen der englischen Unternehmer in die städtische Verwaltung übergegangen und man hofft, die Hausbesitzer werden nunmehr ihre Zahlungen im Verhältniß des äquivalenten Verbrauchs zu leisten haben, in ähnlicher Weise, wie dies für den Consum des Leuchtgases geregelt ist.

Eine besondere Actiengesellschaft hat im Jahre 1855 öffentliche Wasch- und Badeanstalten nach englischem Muster in der Schillingstraße 8 und Auguststraße 21 angelegt. Diese Anstalten zeichnen sich durch ihre musterhafte und zweckmäßige Einrichtung aus und enthalten, neben kalten und warmen Schwimmbädern in bedeckten Bassins, sehr billige und elegant ausgestattete Wannenbäder für beide Geschlechter; nächstdem 36 Waschräume nebst Trockenmaschinen, Plätt- und Rollkammern. Die Reservoirs werden aus den Röhren der Wasserleitung gefüllt.

Für die Feuerwehr sind die Wasserwerke von großem Nutzen, denn nicht nur im Innern der Häuser ist bei einer Feuersbrunst das Wasser zum Löschen an Ort und Stelle, sondern auch in jeder Straße befinden sich, in Entfernung von 300 Fuß von einander, besondere Wasserstöcke, aus welchen bei Feuersgefahr die Spritzen mit Wasser versorgt werden; sobald man eines der auf den Straßen befindlichen Ventile öffnet und den Spritzenschlauch anschraubt, kann man das Wasser bis zu einer Höhe von 80 Fuß leiten. Diese Wasserstöcke haben nebenbei noch den wohlthätigen Zweck, die Rinnsteine auszuspülen und die Straßen zu sprengen.

Wie bedeutend außerdem diese Anstalt in ihrem Einfluß auf Reinlichkeit, Gesundheit und öffentliche Wohlfahrt ist, wird Jeder leicht begreifen.

In jedem Raume unserer Wohnung können wir frisches Wasser in beliebiger Menge hervorsprudeln lassen. Der Hausfrau erleichtert das weiche Wasser das Waschen und Kochen und macht eine Ersparniß an Brennmaterial möglich; die Küche ist immer mit Wasser versehen. Wir können uns und unserer Familie täglich ein erfrischendes Bad gewähren und die Hausfrau hat nicht nöthig, für die Wäsche Regen vom Himmel zu erflehen oder Spreewasser zu kaufen, wenn ihr Gebet unerhört bleibt; überdies sind durch die Wasserleitung billige Wasch- und Badeanstalten zu öffentlichem Gebrauch möglich geworden. Mit leichter Mühe kann das Haus gescheuert, ja mittelst einer Handspritze vom Grunde bis zum Giebel abgespült werden; die Dienstleute bedürfen nicht mehr mancher Stunden, sondern nur weniger Minuten, um das Wasser zu beschaffen. In unsern Ställen können wir das Vieh tränken, auf dem Hofe unsere Wagen scheuern, unsere Rasenplätze und Gartenbeete begießen lassen. Die Straßen können von Koth rein gewaschen, bei trockenem staubigen Wetter besprengt werden. Zur Verschönerung der Stadt werden Springbrunnen angelegt, welche mit ihren sprudelnden Strahlen die Luft kühlen; die ekelhaften Rinnsteine verlieren ihre mephitische Ausdünstung. In unsern Fabriken und Werkstätten können wir jederzeit dem Wasserbedarf genügen und die billigste und vortheilhafteste Triebkraft für mittlere und kleine Gewerbe benutzen.*)

*) Daß die Berliner Wasserwerke jetzt erweitert werden durch neue großartige Leitungen, welche das Wasser aus einem Tiefbrunnen bei Tegel nach Berlin führen sollen, ist noch an andrer Stelle erwähnt worden.

In Betreff der Feuerwehr fügen wir hinzu, daß am 22. März 1876 das 25jährige Dienstjubiläum der Anstalt festlich begangen wurde. Von sämmtlichen Mannschaften, welche beim Beginn der Institution angestellt waren, fanden sich nur 29 Mann übrig; die anderen hatten den anstrengenden Dienst bereits verlassen müssen. Die Mannschaften sind nunmehr zu einer Pension berechtigt; bisher gewährte die Königin-Augusta-Stiftung den Wittwen der Feuermannschaft eine Pension.

Omnibusse und andre Fuhrwerke.

In der großen Sündflut, welche zwischen den steinernen Mauern der jungen Weltstadt dahinströmt, bilden die Fuhrwerke das bedeutendste Element des öffentlichen Verkehrs. Es fehlt dabei auch nicht an fast unvermeidlichen Gefahren. Obgleich die materiellen Fortschrittsmänner, welche das unstäte Gekrabbel nach Gewinn und Erwerb über Alles und das Menschenleben nur gering schätzen, eine beständige Klage führen, daß in Berlin, in Vergleich zu anderen Weltstädten, viel zu langsam und saumselig gefahren werde, so ist doch die Gefahr, überfahren und gerädert zu werden, sehr groß und jeder Tag fordert seine Opfer. Ein Bürger der neuen Kaiserstadt, wenn er sich auf das Pflaster wagt, läuft jetzt beinahe gleiche Gefahr wie in Paris oder New-York und die Sorge, welche der Kulturmensch in einer Großstadt um sein Leben tragen muß, übertrifft bei weitem die des Bewohners der Wildniß, der doch nur zu befürchten hat, von einem Feinde skalpirt oder von einem wilden Gethier zerrissen zu werden.

Welche Menge der verschiedenartigsten Fahrzeuge kreuzt sich in den Hauptstraßen Berlin's!

Glänzende Karossen nach den verschiedensten Modemodellen; charakteristische Doktorkutschen; Brauerwagen, so lang wie eine algebraische irrationale Zahl; Möbelfuhrwerke vom schwersten Kaliber; das wilde Heer der Feuerwehr; die dumpf rollenden Leichenwagen, welche die Abgeschiedenen in ihre Villegiatura führen; unzählige Geschäftswagen mit ihren Firma-Aufschriften; Sandwagen, von jammerhaften Pferden fortgeschleppt; und nicht zu vergessen: die sich täglich mehrenden Hundewagen, meistens von elenden, abgetriebenen und gemißhandelten Thieren gezogen.

Unter dieser Menge Vehikel bewegen sich die Fuhrwerke für die öffentliche Personenbeförderung nicht ohne Schwierigkeit: die Droschke und der Omnibus.

Erstere kann zwar, wie der Grüneberger Wein, ihr unverdientes Epitheton nicht los werden; man hat ewig darüber zu klagen und daran zu mängeln. Dennoch fährt die Berliner Droschke nicht zu langsam, ist an den meisten Straßenecken, Theatern, auf Plätzen und Bahnhöfen anzutreffen und zeigt sich im Aeußern sauber, namentlich seitdem sie vor dem Polizeilieutenant Revue passiren muß. Die Droschken erster Klasse sind sogar elegant und mit sehr guten Pferden bespannt; die Kutscher tragen eine stattlich aussehende blaue, weißbordirte Tuchkleidung.

Das Omnibuswesen hat in neuerer Zeit einen bedeutenden Aufschwung genommen und erstreckt sich durch alle Theile der Stadt und der nächsten Umgebung außerhalb des Weichbildes. Obgleich es noch mancher wesentlichen Einrichtungen entbehrt, namentlich einer Correspondenz, welche dem Passagier gestattet, ohne Erhöhung des Fahrgeldes in eine andre Linie überzugehn, den erforderlichen Wagen in einem Stationszimmer zu erwarten und laut einer erhaltenen Nummer seines Platzes gesichert zu sein — so muß dennoch schon die gegenwärtige Organisation großartig genannt werden. Die Regelmäßigkeit der Fahrten, die zweckmäßige Anordnung der Touren und die Pünktlichkeit der Beamten — lauter Vorzüge, die man in London bei der unbedingt freien Concurrenz vermißt — sind vorzugsweise der polizeilichen Kontrolle zu verdanken, die jedenfalls bei der Ueberwachung des

Straßenverkehrs und der öffentlichen Ordnung am rechten Platze ist, was auch die self-government-Politiker dagegen sagen mögen. Die Halteplätze sind allmälig immer weiter von der Mitte der Stadt hinausgerückt und die Touren haben eine Länge von 1/4 bis 1 Meile erhalten, welche, die Unterbrechungen unterwegs eingerechnet, in je 47 Minuten bis 1 Stunde pünktlich zurückgelegt wird. Die Berliner Omnibusse verbreiten sich nicht, wie die Pariser, in die Nebenstraßen, sondern wählen auf ihren Linien die besuchtesten Hauptstraßen.

Obgleich das Omnibuswesen nach dem Muster von Paris und London schon früher mehrmals auftauchte, so hatte es doch keinen glücklichen Fortgang. Erst 1847 erhielt es durch Heckscher und Freiburg aus Hamburg eine geregelte Einrichtung. Am Anfange der sechziger Jahre, wo es an verschiedene Privat-Unternehmer überging, wurden 300 Omnibusse in Gang gesetzt. Im Jahre 1864 richtete die Commanditgesellschaft Busch und Rosenberg schon 46 Linien ein, fand aber dabei nicht ihre Rechnung. Im März 1869, nachdem dieses Verkehrsgeschäft durch Kriege und Geschäftsstockungen beeinträchtigt worden war, ging es auf eine Aktiengesellschaft mit einer Million Thaler Betriebskapital über.

Die Hauptpunkte des ganzen Betriebs bilden die sogenannten Depots, welche an sechs verschiedenen Stellen der Hauptstadt eingerichtet sind.

Auf jedem dieser Depots befinden sich die Schuppen für 20 bis 50 Wagen, die Ställe für 300 bis 350 Pferde und das Bureau-Gebäude. Hier sind die Stallknechte und Kutscher an frühem Morgen beschäftigt, die Wagen und Ställe zu reinigen, die Pferde zu füttern, zu putzen und aufzuschirren. Von hier aus rollen die bespannten mächtigen Fahrzeuge nach ihren verschiedenen Halteplätzen. Die Stallknechte besorgen die Reserve-Pferde, reiten die zum Umspannen bestimmten Thiere nach den Stationen und führen die ermüdeten nach den Ställen zurück. Die Umspannung geschieht an jedem Omnibus vier Mal des Tages.

Seit der Einführung und Ausbreitung der großen Pferde-Eisenbahn ist das Omnibuswesen ein wenig beschränkt worden. Die Zahl der Depots ist verblieben, doch sind die Linien von 22 auf 16 vermindert, 5 davon sind verkürzt worden. Gegenwärtig sind durchschnittlich täglich 147 Wagen im Betriebe, deren tägliche Leistung sich auf 80 Kilometer stellt. Der tägliche Pferdebestand beträgt 1293 Pferde, die tägliche Frequenz 255 Personen für jeden Wagen. Im Jahre 1875 wurden im Ganzen 13,763,207 Personen befördert. Außer der Direction und den Beamten des Central-Bureau's sind angestellt: 1 Ober-Inspector, 6 Depot-Inspectoren, 148 Conducteure, 152 Kutscher, 163 Stallleute, 1 Ober-Controlleur und 19 Controlleure.

Eine Fahrt in einem Berliner Omnibus ist überaus unterhaltend und für Jeden, welcher Studien an Charakteren und Situationen anstellen will, überraus lehrreich. Welche Verschiedenheit von Persönlichkeiten, die der Conducteur im hermelinfarbenen Rock mit weißen Metallknöpfen behülflich einsteigen läßt! Alte Damen mit jugendlichen Chignons; reizende, junge Damen mit sanften Augen und halb geöffnetem Munde, gleich einer aufblühenden Passionsblume; kleine Jungen, für welche die nebensitzende ländlich gekleidete Wärterin nicht bezahlt hat und die sich für diese Zurücksetzung dadurch rächen, daß sie die Kleider ihrer Nachbarn mit ihren Schuhen beschmutzen; ausländische Touristen, die eine Unterhaltung in gebrochenem Deutsch mit den Passionsblumen anfangen; sittsame Nätherinnen; dicke Rentiers mit rothen Nasen; alte Jüdinnen mit altmodischen Hüten; unglückselige Tölpel, die sich beim Einsteigen die Hand zwischen der Thüre klemmen, beim Niedersetzen euch mit ihrem Stock in's Auge stoßen, beim Aussteigen unter eine entgegenkommende Droschke gerathen.

Während die inneren Plätze vorzugsweise von der verkehrtreibenden Mittelklasse, aber auch von Damen und von Personen aus der Beamtenwelt und dem Handelsstande benutzt werden, benutzen der Arbeiter und der Mann aus dem Volke nur die Deckplätze. Schlägt man sich die Gefahr aus dem Sinn, bei einem Bruch der Achse nach dem Gesetze der Centrifugalkraft auf das Straßenpflaster geschleudert zu werden, so bietet der Platz auf dem Deck mancherlei Vorzüge: man fährt um die Hälfte billiger als im Innern, kann Tabak rauchen, genießt bei schönem Wetter eines stärkenden Luftbades und härtet bei ungünstiger Witterung seine körperliche Gesundheit und Widerstandskraft.

Das öffentliche Fuhrwesen umfaßte in der Mitte des Jahres 1875: 4867 Fuhrwerke, außer 251 Thorwagen; darunter: 975 Droschken erster Klasse, 3303 Droschken zweiter Klasse, 186 Omnibusse und 151 Pferdebahn-Waggons. Die Zahl der Omnibusse mehrte sich gegen Ende des Jahres auf 192, die der Pferdebahn-Waggons auf 200. Von den Droschken erster Klasse waren im Januar 1876 nur 192, im Februar nur noch 174 im Betriebe. Die Zahl der Pferdebahn-Waggons mehrt sich täglich, da die Berliner Pferde-Eisenbahn (ein Aktien-Unternehmen) immer größere Dimensionen gewinnt.

Die große Berliner Pferde-Eisenbahn wurde im November 1871 von einer Aktiengesellschaft gegründet. An der Spitze der Direction und des Aufsichtsrathes stehen: der Eisenbahn-Director Dittmann, der Banquier M. Hirsch und der Generalconsul Kreismann. Die beförderte Personenzahl betrug im Jahre 1875: 15,350,000 Personen, die tägliche Frequenz am Anfange des Jahres 1876: durchschnittlich 50,000. Die Zahl der Wagen belief sich im Frühjahre 1876 auf 160, die Zahl der Pferde auf 760. Von 9 Bahnhöfen aus: auf dem Wedding, auf dem Gesundbrunnen, in Pankow, Rixdorf, Tempelhof, Charlottenburg, in der Brandenburgstraße 77, Manteufelstraße 78, Ackerstraße 3, wurden am Anfange des Jahres 1876 täglich gegen 100 Wagen auf einer Gesammt-Linienlänge von 74 Kilometer in Betrieb gesetzt. Die Zahl der Beamten umfaßt: 1 Ober-Ingenieur, 15 Bautechniker, 8 Bahnhofsverwalter, 1 Ober-Controlleur, 22 Controlleure, 8 Expeditoren, 141 Conducteure, 198 Kutscher, 36 Stallleute, 67 Bahnwärter, 28 Vorreiter, 1 Ober-Roßarzt, 2 Roßärzte, 4 Streckenmeister, 1 Fahrmeister, 8 Futtermeister, 8 Krankenwärter für Pferde, 5 Bahnhofsgehülfen, 30 Arbeiter, 13 Betriebs-, 12 Bureau- und 5 Materialien-Beamte; außerdem verschiedene Handwerker — im Ganzen 657 Personen.

Die befahrenen Linien waren in der ersten Hälfte des Jahres 1876 folgende: Gesundbrunnen — Oranienburger Thor; Brandenburger Thor — Köpnickerstraße; Pankow — Schönhauser Thor; Rixdorf — Dönhofs-Platz; Tempelhof — Dönhofs-Platz; Charlottenburg — Monbijou; Landsberger Thor — Weidendammerbrücke; Müllerstraße, Wedding — Weidendammerbrücke, Monbijou; Kreuzberg — Dönhofs-Platz.

DIE UNIVERSITÄT IN BERLIN.

Wissenschaft und Kunst.

Unter den Anstalten für die Ausbildung des Geistes nimmt die königliche Bibliothek die erste Stelle ein.

Wir sind bereits oben auf die Geschichte ihres Entstehens und Wachsens eingegangen.

In neuester Zeit hat die königliche Bibliothek durch die Schenkung des Professor Wagener in Marburg, bestehend in einer kostbaren Sammlung von Autogrammen berühmter musikalischer Componisten, eine höchst werthvolle Bereicherung erhalten. Die jetzige Regierung wendet der Pflege der Bibliothek eine ganz besondere Sorgfalt zu und verlangte vom Reichstage eine Bewilligung von 10,000 Thalern für das Jahr 1875 und eine jährliche Subvention von 2000 Thalern.

An dieses großartige Institut schließt sich die Universitätsbibliothek, welche 1830 durch den Minister von Altenstein als Handbibliothek für Studirende gegründet wurde. Die bisherige Aufstellung der Bücher und der damit verbundenen wissenschaftlichen Sammlungen, in der Taubenstraße, entsprach schon seit langer Zeit nicht mehr den berechtigten Ansprüchen; nunmehr hat das Institut ein neues monumentales Gebäude von drei Stockwerken, in unmittelbarer Nähe der Universität, Dorotheenstraße 9. Im Innern herrscht ein geschmackvoller Renaissancestyl, welcher sich recht wohl mit der Bestimmung der Räume verträgt. Das Mobiliar aus dunklem Eichenholz harmonirt mit dem dunklen Anstrich der Wände und der Dekoration der gewölbten Decke; die Einrichtung ist elegant und bequem. Ein geräumiges Treppenhaus wird durch Oberlicht erhellt. Die ganze Breite des dritten Stockwerkes nimmt ein Lesesaal ein, welcher 72 Personen aufnehmen kann.

Der Universitätsbibliothek fließen aus den Promotions- und Inmatriculations-Gebühren nur bescheidene Mittel zu; sie erhielt jedoch bedeutende Schenkungen, namentlich durch Stuhr, Kühns, Boekh, Jaffe, Trendlenburg, Twesten, Barez, Helfft und Romberg, so daß ihr Bücherbestand jetzt auf 150,000 Bände angewachsen ist und sie den größeren Instituten gleicher Art würdig zur Seite steht.

Die königliche Friedrich-Wilhelms-Universität zählte schon zur Zeit ihrer Entstehung und seitdem fortgesetzt die bedeutendsten Männer zu ihren Lehrern.

Von hervorragendem Range unter den jetzt lebenden Lehrern sind in der theologischen Fakultät: Twesten, Steinmeyer, Dorner; in der juristischen: Gneist, Homeyer, Beseler, Heydemann, Heffter, Rudorff; in der medicinischen: Virchow, Traube, Frerichs, von Langenbeck, Mitscherlich, du Bois-Reymond, Bardeleben; in der philosophischen: Ranke, Dove, Mommsen, Curtius, Haupt, Droysen, Lepsius. Neuberufen sind die ordentlichen Professoren: Pfleiderer, Goldschmidt, Kirchhoff, Schrader und Förster; außerdem eine Zahl außerordentlicher Professoren, wie Frenzel, Busch, Senator u. A.

Die Gesammtzahl der Docenten beträgt 181, die der Studirenden gegen 2000 immatriculirte und circa 1250 nicht immatriculirte. Die Mehrzahl der Studirenden gehört der philosophischen Fakultät an; die kleinste Zahl, etwa 200, kommt auf die Theologen.

Die Berliner Universität nimmt demnach als Bildungsmittel, sowohl in Rücksicht auf die Lehrkräfte wie auf den Besuch der Studirenden, eine bedeutende Stufe ein, wenngleich sich auch von ihr wie von allen ähnlichen Instituten sagen läßt, daß die Zeit vorüber ist, in welcher sich die Entwickelung der allgemeinen Bildung, des nationalen Lebens, der culturgeschichtlichen Reife, ja selber der Fachwissenschaften in derartigen abgegrenzten Stätten innerlich concentrirten. Die Universität wird mehr und mehr dahin streben müssen, dem öffentlichen Interesse Rechnung zu tragen, ohne um Popularität zu buhlen, die Zwangscollegien aufzuheben, gewisse praktische Collegien zu gestatten und sich durch größere Oeffentlichkeit der allgemeinen Strömung der Civilisation so viel wie möglich anzuschließen.

Was von der Universität gilt, läßt sich mit gleichem Rechte auch von der Berliner Akademie der Wissenschaften sagen. So glänzend und weit verbreitet auch der Ruhm der Berliner Akademie ist, so fehlt es ihr bei ihrer gelehrten und bescheidenen Abgeschlossenheit an aller Popularität, namentlich an jenem Interesse, welches die Verhandlungen des ähnlichen Pariser Instituts zu Gegenständen der weitesten Verbreitung macht.

Die vier Secretaire der Akademie sind: der gelehrte Mommsen, einer der besten akademischen Redner, voll reicher Gedanken; der nicht minder geschätzte Curtius; der Physiologe Dubois-Reymond, ein würdiger Schüler von Helmholtz und Johannes Müller; der Mathematiker Kummer, welcher auch Mitglied der französischen Akademie ist, ein würdiger Ersatzmann für die Ausländer, welche früher diesen Zweig der Wissenschaft auf der Berliner Akademie vertraten.

Diesen gefeiertesten Namen reihen sich noch an: Weierstraß, Kronecker, Borchardt, Helmholtz, Lepsius, Poggendorff, Kirchhoff, Alex. Braun u. A.

An dem letzten Leibnitz-Tage, einem der drei Feste der Akademie, wurden drei neue Mitglieder aufgenommen: der Philologe und Textkritiker Hercher, ein fleißiger und scharfsinniger Schüler von Immanuel Bekker; Werner Siemens, der „James Watt der Elektographie“, ein bloßer Techniker, der aber durch seine neuen Methoden und theoretischen Entdeckungen einen Weltruhm erwarb; Virchow, der durch seine naturwissenschaftliche Methode die Grenze zwischen Pathologie und Physiologie aufhob und mit dessen Einführung die pathologische Anatomie die erste Vertretung auf der Berliner Akademie erhielt.

Bei Gelegenheit dieser Feier wies Mommsen darauf hin: die Wissenschaft gehöre dem Volke; die Akademie habe Aufgaben, deren Lösung nicht Privatpersonen anheimfallen; sie solle dem Genius den Weg bereiten und Material liefern; der Kostenaufwand, welcher sich bei dieser Aufgabe erheblich steigern würde, dürfe kein Hinderniß sein, jene hohe Verpflichtung im Sinne ihres Stifters Leibnitz zu lösen.

Zu den Sammlungen der Universität gehören: das reiche, noch immer zuwachsende zoologische Museum, das vortrefflich aufgestellte mineralogische Museum und das anatomische Museum, welches besonders reich an Nervenpräparaten ist.

Die königliche Sternwarte, Lindenstraße 103, wurde 1835 durch Schinkel, auf Verwendung Alexander von Humboldt's erbaut und enthält zweckmäßig aufgestellte Instrumente, unter welchen sich der Meridiankreis von Pistor und Martins und der große Fraunhofersche Refraktor auszeichnen.*)

Für die Förderung der Kunst steht noch immer jene Anstalt an der Spitze, welche von dem Kurfürsten Friedrich III. noch in der ersten Periode seiner Regierung gestiftet wurde: die Akademie der Künste.

Gegenwärtig vertritt die Akademie alle Richtungen der Kunst in theoretischer und praktischer Beziehung; sie ertheilt Unterricht für junge Künstler, ernennt Ehrenmitglieder, verleihet das Prädikat „akademischer Künstler" und veranstaltet alle zwei Jahre eine große öffentliche Kunstausstellung. Nach dem vorläufigen Entwurfe einer Reorganisation soll ein Präsident an die Spitze treten und dem beständigen Secretair beigegeben werden. Das Gebäude erhält jetzt große Ateliers für solche

*) Ein dazu gehöriges Gebäude, welches neben astronomischen Zwecken zu Dienstwohnungen bestimmt ist, wird bereits in Angriff genommen.

Meister wie Knaus und Anton von Werner, welche hier Malerschulen errichten werden.

Den beiden Museen, der Bau-Akademie und dem Beuth-Schinkel-Museum haben wir bereits die gebührende Aufmerksamkeit gezollt. Wenn wir von den übrigen Kunstanstalten sprechen, dürften wir die Ateliers der hervorragendsten Meister nicht unerwähnt lassen, ein genaueres Eingehen auf die Leistungen derselben würde uns jedoch zu weit über die Grenzen unsers Buchs hinausführen.

Unter den Malern wie unter den Bildhauern herrscht der Realismus vor, wie der Materialismus und Chemismus in den Naturwissenschaften. Derjenige Maler, welcher mit diesem Realismus wenigstens ein bedeutendes Genie verbindet, ist Menzel, der kleine Mann mit kahlem Haupte, dessen kluge Augen hinter der altmodischen Brille hervorgucken, während er den Pinsel, je nach der Benutzung des Lichts, aus einer Hand in die andre wandern läßt. Seine künstlerische Begabung offenbart sich in der charakteristischen Erfindung, Anordnung und Darstellung; er versteht zu charakterisiren und bezeichnende Situationen für reale Gegenstände zu erfinden. Er ist unter den Malern ein Swift, ein Lichtenberg oder Boz. Sein eigentlicher Künstlerkultus besteht aber in der Darstellung Friedrichs II; ihn hat er in allen Lebensaltern, in allen Situationen, als Monarchen, als Schlachtenkönig und als Philosophen veranschaulicht.

Von den Bildhauern sind noch hervorragende in Thätigkeit; bedeutende Capacitäten, wie Rauch, Kiß, Schievelbein, Bläser, hat der Tod zum Urquell der Schönheit zurückgeführt. Ihre Werke sind ihre Denkmäler. Das Museum Rauch's, unsers ewig denkwürdigen Meisters, seine ehemalige Werkstatt und „Heimat“ — wie er sie selber nannte, — in der Klosterstraße 76, enthält über 160 Werke, in denen das Charakteristische mit dem Schönen, das Ideale mit dem Realen wunderbar verbunden ist.

Außer der an verschiedenen Stellen unsers Textes genannten

Kunstsammlungen und Gallerieen sind von Privatsammlungen und Ausstellungen noch anzuführen: Ravené's Gallerie, Wallstraße 92; Raczynski's Gallerie, Königsplatz 2; Cornelius' Cartons, Königsplatz 1; Graf Redern's Gallerie, Unter den Linden 1; die Ausstellung des Vereins Berliner Künstler, Kommandantenstraße 77/79; die des Kunst-Vereins, Unter den Linden 21; die Gallerie des Grafen Blankensee, Unter den Linden 70; die permanente Ausstellung von Sachse & Co., Taubenstraße 34, in einem von Backhaus geistvoll nnd zweckmäßig ausgeführtem Gebäude, welches, gleichsam ein artistisches Schloß, der deutschen Metropole zur Zierde gereicht.

In der Musik sind die Leistungen bedeutend und nach den verschiedensten Richtungen ausgedehnt. Die königliche Kapelle und viele jüngere Anstalten wetteifern mit einander. Die akademische Hochschule, die neue Akademie der Tonkunst und das Conservatorium der Musik bezwecken eine systematische Ausbildung in allen Zweigen der Musik. Der Gesang findet seine Vertretung im königlichen Institut für Kirchenmusik, in den Gesellschaften der Sing-Akademie und vielen Privatvereinen und Gesang-Instituten. Die geistlichen Concerte des königlichen Domchors unter Hertzberg's Leitung werden trefflich ausgeführt. Ebenso vorzüglich sind die Symphonie-Soireen der königlichen Kapelle. Der Cäcilien-Verein, unter Leitung seines Dirigenten Holländer, erfreut das Publikum durch gediegene Novitäten. Von wahrhaft künstlerischer Wirkung sind die Leistungen des Stern'schen Vereins unter Stockhausen's Leitung, in dem Saale der Reichshallen; de Ahna's Concerte und Joachim's Quartette im Saale der Singakademie; Hellmich's und Engelhardt's Montags-Concerte; die Quartett-Soireen von Joachim, de Ahna, Rappoldi und W. Müller. Durch besonders virtuose Ausführung zeichneten sich in letzterer Zeit die Symphonie-Concerte der Bilse'schen Kapelle im Concerthause und die Concerte des Kotzolt'schen Gesangvereins aus; die Abonnements-Soireen des Letzteren sind leider eingestellt worden. Die Soireen für Kammermusik von Bischof, Meyer und Jacobowski erwecken durch eine gewandte instrumentale Darstellung auch in weiteren Kreisen eine rege Theilnahme für diese Kunstgattung. Die königliche Oper verwendet eine große Sorgfalt auf die Instrumentirung. Obgleich die Wagner'sche Musik in der jüngsten Zeit die größte Zugkraft ausübt, erhält die General-Intendanz doch die einfachen klassischen Werke auf dem Repertoire. Von Novitäten behaupteten sich glänzend: Rubinstein's „Maccabäer“ und Brüll's „goldenes Kreuz.“ Die alljährliche Opernsaison in Kroll's schönem Garten ist bereits ein Bedürfniß der Berliner Musikzustände geworden und erhält sich in voller Gunst des Publikums, während das Victoria- und das Friedrichwilhelmstädtische Theater sich eine sorgsame Aufführung von Operetten, Letzteres namentlich Offenbach'scher Compositionen, angelegen sein lassen. Die Aufführungen von Chivot's und Duru's Operetten im Woltersdorff-Theater fanden im Allgemeinen eine freundliche Aufnahme.

Einen wesentlichen Aufschwung hat die Baukunst in Berlin gewonnen. Die städtische Bauverwaltung ist unabläßig rührig und arbeitet gegenwärtig vorzugsweise für die Maschinengebäude zur Canalisirung und für die neue Leitung, welche das Wasser vom Tegeler See herführen soll und einen Kostenaufwand von mehr als 43 Millionen Mark in Anspruch nimmt. Die städtische Behörde hat in der neuesten Zeit bei ihren Bauten, namentlich beim neuen Rathhause, auf eine kunstgestaltete und geschmückte Architektur Rücksicht genommen und auch die höchsten Staatsbehörden haben bei den neuen Dienstgebäuden, vorzugsweise beim General-Postamt und beim Neubau der Bank und des Auswärtigen Amtes,*) in die Stelle der früheren Nüchternheit und Knappheit einen würdigen architektonischen Styl treten lassen, welcher

*) Der Neubau des Auswärtigen Amtes am Wilhelmsplatz, nach dem Entwurfe des Regierungsrathes Neumann ausgeführt, zeigt eine bewundernswerthe Verbindung mächtiger Verhältnisse mit der reizvollsten Detailbildung.

dem Wohlstand und Ruhme des Staates angemessen erscheint. Auf den verschiedenen Gebieten der Bauthätigkeit zeigte sich das Streben nach einer Regeneration, welches aber nicht selten harte Kämpfe gegen die Engherzigkeit der Verwaltung zu bestehen hatte. Der ursprüngliche Bebauungs-Plan mit detaillirten Bestimmungen für die Umgebung und Erweiterung der Stadt zeigte sich als eine bedenkliche Einrichtung und hat zu der Wohnungsnoth und der unverhältnißmäßigen Steigerung der Baustellenpreise wesentlich beigetragen. Dennoch zeigte sich die Privatthätigkeit unermüdlich und wo ihre Leistungsfähigkeit überstiegen wurde, nahmen Aktienvereine die Unternehmungen in die Hand. Ein Unternehmen letzterer Art ist die Beuth-Straße, eine Verbindung des Spittelmarktes mit der Kommandantenstraße, nach den Plänen der Baumeister Ende und Boeckmann ausgeführt. Diese Aktiengesellschaft, als deren Leiter Hermann Geber fungirt, war das erste Beispiel einer größeren Baugesellschaft für das Innere der Stadt. Der Zweck war die Gewinnung eleganter Verkaufsläden, in Verbindung mit Mittelwohnungen und Werkstätten für die Klein-Industrie. Es wurde eine Straße mit monumentalem Frontenschmuck, ein Glanzpunkt im Herzen der Stadt, geschaffen. Die Polizei hatte eine gleiche Höhe der Gebäude gefordert. Um den Charakter der Eintönigkeit zu vermeiden, griffen die Architekten zum Baustyl der späteren Renaissançe, mit Erkern, Risaliten und Balkons, in welchem man, in Folge eigenartiger Modificationen, einen besonderen Berliner Styl der Neuzeit erkennen will, der aber, im Grnnde genommen, sich nur der Renaissançe anschließt, welche in Deutschland einheimisch ist. Wesentlich verschieden davon zeigt sich das Palais des Fürsten Pleß in der Wilhelmstraße, an der Ecke der neuen Voßstraße, welche im französischen Style des Schlosses von Chambord gehalten ist. Die Formen des Pringsheim'schen Hauses in der Wilhelmstraße sind, wie oben weiter ausgeführt worden, ebenfalls auf die französische Renaissançe gegründet, während das Tiele-Winckler'sche Haus in der Regentenstraße sich mehr der

Berliner Privatarchitektur oder vielmehr der nordischen Renaissance mit ihren kräftigen Ornamenten anschließt. Eine der stolzesten Neubauten in der sogenannten antiken Renaissançe ist der Neubau der preußischen Bank in der Jägerstraße, mit dessen Hauptfront man noch in der Ausführung begriffen ist. Das ganze Gebäude mit den mächtigen Flügeln in der Oberwall- und Kurstraße, ein Werk des Oberbaurathes Hitzig, zeigt in der Frontausdehnung zweifache Geschosse von charakteristisch verschiedenartiger Gliederung, indem das untere Geschoß auf festem Sockel, mit schlicht umrahmten Bogenfenstern höchst einfach behandelt, das obere Geschoß dagegen, mit seiner prächtig gemusterten Wandfläche und den plastisch dekorirten Fensterbrüstungen, mit einem vornehmen Reichthum ausgestattet ist.

Von den Unternehmungen, deren Ausführung in nächster Zeit zu erwarten steht, sind zu nennen: ein Neubau des Joachimsthal'schen Gymnasiums hinter dem zoologischen Garten; Erweiterungsbauten mehrerer Brücken; die Ausführung der Halle'schen Thorbrücke; die Vermehrung von Zierplätzen; der Anfang der regelmäßigen Kanalisirung für die ganze innere Stadt; die Weiterführung der Stadtbahn; die Erweiterung der städtischen Wasserwerke durch die Anlagen in Tegel, von wo aus die Röhren auf einem mächtigen, 2000 Fuß langen Damm geführt werden.

Berlin's Umgebungen. — Charlottenburg. — Potsdam.

Berlin's Umgebungen, obgleich von der Natur mit nur spärlichen Gaben bedacht, bieten doch manche genußreiche und lohnende Punkte dar. Zu reich an Fülle des Geistes und der Schönheit, mochte die Natur ihr Füllhorn nicht an dem südlichen und mittleren Theile Deutschlands, an Gebirgen, Rebenhügeln und blühenden Thälern erschöpfen, ohne auch die brandenburgische Mittelmark hin und wieder mit einem glücklichen Einfall, mit einem laubbekränzten Berge oder einem stattlichen Höhenzuge zu bedenken, ohne, vielleicht aus Langer-weile, mitten in den Sand-, Moor- und Haidegegenden hier und dort ein liebliges Gedicht zu schaffen. Wir brauchen nicht erst nach dem schönen Bruchland von Freienwalde, nach Buckow oder dem Spree-wald zu fahren; schon die nähere Umgebung Berlin's, namentlich da, wo Natur und Kunst sich die Hand reichen, bieten genug der schönsten Prospecte, Dufthauche echter Lyrik, die man von märkischen Musen und Grazien kaum erwarten sollte. Wir nennen den herrlichen, wild-reichen Laubwald, den Grunewald mit dem alten Lustschloß des Kurfürsten Joachim II, mit den stillen Seen, von denen der Schlachten-see und der in neuester Zeit von prächtigen Villen umgebene Wannen-see fesselnde Anziehungspunkte für Eisenbahn-Lustfahrten bilden; ferner die entzückenden Havelparthieen von Pichelswerder und Schildhorn, der Stätte, wo sich der Heidenfürst Jaczko zum Christenthum bekehrte.

Gez. v. L. Rohbock

Stahlst. v. Joh. Poppel

HUMBOLDT'S SCHLOSS IN TEGEL

Charlottenburg, von wo man leicht nach jenen nördlichen Ausläufern des Grunewalds gelangen kann, und Potsdam, die zweite Kaiser-Residenz, bieten reichen Stoff zu ausführlicheren Beschreibungen. Von den näher gelegenen Punkten der Berliner Umgegend finden sich außerdem unter unsern Illustrationen Ansichten von Stralau und Tegel.

Stralau, mit dem gegenüberliegenden Treptow, liegt an der Oberspree, die hier als ein breiter, blauer und klarer Wasserspiegel erscheint. Dieses Fischerdörfchen mit seinen Landhäusern und zahlreichen Gasthäusern, mit seiner romantisch abgesondert gelegenen Kirche — ist namentlich ein Anziehungspunkt für diejenigen Berliner, in denen noch das Blut der Ahnen, der alten Spreefischer, ungetrübt wallt, — für die Liebhaber von Fischfang und Wasserverkehr. Hier übt der Angler Geduld, Ergebenheit und Stillschweigen; hier wagt der Segelfritze, in Matrosentracht gekleidet, seine gefährlichen Bootfahrten. Ha! was sich keine Berliner Wasserratte, selbst nachdem sie ihre Phantasie an Marryat'schen und Cooper'schen Seeromanen erhitzt, geträumt hätte: Stralau erhält jetzt eine Privat-Seemannsschule!

Tegel, wie eine Oase in der Sandbüchse des heiligen römischen Reiches, an einem romantischen See gelegen — mit seinem ächt märkischen schattenreichen Dorfe und seinem anmuthigen und friedlichen, im Nadelholz versteckten Schlößchen, vereinigt alle Reize, welche den äußeren Sinn wie den inneren Blick des Geistes erheben: den lebendigen Eindruck von Natur und Kunst mit dem Zauber einer ruhmreichen Erinnerung an die theueren Schatten, an das Dioskurenpaar deutscher Geistesbildung: Wilhelm und Alexander von Humboldt. Von den höchsten Punkten des Schlosses genießt man einer reizenden Aussicht über den See bis Spandau und über die Jungfernhaide bis Berlin. Das einfache Schlößchen mit thurmartig vorspringenden Flügeln, in welchem Alexander und Wilhelm von Humboldt ihre Kinderjahre verlebten, hat Schinkel geschmackvoll restaurirt. Seit dem Jahre 1820 bis zu seinem Tode 1835 lebte hier Wilhelm von Humboldt, zurückgezogen von Hof und Politik, in engster Vertraulichkeit mit den Musen und Wissenschaften.

Charlottenburg.

Eine Chaussee und eine Pferde-Eisenbahn führen von Osten nach Westen an reizenden Parthieen des Thiergartens vorüber nach dem $^3/_4$ Meilen von Berlin entfernten Städtchen Charlottenburg, welches seinen Namen nach der Gemalin Königs Friedrich I. erhielt. Diese Fürstin ließ den Bau des Schlosses durch den berühmten Schlüter ausführen. Dasselbe erhebt sich am Ausgange der Stadt, mit prächtigem grünen Kuppelthurme, zwei ausgedehnten Flügeln und einem Vorhofe, dessen Eingang zwei Borghesische Fechter zieren. Das Innere, aus mehr als hundert Räumen bestehend, ist reich mit prachtvollen Gemälden und Büsten geschmückt. Der Schloßgarten, früher in altfranzösischem, jetzt in englischem Geschmacke eingerichtet, enthält mannigfaltige romantische Parthieen, ein geräumiges Orangeriehaus und ein Theater. Ein Pfad, der sich links vom Hauptwege abzweigt, leitet nach dem Mausoleum, der von Trauerweiden umgebenen Ruhestätte des Königs Friedrich Wilhelm III. und seiner Gemalin Luise. Schinkel führte diesen tempelartigen Bau aus schlesischem Granit auf. In dem unteren Gewölbe ruhen die Gebeine des Fürstenpaares; in der oberen Halle stehen zwei von Rauch ausgeführte Marmor-Sarkophage mit den Statuen der Verstorbenen, in schlafender Stellung; daneben zwei, mit den Horen gezierte Candelaber aus carrarischem Marmor, von Rauch und Tieck.

Unter den zahlreichen Kaffeehäusern und Garten-Etablissements ist das großartige, auf Actien gegründete Etablissement „Flora" sehenswerth: — ein wahrer Palast mit einem mächtig großen Concertsaal, vom Baumeister Stier aufgeführt. Der Saal ist in Hellgrau gehalten, mit hellblauen und rothen Drapperien und zehn Kronleuchtern geziert. Die prächtigen Terrassen auf der Spreeseite und vor dem

Gez. v. C. Würbs   Stahlst. v. Joh. Poppel.

DAS KÖNIGL^E SCHLOSS IN CHARLOTTENBURG

Gez. v. L. Rohbock　　　　Stahlst. v. Joh. Poppel

DAS BASSIN AM SCHLOSSPLATZ IN POTSDAM

F. A. Borchel del.t J. M. Kolb sculp.t

POTSDAM.

DIE NICOLAIKIRCHE.

F.A. Borchel delt. G. Hels sculpt.

SCHLOSS BABELSBERG BEI POTSDAM.

J. Rießel del^t — J. Rießel & M. Kolb sculp^t

DAS NEUE ORANGERIEHAUS IN POTSDAM.

Gez. v. L. Rohbock — Stahlst. v. Worms

DAS KÖNIGL. SCHLOSS IN POTSDAM

Gez. v. L. Rohbock

Stahlst. v. J. Umbach

DER CHARLOTTENHOF BEI POTSDAM

F.A. Borchel delt.

L. Oeder sculpt.

GLIENICKE.

BEI POTSDAM.

Palais, mit Lorbeeren und Orangerien geziert, das grottenartige Palmenhaus, duftende Blumenparkets, fächerartige Fontainen und sammetgleiche Rasenflächen, vom Gartendirector Glatt angelegt, gewähren den befriedigenden Totaleindruck einer geschmackvollen Landschaftsgärtnerei.

Potsdam.

Potsdam, die von der Havel umspülte, mit malerischen Hügeln umgebene Inselstadt mit ihren prachtvollen Schlössern und herrlichen Parks, mit allen Reizen, welche die Poesie der Natur im Verein mit der Poesie der Baukunst und Bildnerei gewähren kann, — ist die Sommerstadt und das Versailles von Berlin und bildet den anziehendsten Punkt in der anmuthigsten Gegend der Mark.

Das königliche Schloß am Lustgarten, ein länglich viereckiges, dreistöckiges Gebäude, ist im Innern mit Pracht ausgestattet und enthält die Wohnung Friedrich's II., Friedrich Wilhelm's III. und Friedrich Wilhelm's IV., die Staatsgemächer und die sogenannten russischen Kammern, welche die Kaiserin Mutter von Rußland bei einem Besuche, und nach ihr Napoleon I. bewohnte. Das Arbeitszimmer des alten Fritz, der hier den größten Theil des Jahres verlebte, gewährt einen Blick über die lange Havelbrücke und den belebtesten Theil der Stadt. Von der jenseits der Havel gelegenen Anhöhe, Brauhausberg genannt, hat man den schönsten Anblick der Stadt und des blauen, sich zwischen grünen Hügeln hinziehenden Havelstroms.

Zu den merkwürdigen Gebäuden gehören: Ein am Markt gelegenes Privatgebäude, Palast Barberini genannt, nach dem gleichnamigen römischen Palaste, nach dessen Plane es gebaut ist; — das stattliche Rathhaus, 1754 nach dem Muster des Amsterdamer Rathhauses aufgeführt; — die mit einem Glockenspiele versehene Garnisonkirche, welche die Grabstätten Friedrich's II. und Friedrich Wilhelm's I. enthält. Die hervorragendste und edelste, überall sichtbare Zierde der Stadt ist die in griechischem Style, nach Schinkel's Entwurfe erbaute Nikolai-Kirche, beim Rathhause.

In der Umgebung von Potsdam nimmt Sanssouci die erste Stelle ein, der großartige und schöne Ruhesitz Friedrich's II., den er sich nach dem ersten schlesischen Kriege schuf, um als Philosoph des heiteren Umganges mit den größten Geistern seines Jahrhunderts zu pflegen. Er selber machte den Entwurf zu dem einfachen, einstöckigen Schlosse, für dessen Stand er sich eine Anhöhe mit Treppen und Orangerieterrassen gewählt hatte; Knobelsdorf arbeitete den Plan aus; Hildebrandt- und Bühring führten ihn aus. Er selber zog die Grundlinien zu dem Zaubergarten, legte das Bassin an, ließ die Bildsäulen aufrichten und das Orangeriehaus erbauen. Fast jede Stelle ist ein Denkmal jenes Königs, seiner seltsamen Neigungen, seiner Lebensweise, seiner Arbeit, seiner stillen Abgeschlossenheit im Alter, seines Todes.

Der Schönheitssinn Friedrich Wilhelm's IV. rief hier neues Leben hervor. Blumengehänge, duftende Blütenbeete, blendende Marmorwerke, schöne Vasen, sprudelnde Fontainen wurden geschaffen. Die Baukunst verband sich mit der Natur, deren Veredelung die Gartenkunst übernahm; Laubenkränze, Caprifolien und Epheuranken umschlingen die Werke der Baumeister.

Treten wir vor die Mitte der langen Front mit den zehn, bis auf den Fußboden reichenden Fenstern, in die Mitte der Terrasse, so genießen wir eines entzückenden Gesammtüberblicks. Mitten aus dem Grün steigt der Silberstrahl der Haupt-Fontaine zu einer Höhe von 36 Meter auf. Im Hintergrunde erblickt man jenseits der Havel eine grüne Hügelreihe, welche den Horizont begrenzt, zur Linken die Thürme von Potsdam und, nahe dem Eingange, die Friedenskirche, eine schöne einfache Basilika, nach dem Muster der Basilica di San

Clemente, worin sich die Gruft des Königs Friedrich Wilhel'ms IV. befindet.

In der Nähe der Terrasse ist der lange Kuppelsaal der Bildergallerie, die noch immer reich zu nennen ist, wenngleich die werthvollsten Schätze das Berliner Museum aufgenommen hat. Die neuen Kammern (oder das Kavalierhaus) enthalten Gemäldegallerien und reich geschmückte Zimmer. Zur Rechten der Haupt-Allee, die vom Schlosse nach dem neuen Palais führt, befindet sich der in italienischem Styl angelegte Sicilianische Garten, ferner der Nordische Garten, mit einer Grotte und Fontaine, und das großartige neue Orangeriehaus, in welchem der Rafaelsaal enthalten ist, eine Gallerie schöner Copieen nach Rafael Sanzio's Meisterwerken. Unweit vom neuen Palais liegt der liebliche Paradiesgarten mit einem italienischen Badehause, und die neuen Anlagen, in englischem Geschmack. Auf der entgegengesetzten Seite des Hauptweges erhebt sich neben einem großartigen Springbrunnen das japanische Haus.

Links von hier aus gelangt man nach dem Gärtnerhause von Charlottenhof, das von dunklen Laubgängen, lieblichen Rasenplätzen und Rosenbeeten umgeben ist; weiterhin zu den prachtvollen römischen Bädern, in welche eine Arkadenhalle mit den Statuen der Diana von Versailles und der Venus von Capua führt. Das eigentliche Schloß Charlottenhof, welches, im Monat Juni gesehen, inmitten eines zauberhaft schönen Rosenteppichs liegt und von Rosenspalieren umrankt, von einem Dufthimmel übersponnen erscheint, ist kein pomphaftes Schloß, sondern ein vom Meister Schinkel in einfachem attischen Style erbautes Landhaus, welches aber die reizende Anmuth des römischen Landlebens, die bezaubernde Lieblichkeit einer Villa des Horaz vergegenwärtigt.

Am Ende der Haupt-Allee und an einem Vorplatze, dessen Eingang mit den Statuen des Apollo und der Diana geziert ist, steht das neue Palais, der imponirende Bau, welchen Friedrich II. nach sieben erschöpfenden Kriegsjahren mit einem Kostenaufwande von beinahe 3 Millionen Thaler ausführen ließ. Das Innere enthält mehr als 200, mit werthvollen Gemälden und anderen kostbaren Kunstwerken ausgestattete Gemächer, auch ein kleines Theater, in welchem unter Tieck's Leitung die „Antigone" und der „Sommernachtstraum" zum ersten Male aufgeführt wurden. In dem Vorhofe wurden am 13. Juli 1829, dem Geburtstage der russischen Kaiserin Alexandra Feodorowna, ein glänzendes Turnier abgehalten, das Fest der weißen Rose genannt. Die Kaiserin, in weißer Seide und Brillanten strahlend, vertheilte die Preise.

Am Havelufer erheben sich in brüderlicher Nähe zwei stolze Schlösser: Glienicke und Babelsberg, ähnlich den stattlichen Burgen, wie man sie an den romantischen Ufern des Rheins erblickt.

Babelsberg, in Gestalt eines angelsächsischen Castles, mit zahlreichen Thürmen, Altanen, Zinnen, Gräben, Burgthoren und Erkern, ein Zauberschloß aus der ritterlichen Zeit, erhebt sich auf grüner Bergeshöhe, von welcher sich sammetartige Rasenplätze, Blumenbeete, Gebüsche, umkränzte Gartenanlagen wellenförmig bis zum Ufer der Havel hinabsenken. Der Gartenzauberer Lenné, vereint mit den Baumeistern Schinkel, Persius und Strack schufen auf ursprünglich sandiger Anhöhe für den Prinzen von Preußen dieses Gartenparadies und diesen schönen Fürstensitz, den er noch jetzt als deutscher Kaiser zu seinem Lieblingsaufenthalte wählt. Ein großer Theil des Parks wurde nach den Anordnungen des Fürsten Pückler-Muskau angelegt. Von oben erblickt man das herrlichste Panorama: Potsdam mit seinen Thürmen, den breiten Strom mit der stolzen Brücke bei Glienicke, eine weit ausgedehnte, von grünen Waldhügeln umgrenzte Wasserfläche. Gegenwärtig wird noch die nächste Umgegend von Babelsberg durch Parkanlagen verschönert.

Das Schloß Klein-Glienicke, eine dem Prinzen Karl, Bruder des Kaisers, gehörige Besitzung, wurde von den Erbauern des Schlosses

L. Rohbock del^t. A. Fesca sculp^t.

SANSSOUCI.

del.t L. Rohbock. sculp.t W. J. Cooke.

DIE ITALIENISCHE VILLA IN SANSSOUCIE.

Babelsberg aus den Grundbaulichkeiten des Hardenberg'schen Schlosses geschaffen. Es hat, im Gegensatz zu dem benachbarten Babelsberg, einen italienischen Charakter. Mit seinem Kavalierhause, mit dem Schweizerhäuschen, Parasol und Theehäuschen, mit der Löwenfontaine und der Teufelsbrücke, mit seinen Belvederes und Gartenbaulichkeiten und dem weit ausgedehnten Park voll Springbrunnen, Vasen und Statuen, der sich stundenweit auf den Waldhöhen hinzieht, nimmt es auf dem Hügel an der Havel einen der schönsten Punkte der Landschaft ein. Von der Höhe des Parks überblickt man von einer Seite ausgedehnte Waldreviere, auf der anderen Seite die Havel mit ihren breiten Seebecken bis nach Babelsberg und der Pfaueninsel hinüber.

Auf demselben Ufer liegt an dunkler Waldbucht das Jägerhaus Moorlake und gegenüber auf einer Halbinsel das Dörfchen Sacrow mit einem Schlößchen und Park und einer malerisch gelegenen Kirche in byzantinischem Style. Ein reizender Weg zieht sich von Glienicke nach der Pfaueninsel, einer freundlichen, mit alten Eichen beschatteten Insel, einem Lieblingsaufenthalt des Königs Friedrich Wilhelm's III. und der Königin Luise. Nächst dem malerisch gelegenen Lustschloß mit zwei Thürmen, sind das Palmenhaus und das von Schinkel in mittelalterlichem Style erbaute Kavalierhaus sehenswerth. Hier hatte Kunkel, der Alchymist des großen Kurfürsten, sein Laboratorium; hier rastete der lebensfrohe Friedrich Wilhelm II. mit seinen Hofdamen unter orientalischen Zelten; hier schuf sein Nachfolger Rosengärten und Wasserwerke und, als nach seinem Tode die Pfaueninsel aus der Reihe der fürstlichen Lieblingsplätze verschwunden war, so wählte doch Friedrich Wilhelm IV. sie zuweilen zum Ruheorte an stillen Sommerabenden und ließ sich an einem solchen Abend, am 15. Juli 1852, in Anwesenheit seines Gastes, des Kaisers Nicolaus, von der berühmten Tragödin Rachel eine Scene aus „Athalie" vorspielen. An der Stelle, wo die Künstlerin auftrat, ist jetzt ihre Statuette errichtet. Weiterhin, der Pfaueninsel gegenüber, liegt die russische Colonie Nikölskoe, allmälig entstanden aus einem Blockhause, welches Friedrich Wilhelm dem russischen Kutscher der Königin Luise erbauen ließ. Die brüderliche Freundschaft, welche der König für den Kaiser Alexander empfand, bewog ihn zur Anlegung eines Dorfes für eine Anzahl Russen, welche nach Preußen übersiedelt waren. Bald erhob sich hier unter herrlichen alten Linden eine Gruppe solider Häuser aus Holz, nach russischem Vorbilde, und auf der Anhöhe eine nach Schadow's Plane erbaute Peter-Paulskirche, in byzantinisch moskowitischem Style.

Das Marmorpalais, umgeben von dem sogenannten neuen Garten, ist eine Schöpfung Friedrich Wilhelm's II., ein Zauberschloß aus reinem rosenrothen Marmor, das sich wie ein glänzender Schwan aus den Fluten eines Sees erhebt. Bei der Ausschmückung der prächtigen Gemächer mit Bronze, Porzellan und kostbaren Pekingtapeten waltete die kunstverständige Gräfin Lichtenau. In dem herrlichen englischen Garten wandelte der König am liebsten, wie der glückliche König Evander, einen dicken Knotenstock führend, ungeschmückt und unbewacht, nur von seinen zwei großen Hunden begleitet.

Ein Weg durch die russische Colonie führt nach dem Pfingstberge, welcher etwa $^3/_4$ Stunden vom Marmorpalais entfernt ist. Das große Belvedere mit zwei, durch eine Veranda verbundenen Thürmen ist unvollendet geblieben, doch bietet die Plattform einen Ueberblick über die ganze Umgegend Potsdam's, ja bis Spandau, Berlin, Nauen und Brandenburg, über ein Gefilde voll Gärten und italienischer Villen. Man erblickt von hier Potsdam mit seinen goldschimmernden Thürmen, Lustschlössern und Belvederen, im dunklen Waldgrunde die zackigen Zinnen von Babelsberg und Glienicke, den Kuppelbau des neuen Palais, den schimmernden Marmorpalast, Sanssouci mit seinen glitzernden Fontainen, die grünen maurischen Kuppeln von Nikolskoë und den mitten durch die Landschaft ziehenden Silberstrom mit seiner Kette von blaustrahlenden Seen.

Gez. v. L. Rohbock　　　　Stahlst. v. J. Umbach

DAS MARMORPALAIS AM HEILIGENSEE.

Der Pfingstberg gewährt die weiteste Rundschau und den großartigsten Ueberblick über den architektonischen Reichthum und die zauberischen Naturumgebungen von Potsdam. Der Beschauer empfängt hier einen bleibenden Eindruck von der sonnenhellen Pracht der schönen Wasserlandschaft und muß eingestehen, daß die Sommerstadt Berlin's nicht ihres Gleichen in der Welt hat.